高等院校建筑智能化系列教材　罗秋滨　主编

# 建筑智能化系统项目式教程

兰文宝　张　峰　主编

U0286105

中国纺织出版社有限公司

**图书在版编目（CIP）数据**

建筑智能化系统项目式教程/兰文宝，张峰主编
.--北京：中国纺织出版社有限公司，2024.3
高等院校建筑智能化系列教材/罗秋滨主编
ISBN 978-7-5229-1537-1

Ⅰ.①建…　Ⅱ.①兰…②张…　Ⅲ.①智能化建筑—
自动化系统—高等学校—教材　Ⅳ.①TU855

中国国家版本馆CIP数据核字（2024）第060879号

责任编辑：赵晓红　　　　责任校对：寇晨晨
责任设计：晏子茹　　　　责任印制：储志伟

中国纺织出版社有限公司出版发行
地址：北京市朝阳区百子湾东里A407号楼　邮政编码：100124
销售电话：010—67004422　传真：010—87155801
http://www.c-textilep.com
中国纺织出版社天猫旗舰店
官方微博 http://weibo.com/2119887771
三河市宏盛印务有限公司印刷　各地新华书店经销
2024年3月第1版第1次印刷
开本：787×1092　1/16　印张：25
字数：465千字　定价：128.00元

# 前言

本书是笔者在多年从事建筑智能化专业集群（建筑电气及其自动化、智能建造、土木工程、城市地下工程）教学和科研工作的基础上，根据住房和城乡建设部和相关专业指导委员会的教材规划要求，为适应智能建造产业集群的发展需要，针对建筑智能化领域的教学和工程实际需要而编写的普通高等学校规划适用教材。

在编写过程中，我们本着培养面向 21 世纪高层次本科应用型人才的要求，在注意本书的系统性、理论性、适用性的基础上，充分注意设计和应用能力的提高及创新能力的培养，尽可能正确处理好基础理论与应用之间的关系，使基础理论紧紧为应用服务；注意加强工程设计应用能力的提高；注意最新知识和最新技术的介绍。其目的是让学习者通过本书的系统学习，能将建筑电气控制技术的基本知识有效地应用于现代建筑电气工程中，从而能获得建筑电气控制技术的基本应用能力和基本设计能力。

全书共分为8章，主要内容有：建筑供配电系统、智能照明系统、电梯控制系统、恒压供水控制系统、立体车库控制系统、火灾报警联动系统、建筑物智能安防系统、建筑物环境检测系统。其中围绕单片机、ARM、PLC等开展项目化设计的内容，各个学校可根据具体情况进行选讲。全书总学时（含实验学时）建议控制在 32 ~60学时。

本书第一~第五章由哈尔滨学院兰文宝副教授编写，第六~第八章由哈尔滨学院张峰老师编写。本书在编写过程中得到了住房和城乡建设部全国高校建筑电气与智能化学科专业指导委员会和中国纺织出版社有限公司的鼎力支持和指导，2022年度黑龙江省高等教育教学改革研究一般研究项目SJGY20220501"工程认证背景下基于产业集群的复合型创新人才培养模式研究"基金的重点支持和哈尔滨学院的大力支持。哈尔滨学院陶成云教授和罗秋滨教授审读了全部书稿，并提出了许多宝贵的修改意见。同时本书在编写过程中参考和引用了许多参考文献及网站资料。作者在此对上述各方面的支持一并表示诚挚的谢意。

由于笔者水平有限，书中的缺点和错误在所难免，恳切希望使用本书的广大读者给予批评和指正。

作者
2023年11月

# 目录

# 第一章
# 建筑供配电系统

# 第一节　供配电技术基础

## 一、供配电系统概述

从古至今建筑物随着人类社会的发展一直影响着我们。而中国建筑的发展也拥有很长的历史，最早起源于黄河长江一带，比如穴居、半穴居的"土穴"建筑形式代替自然洞穴形式的居室建造，再进一步地辐射到南北地区，最后因为南北的气候差别大而形成了风格不同的南北建筑。到现在，这个科技发达、信息技术腾飞的时代，建筑跟以前比更是发生翻天覆地的变化，不仅是满足人类生产，还要具有网络、通信、消防、监控系统等。

电力是在建筑中实现这些功能的重要基础，它的发明让建筑的功能更加丰富和完整。我们今天对电的应用程度让人很难相信人类真正懂得用电的时间原来只有400年左右，最初的200年其实只是实验阶段。自17世纪以来，电力已经过一段很长的历程。可以说它是世界上最伟大的发明之一，在发电、输电、变电和配电这些技术逐渐成熟后，电力和建筑才变得缺一不可。过去的电气设计只满足了最基础的供配电系统和照明系统需求，与当今对建筑电气的要求不符。在信息时代下，建筑电气设计应更加完善，将通信、网络、智能化控制、联动控制、监控、安全防范、消防、防雷接地系统等整合到建筑中，使建筑更加人性化、舒适化，并贴近时代发展。好的电气设计应包含稳定的电力负荷、适应要求的供配电方案、舒适的灯光照明、快速安全的消防控制等。

在2015年，中国的经济面临着转型的关键时期，中国"制造强国战略"顺势而生，这其中引起广泛关注的就是"中国制造2025"战略，预示着中国未来10年内在制造业领域的投资将会进一步扩大。同时，表明国家对制造业发展有明确的方向和目标。建设稳定、安全、高效的现代化标准化厂房是实现制造业强国目标的重要基础设施之一，且生产生活都建立在电气基础上。因此，合理稳定高效的电气设计势在必行。对于厂房车间这些实业、制造业的孵化器来说，做好厂房的电气设计有助于国家从制造业大国到制造强国再到智造强国。

我国的高层酒店电气设计发展相对较晚，自改革开放以来，我国在国际上的影响力日益加深，与发达国家的电气交流也日益密切，而发达国家在电气设计方面的经验十分丰富。为了推动国内酒店电气设计行业的发展，国家大力推动人才交流，我国的优秀人才在国外学习发达的建筑电气技术，并加以开发，融入适应中国发展的要素，同时在此过程中产生了很多电气技术变革，从而带动了国内的技术进步。国家的相应标准也在逐渐完善，而客户对居住的需求也更高，因此我们更需要在进行电气设计的同时持以严谨、高效的态度。而如何使电气设计在满足这些要求的同时，依然能给客户带来舒适度高、安全度高、满意度高的体验已成为每一位电气设计师应当要着重考虑的问题。

建筑行业在我国的国民经济中占据着十分重要的位置，从2000年以来，各地区的设计院逐渐发展壮大起来，也成为该行业的主体。就早期来说，我国建筑行业难以进步的重要原因之一就是缺少相关规范，同时缺少国家的标准制约，以导致行业内部参差不齐，鱼龙混杂。这也源于行业内各设计院和相关部门的各自为政，缺少沟通与联系，这才使我国的建筑电气技术发展缓慢，难以进步。通过总结落后的经验，我国对此也做出了许多举措。加强了各地区设计院的联系，为国家建筑电气人才储备力量，大力发展高校的建筑电气人才培养，形成良好的人才供应体系，同时开展了许多交流学习活动，加大资金投入。然而，这依然无法让我们超越西方的发展，所以推动中西方的交互交流，是改变这种形势的重要之举。

通过对比国内外高层酒店的发展现状可以看出，我国国内的高层酒店电气设计参考了西方许多优秀的设计理念。例如，国内顶流万达酒店，通过设置两组变压器来优化供电效果，其中一组负责供电给消防、照明及应急照明系统，而另外一组则负责供电给其他动力系统，变压器一次变压即可达到供电标准，这充分缓解了供电压力，同时方便在出现特殊情况时尽快处理。而国内万达酒店则需要变压器进行两次变压才能满足供电系统的运行需求。除此之外，柴油发电机作为两路市电失电情况下自主运行启动的重要应急设备，国内的万达酒店所使用的柴油发电机可同时把供电分给正常照明和动力母线段上的重要负荷。但是国外酒店以环保为原则，鉴于柴油发电机的动力供电会产生大量废气，污染环境，所以只能单独由柴油发电机供给重要负荷。然而每个酒店都有其独特性。所以需要根据当地的气候条件、地理等因素，因地制宜，进行相应的改变。因此，我国在各区域都涌现了许多优秀的电气设计师，并为当地的高层酒店电气设计的发展做出了巨大的贡献。

## 二、电气负荷

供配电系统是提供电力分配的基础，因此电气工程师在进行设计时需要保证电力能源分配的科学性和合理性，以满足各系统运行需要，并保证整栋建筑的电力合理运作。针对建筑电气的电力设计来说，在一般情况下会分为强电和弱电两部分，这在改革开放后设计的建筑中是非常重要的部分。而在强电和弱电中，强电又是重中之重。作为供配电系统中流砥柱的强电，它直接影响到整个建筑供电能力的高低。而高层酒店本身对供电的要求和标准相对于普通民用住宅楼的标准要高，且高层酒店当中的应急用电如应急照明、备用照明等，都需要独立电源对其进行支持。所以供配电系统的设计在任何时刻都应符合设计规范，遵循安全性、节能性的要求。

正常情况下，供电系统要想保证可靠地运作，这就要求对每个部件进行适当的选择（包括电线，电缆，变压器，开关设备等）。在设计时，除要达到正常工作电压之外，还必须要达到负载电流的要求。所谓的负载，就是根据电力系统的加热状况，对电力系统中的电力设备进行选择，其最大的热影响与计算的热影响是相同的。通过计算载荷生成选定的导线（导线、电缆）和电力装置，在对负载进行计算时，导体和电气设备会在使用的过程中逐渐升温，但是其温度不能超过允许值。

## （一）负荷等级

依照国家规范和对建筑供电可靠性的要求，可将负荷等级分为三个级别：一级负荷、二级负荷和三级负荷。其中一级负荷是指在中断的情况下会带来重大经济、政治损失，甚至人身伤亡的建筑所需负荷，它是很重要的负荷，禁止发生中断供电的情况。一级负荷的要求也最为严苛，需设置两个供电电源，以便在一个供电电源出现问题时，另一个供电电源能保证电力供应正常。而在一级负荷中，还存在更重要的负荷，如应急照明灯、疏散指示灯、疏散指示标志灯这类消防水箱间及消防指挥室等应急保障场所所需的用电负荷，以保证在特殊情况时能够方便疏散人群，保障救援，它通常由蓄电池或独立的供电电源支撑。二级负荷则是指如果在供电中断的情况下，会给政治、经济等方面带来较大损失的建筑所需负荷，这一类负荷通常需要两个回路来供电，以确保在电力变压器故障时不会中断供电，并能够迅速恢复正常供电状态。而三级负荷是指除一级、二级负荷之外的普通供电负荷，对供电电源没有特殊要求。

负荷等级可分为三个级别，详见表1-1所示。

表1-1　负荷等级分类表

| 负荷级别 | 具体内容 |
| --- | --- |
| 一级负荷 | （1）中断供电将会造成重大政治影响、人身伤亡、重大经济损失、公共场所秩序严重混乱的用户或设备；<br>（2）重要的交通枢纽、国宾馆、重要的通信枢纽、国家级及承担重大国事活动的会堂、国家级大型体育中心、经常用于重要国际活动的大量人员集中的公共场所等用电单位的重要电力负荷；<br>（3）中断供电将会影响实时处理计算机及计算机网络正常工作，或中断供电将发生火灾爆炸和严重中毒的负荷 |

| 负荷级别 | 具体内容 |
|---|---|
| 二级负荷 | （1）中断供电将会造成较大政治影响、较大经济损失及公共场所秩序混乱的用户或设备；<br>（2）中断供电将会影响用电单位的正常工作，如交通枢纽、高层普通住宅、甲等电影院、中型百货商店、大型冷库等用户；<br>（3）高层普通住宅楼、普通办公楼、百货商场等用户中的客梯电力、主要通道照明等用电设备 |
| 三级负荷 | 除一级负荷、二级负荷以外，其他的都是三级负荷 |

根据表1-1可以看出，该厂房内的公共照明、应急照明、消防电梯、客梯以及消防风机都属于一级负荷，而一级负荷如果中断供电后果将会不堪设想，所以为了满足不可中断电供电标准，至少需要两路电源保障一级负荷。其中一路可以是市政供电，另一路可以是引入周边供电点的电力或者采用发电机供电。然而，若采用发电机供电，必须严格避免与正常电源同时工作。

## （二）负荷的计算

电气设计的重中之重就是电力的负荷计算，它是保证整个供配电系统设计是否安全，是否可靠的根本。计算的结果无论是过小还是过大，都会产生重要影响。如果计算的负荷过小，就会导致设备运行产生过多的电能，用电线路无法支撑，线路就会过热，这样就会加速线路的老化，甚至引发线路走火，极有可能造成重大经济损失。如果计算的负荷过大，那线路的供电容量过大的话，可能就导致供电线路的导线截面超过额定，从而降低了保护电气设备的灵敏度，加大了资金的不必要投入。因此，选择负荷计算的方法要注重合理性，同时科学地选择特征参数，不可一概而论。

负荷计算需要的计算的内容有：计算负荷电流和视在功率，然后由计算的结果去选择变压器的容量；通过计算流过各条支路的负荷电流，选择合适敷设导线材质和导线截面大小；通过计算各种主要电气设备流过的负荷电流来选择主要电气设备。

1.需要系数法

需要系数法是目前国内国际上采用的最常见的计算方法，并且是最容易的计算负荷方法。但这种方法大多情况用在最初设计的时候，且不适用于用电电气设备数量较少，或者电器设备之间容量功率差距较大的情况，需要特别注意的是，当用电设备需要周期运行工作或者短时间运行工作时，如果要采用此种方法，需要注意换算到负载持续率为25%时的额定功率进行计算。同类的设备计算有功功率 $P_e$ 直接把设备容量之和乘以需要系数。

$$P_c = K_d \sum P_e \qquad (1-1)$$

式中：$\sum P_e$——设备容量，单位为（kW）；

$K_d$——需要系数。

不同类型设备的视在功率应该把其有功负荷与无功负荷相加之后求其均方根值，即：

$$S_c = \sqrt{\left(\sum P_e\right)^2 + \left(\sum Q_c\right)^2} \qquad (1-2)$$

2.二项式计算法

二项式法的负荷计算是用用电设备组的平均负荷加用电设备组中容量最大的用电设备工作时所产生的附加负荷。这种负荷计算的方法通常适用于干线路设备运行时波动比较大的情况，与需要系数法相比，它更适合用在比较少的电气设备数量或者容量功率差距较大的低干线、分支线的情况。使用这种方法时需要注意的是，在设备总台数（$n$）小于 $2x$（电气设备组中的设备数量）时，$x$ 的数值应酌情考虑取小，二分之 $n$ 为最佳，同时按照四舍五入的原则取整值。然而当电气设备组中电气设备比较少，只有一台或两台设备时，则可以当作用电设备组计算负荷与用电设备组平均负荷相等。

3.利用系数法

利用系数法是利用系数求出容量最大电气设备组的平均负荷，然后以数理统计和概率论作为基础，分析平均负荷与最大负荷之间的关系。尽管这种方法更接近于实际负荷数值，但由于计算过程过于烦琐，所以在大部分的工程计算中进行负荷计算时，都不会采用这种方法。

4.单位密度法

单位密度法，也叫单位面积功率法，大多数利用负荷密度来计算负荷的方法。先要已知单位面积上不同类型负荷的需求量，再利用该负荷需求量乘以建筑面积平方米，这种计算方法得到的负荷量就是单位密度负荷计算的负荷值。这种方法通常适用于已知建筑物的功能，但是对用电电气设备数量及容量还不知道的情况。

长期连续工作制或者短时连续工作制的用电设备，其设备容量就是额定功率。对于具有重复短时工作制的电气设备，可以将设备容量转化为统一标准暂载率下的功率。在设计阶段，可以使用单位指标法进行计算。初步设计和施工图设计阶段应采用需求系数法。对于住宅建筑，单位指标法适用于设计的各个阶段。当设备数量众多且容量差距不大时，需求系数法适用于负荷计算，且特别适用于干线和配变电所。当用电设备比较少并且各设备容量相差比较大时，应采用二项式法进行负荷计算，一般比较适用于支干线和配电屏。在负荷计算时，除设计所需的用电器负荷以外，还应考虑后期实际需求，可能会增加回路带来的负荷。

## 三、电气设备

### （一）电缆的选择

#### 1.导线材料的选择

在选择导线时应当优先考虑可靠性、经济性和安全性。减少电能损耗则是经济性的前提，选择能够节省能源的导线材料还可以有效地减少线路中导体带来的阻抗损耗，但又不能只专注经济性，还要确保能够满足消防设备线路的要求，保证供电的可靠性及排除隐患。因此在该项工程中，铜芯导线凭借电流阻抗的优异性，显然是科学合理的选择。

#### 2.导线绝缘材料的选择

导线的绝缘材料选择无疑关系到导线使用寿命，考虑到方便、绝缘特性，优先选用塑料绝缘导线，但也要注意铺设时的周边温度，由于塑料绝缘导线不耐高温、不耐低温，在设计前应着重考虑温度是否适合。

#### 3.电力电缆导线的选择

《建筑设计防火规范》（2018年版）中的规定，应把建筑物中的消防配电电缆与一般配电电缆分开敷设。所以，按照相关规范来说，应把普通用电设备的电力电缆敷设在普通电井，而消防电力电缆应敷设在消防电井内，但由于该建筑并未配备消防电井，因此可将消防电力电缆敷设在普通电井中与普通电力电缆相对的一侧。所以，普通电力电缆全都由负一层的配电室引出到电井，再通过电井引到各个楼层的楼层配电箱内，电力电缆的型号可选择为低压无卤阻燃电力电缆，而电力电缆导线的选择则要考虑到需具有柔韧度高、易于弯曲、方便移动的性质，考虑到使用环境，还应具有抗腐蚀的性质，能够保证在潮湿环境、油大环境、酸碱性环境中不受影响。

### （二）低压断路器

在电力线路中常常要考虑到负载过热，电压异常或者电流过高等情况的出现，这个时候为了避免线路出现短路情况，我们常常会选择一些低压保护设备来保障电气设备正常，其中最常用的低压保护设备就是低压断路器，简称是断路器，也可以称其为自动保护开关。低压断路器的选取原则有如下几点。

（1）低压断路器的标准额定电压应小于等于电路的标准额定电压，标准额定电流应该小于所计算的电气设备线路的负载电流值。

（2）要保障能够允许设备组中最大容量的设备短路时的短路电流能够通过低压断路器的标准额定短路电路通路，并且要可以承受系统中可能出现的最大短路电流。

（3）在选择时应当考虑断路器的使用环境，如多尘土、潮湿或者有腐蚀性危险的环境。

（4）不同的断路器要根据不同的负荷性质来确定。

然后根据这些选取原则来进行具体型号的确定，该高层酒店的设计决定采用H4081型号的微型断路器。

### （三）低压开关柜的选择

低压开关柜，也就是低压配电柜，通常情况下是指直流电压和交流电压都小于1 000V的电气装置，在高层酒店中可以起到配电、输电、电能转换的作用。从结构形式上可以分为两种，分别叫固定式和抽出式，在选择上要遵循以下几点原则。

（1）主母线最大的额定电流值要能承载电力线路中的标准额定电流值。

（2）以经济适用为原则，尽量采纳负荷建筑标准的低压开关柜即可。

### （四）变压器的选择

在发电、输送电、配电和用电四个环节中，电力变压器出现在前三个环节中，对电力系统的正常运作有举足轻重的作用，所以必须合理地选择变压器，这样将对往后的工作更有帮助。

对于变压器的台数和容量的选择，应该根据所在地区的负荷性质、供电条件、用电容量和运行方式等条件因素综合决定。其型号有很多，按绝缘材料可以分成油浸变压器、干式变压器，线圈材质通常分为铜芯和铝芯。

（1）相数。在该设计中是10/0.4kV电压等级，其计算容量大于3 000kV小于4 000kV，且主要作用于厂房，为了应对这一种情况应该选择三相变压器。

（2）绕组数于结构。在本设计中计划在区外设置2台变压器，采用三绕组变压器。

（3）绕组接线组别。根据国内电力系统电压组合的特点，三相三绕组变压器的标准连接组标号包括YN，yn0，d11和YN，yn0，y0两种。常见的连接组标号是YN，yn0，d11。其中，YN表示高压绕组接线，yn表示中压绕组接线，d表示低压绕组接线，0表示高、中压绕组间的相位差，11表示高绕组与低压绕组之间的相位差。

联接组标号中的字母Y、y表示绕组为星形联接，D、d表示为三角形连接，YN、yn表示由中性点引出的星形连接。同一变压器联接组标号中，大写字母表示高压绕组，小写字母表示中压绕组和低压绕组。

（4）变压器型号选择。选择变压器时，其容量需要大于计算负荷且留有一定的冗余，且因为厂房为重要负荷，所以其变压器的数量选择为2台。其技术参数如表1-2所示。

表1-2 技术参数表

| 型号 | S11-2000kVA/10kV | 电源相数 | 三相变压器 |
|---|---|---|---|
| 铁心形状 | E型铁心 | 冷却形式 | 液/油浸式变压器 |
| 铁心结构 | 心式 | 绕组数目 | 三绕组 |
| 防潮方式 | 密封式 | 冷却方式 | 油浸自冷式 |
| 外形结构 | 立式 | 电压比 | 10（kV） |
| 额定容量 | 2000（kVA） | 额定功率 | 50（Hz） |

### （五）配电系统

配电系统的作用就是合理高效地分配电能，它是所有电气设计的基础，人们的生产和生活中出现许多的电子产品，这些产品无一例外都需要电能，所以当代的配电系统既要满足生活生产需求，还需要有一定的预见性、扩展性，以不断适应新的改变与挑战。

1.照明供电和设计一般要求

在正常条件下，允许在照明装置上存在电压偏差：处在正常活动、工作地点为±5%；在对于感官视觉上具有比较高的要求的室内活动地点为+5%、-2.5%；如果是在距离变电站较远的地方，普通的操作或工作环境很难达到上述要求，则为-5%、-10%；如有应急和警卫等相关照明灯具，应为5%、-10%。

在电力供应中断时，要考虑到电力供应区域的影响和损失，以确定负荷水平和合理的选择。在具备备用照明的情况下，备用照明的分配和控制开关必须单独安装；电力只有在意外情况下才能使用，而在常规照明设备因故障而不能正常工作时，则会自动启动备用电源。

一般而言，电源插座在安装的过程中，应该设置成单独回路，而且在同一个房间内，插座的类型应该得到统一安装，并且它们的电路都是一样的。在潮湿环境的室内是不能安装普通插座的，如果是带有绝缘变压器的插座则可以安装。因此，不能在作为备用、疏散等用途的照明回路上安装插座。

2.照明配电方式

根据配电系统的不同，可以将照明配电方式基本接线方式分为放射式、树干式和混合式三类。

放射式：是通过独立的主干线连接主配电箱和各个配电箱。在主干线路出现故障或维修的情况下，其他主干在不受干扰的情况下仍能正常工作，因而这种方式具有更高的电源可靠性。但是它的缺点是：该线路所需的线路及控制装置数量较多，且总配电箱的线路数量较多，投资也较大，因此在较大的固定负载中采用此方法进行分配。

树干式：由主干线引出，各分配箱从主配箱内接出主干线，称为树干接线。采用树干式的接线方式，结构简单，造价低，成本低，灵活性好等优点，但其可靠性比不上放射式，尤其是在主干线任何一处发生故障或维修时，都会对主干线产生影响。

混合式：采用树干式和放射式的综合布线形式叫做混合布线，该配线方案可以根据负载状态、负荷重要程度、容量因素综合考虑。

本系统的设计目标主要包括：满足控制要求的开关设备布置，选择具有足够载流量和扩展性的线缆，实现功率因数0.9以上的无功补偿。

（1）低压配电系统采用放射式与树干式相结合的方式，其中照明及一般负荷采用树干式供电，单台容量较大或重要负荷则采用放射式供电。

（2）消防负荷采用双电源供电，包括消防控制室、消防电梯、防排烟风机，在末端配电箱处实现自动切换。

（3）消防设备应采用专用的供电回路，并且有明显标志。消防电气设备线路过负载保护作用于信号，不切断电源。

（4）应急电源包括公共照明、应急照明、消防电梯、消防风机等一级负荷，总安装容量为556kW。选用1台600kW柴油发电机组作为应急电源，型号为康明斯HQ600GF（KTA38-G2/XN6B）。在市电停止供电时，立即通过变电所市电开关辅助接点将发电机启动信号传输到发电机，经0~10s延时后进行自动启动，30s内恢复对重要负荷的供电。市电恢复30~60s之后，发电机组停机从而停止供电。发电机组带有手动启动装置。

# 第二节　建筑物照明系统

## 一、照明灯具的分类

灯具可以按它的光通量在一特定有限空间内的分布量、结构还有安装的方式这三种情况进行分类。

### （一）按其光通量在特定空间分配进行分类

#### 1.直接型灯具

直接型灯具是灯具效率最高的一种，约有90%的光线向下照射，能够发射

90%~100%的直接光通量。因此，直接式灯具在各类民用建筑中被广泛应用。然而，由于光线主要集中在灯具下方，上方的照度相对较低，容易产生眩光。具体而言，直接型灯具可以进一步细分为特照型、深照型、配照型和广照型四种类型。特照型和深照型适合用于要求高照度的场所，如高层、宽敞的厂房，配照型的适用于普通物流仓库，而广照型可用于室内照明或路灯。

2.半直接型灯具

半直接型灯具主要将光线向下照射，但仍有部分光线照射到灯具的上部，使得顶棚保持一定亮度，同时避免眩光，创造出室内舒适的环境。这类灯具通常采用高效的材料制作，大多为半透明设计，进一步提高了灯具的效率。

3.半间接型灯具

这些灯具的上、下部分经常为达到明显的光通差而分别采用透光的材质和漫射透光的材质制作，能向灯具下部直接发射 10%～40%光通量的灯具。因此这种灯具的光线大部分照射在上部分墙面，这样既可以让该空间内的间接光增强，又营造出了舒适的氛围。

4.间接型灯具

这类灯具能将光线投射于顶棚，使室内光线扩散均匀、柔和，同时避免产生眩光。使用这种灯具时需要确保墙面和灯具的清洁，以保持其效率和照明效果。

（二）按灯具本身的结构分类

1.闭合型灯具

闭合型灯具是指灯罩完全封闭，但不会阻碍内外空气流通的灯具。

2.封闭型灯具

封闭型灯具则是指透光灯罩与其他部分没有完全封闭，以保持与外界的空气流通。在使用这类灯具时需要留意空气流通性。

3.密闭型灯具

该灯具的透光罩与其他部分是完全封闭的，与上述两种灯具往往容易搞混，因为其完全封闭的特性，使得透光罩不能通气，所以防水防尘防压型灯具就通常使用这种结构。

4.防爆型灯具

具有防爆性能的一类照明灯具，因此在有爆炸情况发生或者有发生别的不安全事故的地点可以被使用。

5.隔爆型灯具

它有防爆面，当灯内部发生爆炸时，也不会对灯外部造成影响，可以很好地保护灯具的外部。

**6.防震型灯具**

这种灯具有防震的功能，可以安装在经常发生震动的场所或设施上。

**7.开启型灯具**

光源和外部直接接触。

### （三）按安装方式分类

**1.吊灯**

吊灯是吊起安装在屋里的天花板上的，所有垂吊下来的灯具都属于吊灯类别。吊灯的样式有很多，常用的有中式吊灯、欧式烛台吊灯、水晶吊灯，吊灯适合于卧室、餐厅、客厅、走廊、酒店大堂等地方。主要原因是其装饰效果很好。

**2.吸顶灯**

这一类的灯具多安装在房间内部，由于紧紧地靠在屋顶上安装，好像是吸附在屋顶上，所以被称为吸顶灯。[1]

**3.嵌入式灯**

泛指安装在吊顶里的灯具，灯具在安装使用后，它的本体结构是不外露的，也就是说，只能看到灯的发光的那一面，所以此类灯具没有眩光的产生，可以很好地起到装饰和照明效果。除光源外的其他部分是嵌入建筑物内而看不见的。

**4.半嵌入式灯**

与上述的嵌入式灯的定义标准相似，这种灯具就是一半露在外面被人所看见，而另外一半则如嵌入式灯一样嵌入至墙里面。

**5.壁灯**

这一类的灯具是安装在墙上的照明装饰灯具，大多数配用乳白色玻璃灯罩。光线柔和，主要起装饰的作用，多装于阳台、楼梯、走廊过道以及卧室，适宜作长明灯，但不适用于照度要求较高的场所。

**6.应急照明灯**

这种灯具有十分重要的作用，在出现安全事故时可以保障大家的疏散路线上的安全，具有很好的人群疏散作用。

**7.地脚灯**

地脚灯在照明的领域又被称为入墙灯，安装在距地0.3m较为合适，其通常采用的光源有节能灯、白炽灯，一般把白炽灯作为地脚灯的首选光源，不过随着技术的进步，已开始大量的采用LED灯作为其照明光源，它发出较柔和的光，无辐射，不影响整个空间的外观。有故障率低、维护方便、温升低、寿命长、低耗电等优点。

**8.落地灯**

它主要由底座、灯罩以及起支撑作用的支架三个部分共同构成。大多数安装在客厅和卧室中，与沙发、茶几搭配使用，以此满足房间局部照明的需求，起到点缀和照亮局部的作用。

## 二、照明设计基础

照明系统设计先对常见光源和灯具进行介绍，再根据实际情况进行灯具的选择，然后利用照度系数法进行照度计算，明确灯具数量，同时进行灯具的布置以及图纸的绘制。接下来分别绘制照明干线图和照明系统图，根据相关规范确定管线铺设的设计方式。然后进行应急照明部分的设计，先进行应急照明系统的负荷计算，再根据结果完成照明灯具的布置设计，然后绘制应急照明系统图。完成整体设计后，要对整个照明系统进行节能计算，通过公式进行照明功率密度（LPD）的计算，使其设计满足照明设计标准中的规定限值。

在确认各个房间的照度要求后，根据不同需求去选择合适的光源和灯具。利用系数法计算出平均照度，再根据结果进行灯具布局设计。同时，在满足照明需求的前提下，将自然照明与人工照明相结合，以达到绿色照明的效果。教学楼内多为教室，对工作面的照度均匀度有一定的要求，因此设计时需要考虑避免眩光等情况的发生。在灯具布置时，之间的间距要满足一定的要求，设计要合理正确。应急照明要能够做到快速反应，火灾发生时能迅速投入运行，需在重要出入口处设置。

### （一）设计内容和目标

照明系统的主要目标有两点：第一，应急照明需要在紧急情况下提供导向功能和安全功能；第二，尽可能选择节能型的灯具，达到能源节约的目的。详细的设计内容包括：每个房间的照度计算，以及灯具的选择与布置。

### （二）灯具的选择

灯具是一种可以配置和调节光源的光源器具，其中含有发光源、用来产生稳定光源作用的所有零件、起保护作用的所有部件以及与电源相连的一些有关的线路。灯具能够把光源固定在一个地方，同时起到保护光源的作用，还能够控制光源让光源利用最大化，并发出不同的环境光来运用在不同的场景。

**1.灯具效率**

灯具效率即灯具在相同的场景中，所有通过灯具的光通量 $\Phi_1$ 与由光源所发出的所

有光通量 $\Phi_2$ 的比值，就称为灯具效率。

不同灯具对光源的光通量效率和它的形状与材料都有着紧密的关系，因此，灯具的利用效率可以很好地体现出它对于耗能与节能间的技术经济效果。因为灯光特性，灯具的利用效率总是不能做到百分之百，也就是说灯具效率小于1，按等级来区分则分成 A、B、C 三个等级。其中，A 代表优，B 代表良好，C 代表一般。

2.灯具的保护角

保护角是指平视观察者眼睛入射角的最小值，用于限制直接眩光。在水平视线条件下，为了有效地减轻直射眩光，灯具至少需要具备10°~15°的遮光角。而在对照明质量有更高要求的环境中，灯具的遮光角应该达到30°~45°。格栅灯具的保护角度取决于格子的宽度和高度比例，通常在25°~45°。此外，光源的亮度越高，限制眩光的效果会更好。

（三）照明的方式和种类

1.照明的方式

（1）局部照明，局部照明是专门用于小空间的照明，通过在局部增加灯具，以增强局部光亮，是一种满足照明需求与节能都兼顾的照明方式，还可起到装饰作用。

（2）普通照明，可以将整个房间照亮的照明方式。

（3）混合照明，它是将前两种方式结合起来，在部分照度要求较高的场所或区域用第一种照明方式，对于需要将整个空间照亮则采用第二种照明方式。

2.照明的种类

（1）正常照明，即满足规范照度要求的照明，仅仅保持人的正常生活即可，并无考虑特殊情况的需求。

（2）应急照明，与正常照明恰恰相反，应急照明设计出来就是专门考虑应急情况，用于因为特殊情况而无法正常供电时而启动的一类照明，起保障人员人身安全、按照规划路线疏散人群，以及在故障时提供电能的作用。

（3）障碍照明，航空障碍灯是标识障碍物的特种灯具。它的作用是显现出构筑物的整体轮廓，让飞行器操作员能明显地看到建筑物的高度和外部轮廓，为了区别于普通的照明灯，航空障碍灯不是经常亮着的而是保持时刻闪亮，低光强航空障碍灯是保持常亮，中光强航空障碍灯与高光强航空障碍灯为闪光，它的目的是保障飞行器的飞行安全，所以一般会把灯具装在高楼的顶部。

（4）值班照明，它就是专门为值班场所而设置的一种照明种类，只有满足正常的值班照度要求这一种特定功能。

（5）景观照明，主要是装饰作用，创造更加优美的环境。

（四）照度计算

采用利用系数法对房间进行照度计算，并根据设计手册，进行灯具的布置。

利用系数公式：

$$U = \frac{\varphi_f}{\varphi_s} \qquad (1-3)$$

式中：$U$——利用系数；

$\varphi_f$——平面上的光通量，lx；

$\varphi_s$——每个灯具的额定总光通量，lm。

知道利用系数后，计算室内平均照度：

$$E_{av} = \frac{\varphi_s NUK}{A} \ \text{或} \ N = \frac{\varphi_s NUK}{A} \qquad (1-4)$$

式中：$E_{av}$——工作平面的平均照度，lx；

$\varphi_s$——灯具的额定光通量，lm；

$N$——灯具数；

$U$——利用系数；

$A$——工作面面积，m²；

$K$——维护系数。

各个房间的照度计算可以根据下列方式进行：

1.计算室空间比

$$RCR = \frac{5h_{rc}(L+W)}{L+W} \qquad (1-5)$$

式中：$L$——房间的长度，m；

$W$——房间的宽度，m；

$h_{rc}$——房间高度，m。

计算室形指数：

$$RI = \frac{5}{RCR} \qquad (1-6)$$

2.计算房间内的有效空间反射比

灯具发出的光源发射到房间中，此过程中，光在平面上会产生反射效果，将空间内的顶棚或地板看作假想的工作面，可以通过计算出房间内各个平面的有效反射比，求出室内平均照度。

有效反射比由下式求得：

$$\rho_{ef} = \frac{\rho A_0}{A_s - \rho A_s + \rho A_0} \qquad (1-7)$$

式中：$\rho_{ef}$——有效空间反射比；

$A_0$——屋顶（或地板）平面面积，$\mathrm{m}^2$；

$A_s$——所有表面的总面积，$\mathrm{m}^2$；

$\rho$——房间内表面的平均反射比。

房间内各个平面的空间有效反射比不同时，可以求出房间的平均反射比：

$$\rho = \frac{\sum \rho_i A_i}{\sum A_i} \qquad (1-8)$$

利用公式分别计算出一个场所内顶棚、地面以及墙面的有效反射比，获得有效反射系数。

3.选取利用系数

利用系数可以通过查表获得。在计算出一个房间内各个平面的有效反射比，以及室空间比之后，可以查表获得利用系数，当图表中的数值无法满足条件时，利用内插法确定最终的利用系数值$U$。

4.查灯具维护系数表

通过查表以获得灯具的维护系数$K$（表1-3），进而利用公式计算房间的平均照度。

表1-3　灯具维护系数表

| 环境污染特征 | 工作场所举例 | 荧光灯、白炽灯、高压泵灯维护系数 | 卤钨灯维护系数 |
| --- | --- | --- | --- |
| 清洁 | 实验室、办公室、设计室 | 1.3 | 1.2 |
| 一般 | 机械加工、机械装配、织布车间 | 1.4 | 1.3 |
| 污染严重 | 锻工、铸工、碳化车间、水泥厂 | 1.5 | 1.4 |
| 室外 | — | 1.4 | 1.3 |

## 三、应急照明

应急照明是建筑消防设计中的重要系统之一，它对于保障整个建筑设计的安全有着至关重要的作用。应急照明的设计能够提高建筑的安全等级，当火灾发生时，完善合理的应急照明系统设计能够有效减少人员伤亡和财产损失。同时教学楼是人员密集、活动量较大的场所，这就要求对教学楼中的应急照明设计提出更高的要求。

（1）在教学楼主要出入口处，如走廊、楼道、厕所等，设自带蓄电池的照明灯。疏散紧急照明灯在正常及事故时均点燃，且供电时间≥20 min。

（2）电梯间、办公室、重要会议室等人流量大的重要场所均设应急照明及工作照明，应急照明分别占工作照明的25%～100%。

（3）人体能持续接触的安全电压为24 V，为了建筑物内人员的安全，应急照明灯和应急疏散指示灯的供电电源设为24 V。同时照明的供电时间不能少于30 min。

（4）疏散照明的设计要确保能引导人们快速疏离火灾现场，标识要合理正确，醒目清楚。根据标准，本工程疏散照明选用灯具要有安全出口指示灯和自带蓄电池应急照明灯。应急照明由两路电源供电，确保在火灾发生时主备电源迅速切换投入使用。

（5）应急照明灯安装在墙面上，根据不同的场所进行选择。疏散指示灯安装在距离地面的高度在1 m以下，设置防触电措施，疏散指示标志灯设置在走廊转角处，疏散指示灯距离地面2.2 m处安装。

（6）EPS电源供电的应急照明工作时，照明维持的时间长度和照度要求需参考表1-4内数值。

表1-4　应急照明照度标准表

| 名称 | 供电时间 | 照度标准值/lx | 场所 |
| --- | --- | --- | --- |
| 疏散指示照明 | ≥30 min | 最低照度≥5 lx | 疏散走廊，楼梯 |
| 短暂工作 | ≥20 min | ≥正常照度的10% | 需要保证人员安全的场所 |
| 正常工作 | 场所内工作的需要时长 | ≥正常照度 | 配电室等持续工作的重要场所 |

## 四、照明节能设计

我国是世界人口大国，其有非常巨大的资源消耗，因此为了缓解国家能源紧张问题，把节能放在一个重要位置上，在人口基数巨大的中国，这可以由量变引起质变。在照明设计当中，主要通过采用节能型灯具来达到节约能源的目的。如果选用荧光灯，则最好选用带有电子镇流器的；除此之外，我们还可以选用灯具效率高的灯具，灯具效率越高则在同样的消耗下能产生更多的光。

（一）照明节能原则

（1）要优先满足室内照明要求和保证照明质量。

（2）根据实际情况尽可能进行照明节能设计。

（3）照明节能设计符合国家现行规定值的要求，使照明设计既能达到正常使用标准，又能做到节约能耗，努力实现碳达峰、碳中和目标。

（二）照明节能措施

（1）光源、灯具的选择符合能效标准值，一般场所照明设计选择功率大、光效高的光源。

（2）在建筑物内的走廊、楼梯间等重要出入口场所配置感应式发光二极管灯。

（3）照度标准和照度密度值应符合国家标准的规定数值。

（4）有条件时宜尽可能利用自然光照明，并考虑自然照明与人工照明相结合的方式进行照明设计。

（三）照明节能计算

进行照明节能的关键是照明功率密度（LPD）。它等于拥有标准照明要求的该场所内的照明灯具总的安装功率与该场所的面积之比，即：

$$LPD = \frac{\sum P}{S} \tag{1-9}$$

式中： $LPD$——该场所的功率密度，W/m²；

$\sum P$——该房间内所有灯具的安装功率的和，W；

$S$——该场所的总的面积，m²。

# 第三节  防雷与接地

## 一、概述

随着现代化建筑楼层的不断增高，人们对于建筑防雷接地要求也逐渐增多，因此就必须要制定一套良好的防雷接地方案。

此系统的设计目标主要有两点：一是屋顶和其他突出位置的防雷设计；二是增加感应雷、侧击雷的防范方法，提高其防雷性能。

具体内容包括：选择与布置防雷接地装置；实现对各个重要用电设备的过压保护和实现各个系统的接地设计。

为了防止雷电对建筑、人员和电器设备造成伤害，所以采取防雷接地措施是必要的。雷电活动的频率受多个因素影响。从地理位置来看，山区比平原地区雷电活动更频繁，大陆地区比海域地区雷电活动更多。从季节的角度来看，春季和夏季雷电活动较为常见，而其他季节则相对较少。根据经纬度分布来看，赤道周围的地区雷电活动最为频繁，离赤道越远雷电活动逐渐减弱。此外，气候条件也对雷电活动产生影响，寒冷干燥的气候区相比湿热气候区雷电活动较少。

然而，建筑物本身也会影响雷电活动。雷电更容易发生在相对孤立、周围没有高楼的建筑物上，并且更倾向于选择屋顶金属较多的建筑物作为目标。

## 二、防雷接地设计

### （一）年雷击次数
年雷击次数是决定建筑物防雷级别的重要参考依据之一，是指建筑楼在一年之内可能被雷击中次数的总和。

### （二）防雷措施
1.防直击雷方法

（1）可以在建筑物屋顶安装避雷网或避雷针，或者两者同时进行安装。如果屋面上存在金属材质物件，并符合规范要求，可以利用它作为接闪器。对于孤立物质，应确保它在保护区域内，如果不在区域内，则需要在它周围装设避雷网或避雷针。

（2）在引下线方面，可以利用建筑物的主承重钢筋或其他金属。

（3）可以采用混凝土内的钢筋作为接地装置。此外，如果建筑物的地梁中存在钢筋，可以将它们彼此连接形成环状接地装置。

2.防侧击雷方法

（1）将建筑物内所有金属物品的最底部、最顶部以及竖直的金属管道与防雷装置连接起来。

（2）所有高度超过30m的较大金属物品都必须与防雷装置进行连接。

（3）把混凝土里的钢筋和钢质构架连接到一起。

（4）可以利用混凝土内的钢筋作为防雷引下线。

3.防雷电波入侵方法

（1）无论是地下还是架空的金属管道，都需要将防雷接地装置连接到其引入点，以防止雷电波侵入。

（2）所有没有受到保护的设备必须在接闪器的保护区域里。

（3）主配电线路应穿过钢管，并将钢管两端分别与配电箱和设备的金属外壳连接起来。

□□□电缆应首先埋入地下，然后引入建筑物，电缆的金属外保护层需要与防雷和□□□□直连接；否则，需要在引入点安装避雷器。

4.防雷电感应方法

（1）主要的一些设备都要与防雷接地装置连接起来。

（2）平行的长金属物，如果彼此之间间距小于10 cm，可以用金属材质的线进行跨接，并且每个跨节点间的距离应该大于30 m。

# 第四节　某高校宿舍楼电气设计

## 一、设计要求

（一）工程概况

本工程是一所大学生宿舍楼的电气设计，一共7层，一层为学生食堂，二层至三层为学生自习室，四层至七层为学生宿舍，每层高3 m，占地面积近7 100 m²，设计主要完成一层、二层、四层的供配电系统、照明系统、应急照明、插座、防雷与接地以及火灾自动报警系统的设计。设计的目的是让学生在宿舍楼的设计实践中，更直接地掌握建筑电气设计中使用的知识，通过对所学专业知识的深入了解，可以为今后的实际工作打下良好的基础。

（二）设计内容

1.照明系统

（1）光源及灯具的选择。

（2）照度计算。

（3）照明系统图。

（4）应急照明设计。

（5）应急照明系统图。

2.配电系统设计

（1）负荷等级及供电要求。

（2）负荷计算。

（3）绘制低压配电系统图。

3.防雷接地系统设计

（1）建筑物的防雷分类。

（2）防雷接地设计。

（三）设计依据

某高校宿舍楼的具体设计，所参考的规章典范如下。

《建筑照明设计标准》（GB 50034—2013）

《供配电系统设计规范》（GB 50052—2009）

《低压配电设计规范》（GB 50054—2011）

《教育建筑电气设计规范》（JGJ T310—2013）

《建筑物防雷设计规范》（GB 50057—2010）

《火灾自动报警系统设计规范》（GB 50116—2013）

（四）设计原因

（1）CAD图纸的设计水平必须符合建筑单位的要求，并符合技术规范。

（2）通过技术方案及经济分析，达到安全可靠、合理、先进、实用的设计标准。

（3）在设计图纸中，应尽量选用符合国家标准的事例和标志，否则就需要另外添加说明。

（4）设计图样中的图示和其他有关的材料要符合后期维护的管理成本。

（5）有关规范中的表格，可以用在设计计算书中，有些公式、计算基础和计算方法，要语言简洁，内容准确。

## 二、照明系统设计

（一）本设计光源及灯具的选择

根据光源和灯具的原理，建筑物的主要照明标准、光源和灯具类型如下。

（1）宿舍：150 lx悬挂高效荧光灯。

（2）自习室：300 lx悬挂高效荧光灯。

（3）餐厅：150 lx悬挂高效荧光灯。

（4）厨房：150 lx悬挂高效荧光灯。

（5）卫生间：100 lx防水防尘灯。

（6）走廊：100 lx悬挂高效荧光灯。

（二）照度计算

1.宿舍

利用系数取 $U$=0.75；

维护系数取 $K$=0.80；

面积 $S$=18.41m²；

房间灯具采用：飞利浦 TLD18W/29-530，飞利浦BCS680C 悬挂高效荧光灯；

光通量： $\phi$=1250×2=2 500 lm；

宿舍照度值取 150 lx；

计算结果： 150=2 500×$N$×0.75×0.8/18.41；

$N$取 2；

宿舍灯具布置详见图 1-1。

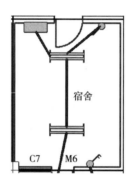

图1-1　宿舍灯具布置平面图

2.自习室

利用系数取 $U$=1.068；

维护系数取 $K$=0.80；

面积 $S$=156.69m²；

房间灯具采用：飞利浦 TLD36W/29-530，飞利浦BCS680C 悬挂高效荧光灯；

光通量： $\phi$=2975×2=5 950 lm；

自习室照度值取 300 lx；

计算结果： 300=5950×$N$×1.068×0.8/156.69；

$N$取 8；

自习室灯具布置详见图 1-2。

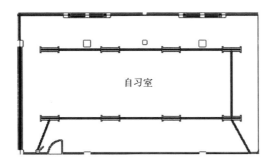

图1-2　自习室灯具布置平面图

3.餐厅

利用系数取 $U$=1.149；

维护系数取 $K$=0.80；

面积 $S$=341.77m²；

房间灯具采用：飞利浦 TLD36W/29-530，飞利浦BCS680C 悬挂高效荧光灯；

光通量：$\phi$=2975×2=5 950 lm；

餐厅照度值取 150 lx；

计算结果：150=5 950×N×1.149×0.8/341.77；

$N$ 取 9；

餐厅灯具布置详见图1-3。

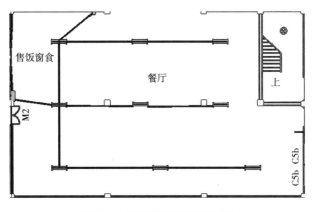

图1-3　餐厅灯具布置平面图

4.厨房

利用系数取 $U$=1.096；

维护系数取 $K$=0.80；

面积 $S$=175.98m²；

房间灯具采用：飞利浦 TLD36W/29-530，飞利浦BCS680C 悬挂高效荧光灯；

光通量：$\phi = 2975 \times 2 = 5\,950$ lm；

厨房照度值取 150 lx；

计算结果：$150 = 5\,950 \times N \times 1.096 \times 0.8/175.98$；

$N$ 取 5；

厨房灯具布置详见图1-4。

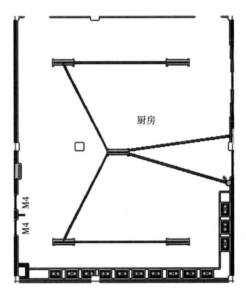

图1-4　厨房灯具布置平面图

5.卫生间

利用系数取 $U = 0.65$；

维护系数取 $K = 0.80$；

面积 $S = 5.90 \text{m}^2$；

房间灯具采用：飞利浦 TLE22W/33，Aquaproof 防水防尘灯；

光通量：$\phi = 1\,250 \times 1 = 1\,250$ lm；

卫生间照度值取 100 lx；

计算结果：$100 = 1\,250 \times N \times 0.65 \times 0.8/5.90$；

$N$ 取 1；

卫生间灯具布置详见图1-5。

照明功率密度计算

宿舍的功率密度计算：

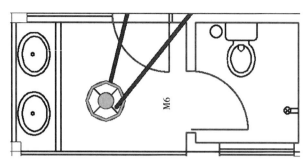

图1-5　卫生间灯具布置平面图

单个宿舍面积为18.40 m²，所安装灯具总功率和为74 W，则：

$$LPD = \frac{\sum P}{S} = \frac{74}{18.40} = 4.02$$

经测算，所计算的宿舍功率密度符合我国现行的教育建筑照明功率密度限值，其他房间的计算步骤和上述相同，在这里就不逐步进行计算演示。最后经过计算确认，该宿舍楼各个房间的功率密度全部符合规范。

（三）应急照明设计

在该项目中，应急照明灯具的选用和对宿舍应急照明的布置重点是：楼梯、疏散通道、走道等20 m以上的内部通道。另外，应选择的应急照明灯具应具有瞬时启动功能，并配有单独的控制开关。

# 三、配电系统设计

（一）负荷等级及供电要求

1.负荷等级

本次设计所使用的建筑地基是一所学校的宿舍，停电会对学生的学习和工作造成一定的影响，所以本方案是二级负荷。

2.供电要求

本设计所使用的电力供应模式是放射式的，它的电力供应系统见图1-6。

（二）负荷计算

1.AL-1

配电箱内总容量：$P_e$=13 kW，$P_{js}=k_x \cdot P_e$=11.70 kW

计算电流：$I_{js} = \dfrac{P_{js}}{\sqrt{3} \cdot U_{NL} \cdot \cos\varphi} = 19.75$ A

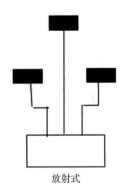

放射式

**图1-6　放射式低压配电方式**

2.AL–2

配电箱内总容量：$P_e=10.5\,\text{kW}$，$P_{js}=k_x\cdot P_e=8.40\,\text{kW}$

计算电流：$I_{js}=\dfrac{P_{js}}{\sqrt{3}\cdot U_{NL}\cdot\cos\varphi}=12.76\,\text{A}$

3.AL–2–1

配电箱内总容量：$P_e=2.15\,\text{kW}$，$P_{js}=k_x\cdot P_e=1.72\,\text{kW}$

计算电流：$I_{js}=\dfrac{P_{js}}{\sqrt{3}\cdot U_{NL}\cdot\cos\varphi}=2.61\,\text{A}$

4.AL–4

配电箱内总容量：$P_e=39\,\text{kW}$，$P_{js}=k_x\cdot P_e=31.20\,\text{kW}$

计算电流：$I_{js}=\dfrac{P_{js}}{\sqrt{3}\cdot U_{NL}\cdot\cos\varphi}=47.40\,\text{A}$

（三）导线的介绍及选择

使用聚氯乙烯绝缘导线BV（铜芯聚氯乙烯绝缘电线）连接导线，工作温度范围在–15~65℃，工作电压交流500 V，直流1 000 V，可在室内和室外明敷或暗敷。

低压出线电缆选用型号为WDZ–YJV–0.6/1 kV的电力电缆，可穿管埋地或明敷在桥架上，至用电点穿硬质塑料管（PC）敷设。 PC32以下管线暗敷，PC40以上管线明敷。暗敷时，应穿管并在不燃烧结构内敷设必要的保护层，厚度不小于30 mm。明敷时需要穿金属管并且采取防火的保护措施。如果采用阻燃或者耐火电缆时，则在电缆井或电缆沟内可以不用采取防火保护措施；应使用经过防火处理的镀锌钢管进行敷设。

双电源开关互投箱出线选用NHBV绝缘线，其他支线选用ZRBV连接导线，穿中性以上的软塑料管（PC）暗敷。在电缆桥架上的导线应按行业回路穿硬聚乙烯管或捆扎在一起。

　　PC线必须要使用绿/黄导线或者标识。未标注的导线根数（除单联开关进线外）均为3根。照明支线的穿管管径选择如下：2~3根穿PC20，4~5根穿PC26，6~8根穿PC32。在电气布线中，不同回路和支路的金属导线应避免共管敷设。同样，不同电压等级的金属导线也不应共管或共槽敷设。此外，在平面图中，所有电气回路都应采用单独的穿管方式，而不同的支干道则不得共管平行敷设。每个回路的N线和PE线均应从箱内引出。

　　消防设备、应急照明的双电源供电，采取二个回路配电，消防配电、应急照明配电线路和一般配电线路通过管道时，采用封闭式金属槽架。有必要在槽框架中添加一个新的金属隔板，以隔离空间中的线路，确保线路安全。

## 四、防雷接地系统设计

### （一）建筑物的防雷分类及措施

　　学生宿舍作为普通住宅，应被列为第三类防雷建筑物。

　　第三类防雷建筑物需要安装防雷网（带）、避雷针或兼具两者的接闪器。防雷网（带）必须沿屋角、屋脊和屋檐等容易被雷击的地方铺设。对于宽度不超过20 m的平屋顶建筑，只需在网状边缘布设一道防雷带。各引线的接地电阻不得超过30 Ω，并且需要与电器等接地设备共用。避雷器应连接到埋设的地下金属管线上。如果不共用或没有连接，则它们之间的间距不能小于2 m。当公用接地设备与埋地金属管线连接时，应将接地设备布置成环状。

### （二）建筑物的防雷设计

　　宿舍楼内安装了防雷设备，其做法是在房顶安装防雷网。在水平铺设防雷网架时，支架之间的间隔应为1 m，拐角应为0.5 m。

　　使用至少两个土建主钢筋焊接形成一条电力通道。

　　建筑物的地电阻以地基作为基础，焊接成回路，对接地电阻的要求不超过20 Ω，现场测量结果不符合规定时，应在延长方向上加设接地装置。

　　安装完防雷设施，在其表面进行红丹一度的涂抹，以及防腐漆二度。

　　建筑工程应与避雷设施建设紧密联系在一起。

　　具体布线图如图1-7所示。

### （三）建筑物的接地

　　电力装置与地面之间的电连接，用于将电荷通向地面的部分被称为地线。变压器在供电和配电系统中直接接地。接地体是不带电的电器部件和接地部件之间的良好金

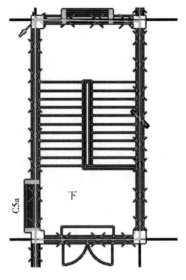

图1-7　防雷平面布置图

属连接。

　　根据接地装置的不同，可以分为自然接地和人工接地。自然接地是利用自然的接地体来实现接地的效果，而人工接地则是专门设计用于降低地面电阻的接地设备。根据电器的功能分类，接地可以分为工作接地、保护接地、重复接地、接零接地、静电接地和隔离接地等不同类型。

# 五、节能设计

## （一）建筑节能设计依据

《绿色建筑评价标准》GB/T 50378—2019。

《公共建筑节能设计标准》GB 50189—2015。

《建筑照明设计标准》GB 50034—2013规定。

## （二）设计方案

　　本设计选用以下高效节能光源：单管荧光灯和带灯罩的双管荧光灯均采用高光节能型灯管。而局部照明灯则主要采用紧凑型电子荧光灯。

　　另外，荧光灯配备节能型电感镇流器，功率因数应符合国家最低标准。楼梯间、过道和走廊等区域的照明使用节能自熄开关进行控制，当照度达到要求时，开关处于常闭状态。所有变压器都是节能型的，无功损耗较低。变配电系统设备也选择了节能高效的设备，以确保系统运行经济稳定。为减少能源损耗，变电所应尽量设置在负荷中心附近，主要负荷线路长度不超过100 m。此外，选用价格低廉、导电率强的铜芯电力电缆和导线，选择能耗低的配电变压器，以减少电力传输过程中的电能损耗，实现节能效果。还可以采用变电所集中补偿和气体放电灯就地补偿相结合的方式，来提高功率因数。

### （三）节能措施

为了实现节能效果，可以选用LED光源或高效节能光源、镇流器及灯具。支架灯和灯盘可采用管荧光灯（T8也可采用节能型电感镇流器），并配备电子镇流器。当需要满足显色指数$Ra \geq 80$时，可选择稀土三基色荧光灯。直管荧光灯的光效值不应低于70 lm/W。吸顶灯可以采用T5环形荧光灯管或者紧凑型的节能荧光灯。

# 第五节　某养老服务中心电气设计

## 一、设计要求

### （一）工程概况

设计建筑6230.7 m²，建筑高度14.4 m，地上建筑为4层，顶楼一层，地下一层，此建筑属于多层公共建筑。设计范围为该建筑电气设计中的强电设计，其中包括低压供配电系统设计、防雷接地系统设计以及照明系统设计。本工程正常用电电源为市政电网引来一路高压。采用的是铠装电缆（KJV22-0.6/1.0 kV-4×240-SC125-FC）在地下0.8 m的深度直埋敷设，过路采用道路左右边挖坑，再用保护管通入。

### （二）设计依据

该项目的强电依据主要涉及各领域提供的数据、要求及设计规范。

（1）相关专业提供的资料。

（2）本方案设计主要依据国家现行的有关规范、规程及相关行业标准以及相关专业提供的资料。

《建筑设计防火规范》（GB 50016—2014）。

《建筑物防雷设计规范》（GB 50057—2021）。

《建筑照明设计标准》（GB 50034—20013）。

《民用建筑电气设计标准》（GB 51348—2019）。

《供配电系统设计规范标准》（GB 50052—95）。

《低压配电设计规范》（GR 50054—2011）。

《10 kV及以下变电所设计规范》（GB 50053—94）。

《老年人建筑设计规范》（IGJ 122—99）。

《建筑节能设计标准》（GB 50189—2015）。

## （三）设计范围

设计应包括以下内容。一般照明系统，低压配电系统，插座系统，应急照明系统，防雷接地安全系统。

# 二、配电系统设计

## （一）负荷等级

本工程采用三级负荷分级，供电电源是市政引来一路10 kV高压。低压配电系统的接地方式采用TN–C–S系统，以确保其安全可靠。在计量方面，在低压进线处进行总计量。为提高功率因数，设计采用了气体放电灯就地补偿措施以及变电所的无功补偿相结合。在供电方式上，总配电箱与各子配电箱之间采取树干式的供电方式，而子配电箱与各个用电器之间采取放射式的供电方式。在供电回路方面，采用电源自动切换的方式进行供电。而对于消防负荷，采用双回路末端切换的方式进行供电。根据用电标准为每平方米50 W，该工程的总用电设备容量负荷约为500 kW。

## （二）负荷计算

设计中的负荷计算全部采用系数法计算，通过负荷计算的方法可以计算出应该选取合适的断路器、导线的型号和最后套管的管径，在进行的负荷计算中，不仅要考虑设计所需的用电器负荷，还应该考虑后期实际的需求，以及可能增加的回路负荷。

根据相关规范可知：APz1回路采用的需用系数为0.52，功率系数为0.8，计算容量为76kW代入公式可得：

$$I_{js} = \frac{P_{js}}{\sqrt{3}U_x \cos\phi} = \frac{76 \times 1}{\sqrt{3} \times 0.38 \times 0.8} = 144.4 \text{ A}$$

$$\Delta U = \frac{\sum_{i=1}^{n}(p_i r_0 + q_i x_0)\ L_i}{10U_N^2} = 0.70\%$$

计算电流为144.4A，断路器为ZKM1L–225/4340 200 A，断路器整定值为200 A。导线规格、型号、敷设方式暂时拟定为YJV（$4 \times 120+1 \times 70$）CT，SC100。

电缆选择要满足两个条件。满足发热条件：$I_{a1} \geqslant I_c$；满足电压损失$U\% \leqslant 5\%$。

经计算$I_c$=144.4 A，$I_{a1}$=200 A，则满足要求；因为0.70%≤5%，则满足要求。

APz1回路（一层楼层配电箱）采用的需用系数为0.52，功率系数为0.8，计算电流为144.4 A，断路器为ZKM1L-225/4340 200A，断路器整定值为200 A。导线规格、型号、敷设方式为YJV（$4 \times 120+1 \times 70$）CT，SC100-FC.WC，计算过程如上。

ALIzgh回路（临终关怀室照明配电箱）采用的需用系数为1，功率系数为0.8，计算电流为33.6 A，断路器为S262-C40 A，断路器整定值为40 A。导线规格、型号、敷设方式为BV-$3 \times 10$-SC32-WC.CC，计算过程如上。

ALzzbs回路（一层值班室配电箱）采用的需用系数为1，功率系数为0.8，计算电流为28.5 A，断路器为S264-C40 A，断路器整定值为40 A。导线规格、型号、敷设方式为BV-$5 \times 16$-SC40-WC.CC，计算过程如上。

ALxd回路（一层心电图室配电箱）采用的需用系数为1，功率系数为0.8，计算电流为28 A，断路器为S264-C40 A，断路器整定值为40 A。导线规格、型号、敷设方式为BV-$3 \times 10$-SC32-WC.CC，计算过程如上。

其他的回路电缆选择方式与上文计算过程相同，这里就不全部列举计算，具体的电缆型号见本项目的设计图。

### （三）插座设计

在绘制插座时首先要判断插座的功能，如壁挂式空调插座、剃须刀插座、带保护接点的暗装插座、带保护接点的防爆插座等，为其预留出相应的设备容量，其次根据负荷计算，选择合适的断路器、导线、保护管的直径。

当插座为单独电路时，每个电路中的插座数量不可以超过10个；壁挂式空调插座应选择单独的电源电路，电源插座不应与普通照明灯连接到同一分支电路。

不同功能的插座距地面高度也不同，根据房间功能配置插座，为了防止水溅在插座上，洗手间内放置了剃须刀插座位于洗手池旁，医生办公室、起居室、财务室、办公室放置壁挂式空调插座，距地面2.2 m高度安装；电梯井内选用带保护接点的防爆插座，防护等级为IP54；其余插座均选用带保护接点的暗装插座。

## 三、照明系统设计

### 1.电气照明系统设计方案

设计中用利用系数法计算每个房间的平均照度。灯具的选择应根据每个房间的用途不同、照度要求不同、项目的基本预算不同、选择不同类型的灯具。灯具布置原则既需要满足室内基本照度的要求，还要将照度均匀性考虑在内。光源的选择主要参照以下两点因素：一是根据不同场所的不同需求选择相应类型的光源。二是在满足照度标准的基础上，尽可能选择节能照明灯具。危险情况一旦发生，将火灾信号立马传达到消防值班控制室，所有的应急灯具瞬间全部打开，为人们争取足够的疏散撤离时间，以保障生命财产安全。

2.照明设计基本要求

设计必须要符合国家规定的建筑照度标准，保证每一个老年卧室、老年诊疗室、卫生间、办公室内的照度均匀。在设计过程中，我们必须尽最大努力避免因缺乏设计而引起的眩目问题和不适感，避免因灯具的不合理设计，使光线混乱，形成眩目，以及大面积的阴影部分。在设计过程中，不仅要保证照明灯具、线路的布置的安全，避免因线路设计不合理的问题而发生触电事故，还要考虑经济问题，避免多余开销，加大项目预算。

3.照明设计工程概述

本工程负荷采用放射式直接进行供电；一般照明和一般负荷则采用树干式、放射式和混合式组合电源供电。

光源：一般场所采用荧光灯或其他节能灯，光源显色指数$Ra \geqslant 80$。

配电线路：照明及插座由不同的分支供电，除应急照明配电箱出线采用（NH）$BV-3 \times 25 \ mm^2 SC15$外，其余均为（Zr）$BV-3 \times 25 \ mm^2 PC20$，均选用单相三线；插座（Zr）$BV-3 \times 25 \ mm^2 PC20$，除壁挂式空调回路未配备漏电保护断路器外，其他回路必须配备漏电保护断路器。

起居室灯具选取带灯罩的单管荧光灯进行吊式安装，距地3.5 m，走廊与楼梯口采取局部照明灯，卫生间、消毒室采用防水防尘灯，服务中心走廊、楼梯间天棚正上方采用天棚灯，吸顶安装，带洗浴的卫生间上方应安装浴霸灯，而荧光灯是节能灯。镇流器选用电子镇流器或带电容补偿的感应节能镇流器，使$\cos \phi \geqslant 0.9$。

4.房间照度要求标准

设计的电气图纸按照表1-5中的标准进行设计，具体内容在电气图纸中体现，房间照度见表1-5。

表1-5  照度要求表

| 房间名称 | 照度标准值 /lx | 参考平面及其高度/m | UGR（统一眩光值） | Ra（显色指数） |
|---|---|---|---|---|
| 医生办公室 | 300 | 水平面0.75 | 19 | 80 |
| 诊疗室 | 300 | 水平面0.75 | 19 | 80 |

| 房间名称 | 照度标准值 /lx | 参考平面及其 高度/m | UGR （统一眩光值） | Ra （显色指数） |
|---|---|---|---|---|
| 居室 | 75 | 水平面0.75 | — | 80 |
| 餐厅 | 200 | 水平面0.75 | 22 | 80 |
| 公共卫生间 | 150 | 水平面0.75 | — | 80 |
| 护士工作间 | 300 | 水平面0.75 | — | 80 |
| 老年龄阅览室 | 500 | 餐桌面0.75 | 19 | 80 |
| 多功能展厅 | 300 | 地面 | 22 | 80 |

### 5.照度计算

消防员备勤室的房间面积为168.43 m²，房间长20.54 m，宽8.2 m，空间高度3 m，工作面高度0.75 m，计算利用系数$U$应先计算出有室空间比（$RCR$）、有效空间反射比（$p_{cc}$）、墙反射比（$p_{wav}$）、地面反射比（$p_{fc}$）以及室形指数（$RI$）等参数。

$$RI = \frac{l \times b}{(h_r - h_g)(l + b)} \qquad (1-10)$$

$$RCR = \frac{5h_r(l + b)}{(l \times b)} \qquad (1-11)$$

$$A_0 = 1 \times b$$

$$A_s = h_g \times l \times 2 + h_g \times b \times 2 + A_0 \qquad (1-12)$$

$$CCR = \frac{h_c}{h_r} \times RCR$$

$$\rho_{fc} = \frac{\sum_{i=1}^{N} \rho_i A_i}{\sum_{i=1}^{N} A_i}$$

$$\rho_{cc} = \frac{\rho_{fc} \times A_0}{A_s - \rho_{fc} A_s + \rho A_0} \qquad (1-13)$$

$$\rho_{wav} = \frac{\rho_w(A_w - A_g) + \rho_g A_g}{A_w}$$

式中：$l$——室长；

$b$——室宽；

$h$——空间高度；

$h_r$——室空间高度；

$h_c$——顶棚空间高度；

$h_f$——地板空间高度；

$h_g$——工作面高度；

$A_0$——空间开口面积；

$A_s$——空间表面面积；

$CCR$——顶棚空间比；

$\rho_{fc}$——有效地面反射比。

$\rho_i$——第$i$个面反射比；

$A_i$——第$i$个面表面积；

$\rho_{cc}$——有效棚面反射比；

$A_w$和$p_w$——墙的总面积和墙面反射比；

$A_g$和$p_g$——窗的总面积和窗的反射比；

$P_{wav}$——有效地面反射比。

根据GB 50034—2013《建筑照明设计标准》办公室照明计算常用的取值为顶棚70%，墙面50%，地面20%。具体取值见表1-6。

表1-6 利用系数表

| 利用系数表 | | | | | | | | | | |
|---|---|---|---|---|---|---|---|---|---|---|
| 有效顶棚反射比/% | 70 | | | 50 | | | 30 | | | 0 |
| 墙反射比 | 50 | 30 | 10 | 50 | 30 | 10 | 50 | 30 | 10 | 0 |
| 地面反射比 | 20 | 20 | 20 | 20 | 20 | 20 | 20 | 20 | 20 | 0 |
| 室形指数 | 利用系数 | | | | | | | | | |
| 0.75 | 63 | 58 | 55 | 62 | 58 | 55 | 61 | 57 | 55 | 53 |
| 1 | 69 | 65 | 62 | 68 | 64 | 61 | 66 | 63 | 61 | 59 |
| 1.25 | 74 | 70 | 67 | 72 | 69 | 66 | 70 | 67 | 65 | 63 |
| 1.5 | 77 | 73 | 70 | 75 | 72 | 69 | 73 | 70 | 68 | 66 |
| 2 | 81 | 77 | 75 | 78 | 76 | 74 | 76 | 74 | 72 | 70 |
| 2.5 | 83 | 80 | 78 | 80 | 78 | 76 | 78 | 76 | 75 | 72 |
| 3 | 85 | 82 | 80 | 82 | 80 | 78 | 79 | 78 | 76 | 73 |
| 4 | 87 | 85 | 83 | 84 | 82 | 81 | 81 | 80 | 79 | 75 |
| 5 | 88 | 87 | 85 | 85 | 84 | 82 | 82 | 81 | 80 | 76 |

根据上述计算和表1-6可知利用系数$U$取0.70。

灯具的维护系数$K$应根据GB 50034—2018、建筑照明设计标准规范进行严格取值，见表1-7。

表1-7　维护系数表

| 环境污染特征 | | 房间或场所举例 | 灯具最少擦拭次数/（年/次） | 维护系数值 |
| --- | --- | --- | --- | --- |
| 室内 | 清洁 | 办公室、卧室、剧场、教室、餐厅、病房等 | 2 | 0.80 |
| 室内 | 一般 | 机械装配车间、机场候机厅、候车室、农贸市场等 | 2 | 0.70 |
| | 污染严重 | 机场候机厅、机械加工操作车间、候车室、农贸市场等 | 3 | 0.60 |
| 开敞空间 | | 站台、雨棚 | 2 | 0.65 |

由表1-7可知维护系数$K$取0.80。

医生办公室的照度要求值为300 lx，房间面积为21.97 m²，利用系数取0.95，维护系数取0.80，采用的灯具是三基色双管荧光灯2×28 W，光通量为3 000 lm，镇流器功耗为4 W，可得：

$$N = \frac{E_{av}A}{\phi UK} = \frac{300 \times 21.91}{3000 \times 0.95 \times 0.80} \approx 2.88 \approx 3\ 盏$$

灯具布置图详见图1-8。

图1-8　灯具布置图

护理员值班室的照度要求值为150 lx，房间面积为60.55 m²，利用系数取0.95，维护系数取0.80，采用的灯具为单管荧光灯28 W，镇流器功耗4 W。光通量为2 520 lm。将数据代入公式得：

$$N = \frac{E_{av}A}{\phi UK} = \frac{150 \times 60.55}{2520 \times 0.95 \times 0.80} \approx 4.74 \approx 5 \text{ 盏}$$

灯具布置图详见图1-9。

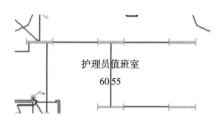

护理员值班室
60.55

图1-9　灯具布置图

功率密度计算公式：

$$L_{PD} = \frac{\sum P}{A} \qquad\qquad (1-14)$$

式中：$L_{PD}$——功率密度；

$P_L$——光源的额定功率；

$P_B$——光源配套镇流器的功耗；

$A$——房间或场所的面积。

将数据代入式（1-14）可得：$L_{PD} = \frac{(28+4) \times 2}{60.55} = 1.05 \text{ W} / \text{m}^2$

根据规范GB 50034—2013《建筑照明设计标准》可知，护理员值班室的功率密度应该在5 W/m²，照度标准为150 lx。经计算可得：消防员备勤室的功率密度在1.05 W/m²，照度真实值为160 lx，符合规范标准（表1-8）。

表1-8　照度计算表

| 房间名称与面积 | 照度标准值/lx | 灯具种类 | 光通量 | 灯具数量 |
|---|---|---|---|---|
| 诊疗室<br>（29.53 m²） | 300 | 三基色双管荧光灯<br>（2×28 W） | 3 000 | 3 |
| 居室<br>（25.36 m²） | 75 | 带灯罩的单管荧光灯<br>（28 W） | 2 520 | 2 |
| 餐厅<br>（47.44 m²） | 200 | 三基色双管荧光灯<br>（2×28 W） | 3 000 | 4 |
| 书画室<br>（31.42 m²） | 500 | 三基色双管荧光灯<br>（2×28 W） | 3 000 | 6 |
| 护士工作间（21.48 m²） | 300 | 三基色双管荧光灯<br>（2×28 W） | 3 000 | 2 |

续表

| 房间名称与面积 | 照度标准值/lx | 灯具种类 | 光通量 | 灯具数量 |
|---|---|---|---|---|
| 老年人阅览室（44.46 m²） | 500 | 三基色双管荧光灯<br>（2×28 W） | 3 000 | 6 |
| 多功能厅（168.43 m²） | 300 | 三基色双管荧光灯<br>（2×28 W） | 3 000 | 18 |

其余房间计算过程如上，应先根据房间信息求出利用系数$U$，再根据规范要求取灯具的维护系数，然后计算出照度与功率密度。其他房间的灯具布置具体内容见图纸中照明设计部分。

6.应急照明设计

（1）安装在走廊内的出口标志灯、疏散指示灯以及应急照明灯具属于应急照明系统，使用独立电源进行供电。该系统使用双电源切换，使用备用电源自动投入使用来应对建筑内供电停止的危险事故。

养老服务中心的走廊、楼梯和疏散出口安装了疏散指示灯，能够在紧急情况下迅速点亮，提供方向指引。应急灯可以根据不同位置的需要进行灵活安装，可以安装在墙上或天花板上。紧急出口指示灯则安装在门的顶部。

消防疏散指示灯和消防应急照明灯具必须符合消防安全标志GB 13495—1992和消防应急灯GB 17945—2010的相关规定，如表1-9所示。

表1-9　火灾应急照明供电时间及照度

| 名称 | 供电时间 | 照度 | 场所 |
|---|---|---|---|
| 火灾疏散指示标志 | 不少于20 min | 不低于0.5 lx | 电梯轿厢内、消火栓处 |
| 暂时工作的备用照明 | 不少于1 h | 不少于正常照明的10% | 人员密集场所 |
| 长期工作的备用照明 | 连续 | 不少于正常照明照度 | 配电室、消防控制室 |

（2）应急照明和疏散指示灯均采用不燃材料保护罩的灯具。应急灯、疏散指示灯和安全出口灯都属于A类灯具，光源色温不低于2 600 K。控制要求方面，在建筑物处于安全情况下，灯具正常工作模式下由主电源供电。在设计中涉及的所有不连续照明灯具都应保持关闭状态，而需连续照明的灯具处于节电模式。

在火灾状态下，系统工作模式需切换为紧急模式。切断主电源之后，需要进行手动操作集中电源，并且将其转为蓄电池电源输出。这时控制所有非连续照明灯具和连续照明灯具的应急照明功能，连续应急照明时间不可以超过0.5 h。

# 习题

1.什么是变压器？在建筑物供配电系统中的作用是什么？

2.请列举建筑物供配电系统中常见的电源类型。

3.什么是主配电盘？它在建筑物供配电系统中的作用是什么？

4.请解释一下什么是电缆敷设路径？

5.什么是接地系统？在建筑物供配电系统中的作用是什么？

6.请解释一下什么是负荷计算？

7.在建筑物供配电系统设计中，熔断器的作用是什么？

8.什么是备用电源系统？在建筑物供配电系统中的作用是什么？

9.请解释一下什么是电力因数？

10.在建筑物供配电系统设计中，什么是短路电流？

11.请列举几种常见的线路保护装置。

12.在建筑物供配电系统设计中，为什么需要进行接地电阻测试？

# 第二章

## 智能照明系统

# 第一节　照明技术基础

## 一、照明系统的设计概述

近年来，随着光伏发电技术的普及和应用，太阳能已经成为一种可靠的、可持续的、环保的替代能源。但传统的太阳能照明系统需要人工的控制和监测，因此存在操作难度大、成本高的难题，这不仅会增加人力成本，还会导致运营效率下降。而如果能够通过物联网技术实现太阳能照明设备的自动控制和监测，那么太阳能照明系统的能源利用率将显著提升。

随着我国经济建设的发展，以及近年来在国家政策的扶持和地方政府的推动下，我国目前光伏产品质量较以前有了较大提高。目前国内在LED照明技术研发方面与国外先进水平仍有一定差距，特别是作为太阳能LED智能照明系统核心部分的研究还有待进一步提高。

自2019年以来，全球太阳能发电行业新增装机容量和发电量再创新高，成本再度下降，产品技术进步，制造业产能继续增长，国际贸易格局变得复杂；虽然中国新增装机容量同比下降，但发电量增长，政府延续上一年思路，竞价和平价项目规模都有所扩大，产业集中度进一步提高。实际上，除印度等少数国家或地区受到较大影响外，大部分国家或地区都实现了增长。2023年得到有效控制，全球各个市场将出现更强一轮的增长。

使用太阳能不会产生污染物，也不会破坏大气中的臭氧层。另外，太阳能的使用可以应对当下全球范围内的能源危机，巩固能源安全。

## 二、照明光源

### （一）光源的选择

光源的选择要满足照度标准要求，符合人性化、舒适度合理性要求，不同的场所有不同的环境条件，需要选择不同种类的光源。尽可能符合照明节能要求，实现绿色照明。在选择光源时，有多方面的要求需要考虑。例如，在实际照明中，显色性也是照明设计考虑的因素之一，在金银钻石首饰店、高档家具店等场所，就对显色要求较高，而在教育建筑中，多为教室、办公室等场所，对显色性的要求也有所不同。教室内荧光灯显色指数标准在70左右。光源色温通常为3 300~5 300 K。

### （二）光源的分类

为满足不同场景的照明需求，光源也有一定的类别，实际场景中根据不同的环境分别进行选择。可以将照明光源按照发光的原理进行以下分类。

#### 1.热辐射光源

通过灯丝的高热辐射产生光源，达到发光效果。

（1）白炽灯。白炽灯是建筑物中使用历史最悠久的照明光源。当电流将钨丝加热到发光状态时，就会产生热辐射发出光，整个过程将热能转化为光能。它的优点是成本低，使用简单，有较好显色，但发光效率较低。在照明过程中，90%的能量被转化为热能散发出去，不到10%的能量会成为光能，造成大量的能量损耗。省电环保的节能灯在未来将会广泛应用。

（2）卤钨灯。卤钨灯是一种在钨丝管中加入卤元素，如溴、碘等的灯泡。相较于白炽灯，卤钨灯的卤元素挥发速度较慢，因此寿命相对较长。它广泛应用于照度需求高、安装高度高的室内或室外大面积场所。

#### 2.气体放电光源

管内充入稀有气体，利用稀有气体来产光。

（1）荧光灯。荧光灯也叫日光灯。灯具工作过程中，玻璃管中的氩汞混合气体放电，产生紫外线后，激发玻璃管内的荧光材质，达到发光效果，这个过程中为了防止电弧影响气体放电灯的性能，需要加装镇流器，以限制电弧。

（2）高压汞灯。高压汞灯与荧光灯发光性质类似，可取代普通白炽灯，它的发光亮度高，成本低，维修方便，因此常用在施工工地等场所。

（3）高压钠灯。高压钠灯是通过高压状态下的钠蒸气，放电发光。通常为金白色的光，具有寿命长、亮度高、耐锈蚀的优点。

#### 3.LED光源

LED 灯是新型照明光源，它是一种半导体器件，具有超长寿命、节约电能、发光效率高、运行可靠、发光色彩纯正、质量轻、结构紧凑、易供电等优点。它有着广泛的用途，可以成为未来绿色照明的选择之一。

# 三、开发环境

## （一）Keil C51

Keil C51是美国Keil Software公司开发的一个为Windows编写程序的软件，兼容C语言，Keil C51内含有如编译器，调试器模块等，帮助你了解硬件配置和观察相关的内存情况，该软件在编译后会有与之对应的代码生成，让人通俗易懂并且工作效率高，反应速度快，易操作。Keil C软件界面如图2-1所示。

## （二）Protel 99SE

Protel 99SE是一个基于Windows操作系统的制图软件，大约是20世纪发明的，现在依然实用。由印刷电路板设计系统、可编程逻辑设计系统、电路模拟仿真系统、自动布线系统、高级信号完整性分析系统这五个系统共同组成，具有3D模拟功能和数据库，能够生成各种样式的制图网格，操作简单实用，绘图工整，使人一目了然。Protel 99SE软件界面如图2-2所示。

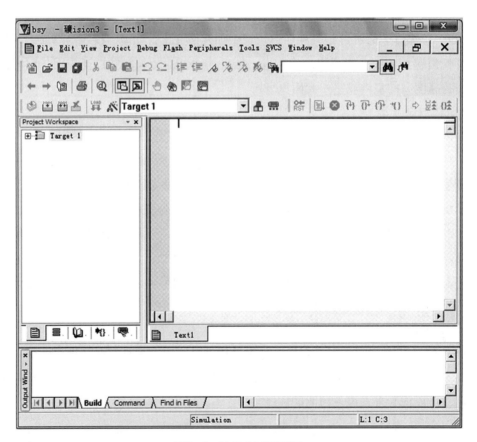

图2-1　Keil C51界面图

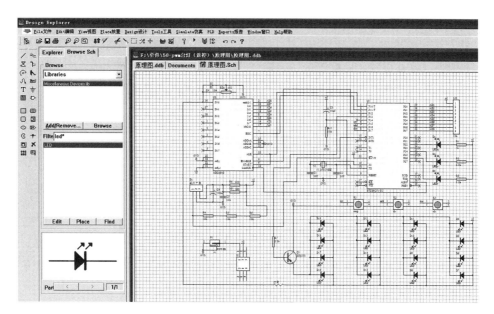

图2-2 Protel 99SE界面图

# 第二节 智能太阳能照明系统

## 一、系统总体设计

本系统包括STM32F103C8T6单片机核心板、太阳能电池板、锂电池充放电保护、升压模块、Wi-Fi模块、高亮LED灯和光照检测组件。整个系统的电源来自太阳能电池板，然而由于太阳能电池板提供的电压为9 V并不能直接供给锂电池，因此需要通过稳压器和TP4056模块进行充电。该设计可以通过Wi-Fi模块连接手机Wi-Fi，从而通过手机App控制整个系统，点击关闭按钮将关闭灯，按下打开按钮将根据当时的光照强度的情况控制灯亮度，并且STM32F103C8T6单片机可以检测太阳能电池板的电压，并将系统目前的状态发送到手机App上，显示系统相应的状态。

系统整体框架图如图2-3所示。

（一）系统处理器的选型

STM32是由意法半导体集团开发的一个专门为高性能、低成本、低功耗的系统设计的微处理器。但是该设计选择STM32控制芯片，不仅是因为考虑到降低成本和功耗

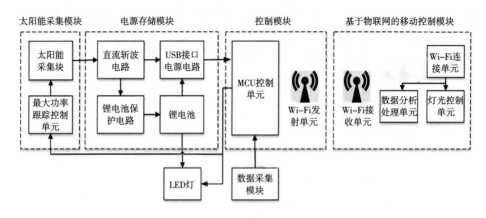

图2-3 系统整体框架图

的优点，还因为STM32可以在不影响原有功能的基础上提供更多的接口，可以方便之后添加功能和器件。

STM32单片机具有处理能力强、成本更低、功耗低、集成整合、易开发等优点。它具备高速运算能力和丰富的外设，可以满足各种嵌入式应用的需求。同时，由于采用了先进的制造工艺和设计技术，使得STM32单片机的功耗非常低，能够满足电池供电等低功耗应用场景的需求。此外，STM32单片机还具有丰富的通信接口和优秀的集成整合能力，能够方便与各种外设和传感器进行连接和通信，同时开发工具和开发环境也非常完善，使得开发人员能够更加高效、快速地进行开发和调试。

（二）系统充电模块硬件选型

1.电池单元的选型

蓄电池部分选择的是性能优秀的锂离子电池，这也使得它被应用到了手机、笔记本电脑、电动玩具、相机、遥控器等电子设备当中，另外还应用在许多医疗领域。

锂离子电池具有高能量密度、轻量化、无记忆效应、低自放电率等特点，因此在移动电子产品、电动车、太阳能储能系统等领域广泛应用。同时，锂离子电池也具有高工作电压、长寿命、环保等优点。

锂离子电池材料与工作原理如下：锂离子电池使用二氧化锂和石墨分别作为正负极材料。在充电过程中，锂离子从正极流向负极，此时负极上的锂离子浓度低于正极，并向负极运动；而在放电过程中，锂离子从负极流向正极，负极上的锂离子浓度高于正极，并向正极运动。锂离子电池相比其他种类蓄电池具有很多优势，具体见表2-1所示。

表2-1 锂离子电池与其他蓄电池的对比

| 种类 | 优点 | 缺点 |
| --- | --- | --- |
| 锂电池 | 电量储备最大，灵活耐用，充电快 | 价格较贵 |
| 镍镉电池 | 便宜坚固 | 对环境有污染，电池容量小，寿命短 |
| 镍氢电池 | 续航能力良好 | 价格贵，单体电压低 |

2.充电模块的选型

系统在充电模块方面选择了TP4056，TP4056是一款专门为单节锂离子电池或者锂聚合物电池而设计的线性充电器。在工作过程中，该模块只需提供两种电流电压，因此非常适用于便携式产品。该模块的封装采用SOP8/MSOP8封装，外围原件少，并且无需使用隔离二极管。TP4056内部采用了PMOSFET架构和防倒充电路的特殊结构，即使没有外接隔离二极管，也能防止过充对锂电池造成损坏。此外，该模块还具备热反馈功能，在高功率或高温操作时，TP4056能够限制芯片温度以保护锂电池。TP4056模块实物如图2-4所示。

图2-4 TP4056锂电池充电模块实物图

（三）灯具及光敏电路硬件选型

灯具选择的是高亮LED，高亮LED外壳由无色透明树脂包装，无色透明树脂起到保护灯内线路的作用。不仅如此，白色高亮LED灯在LED灯原有优势的基础上发光效率更高，更节能。高亮LED实物如图2-5所示。

光照检测选择的是光敏电阻，它在特定波长的光照射下会迅速降低电阻值。光敏电阻的工作原理是当光照射到半导体表面时，会产生电子-空穴对，增加了半导体内部

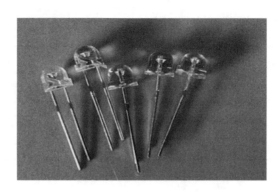

图2-5　高亮LED实物图

的载流子浓度，从而导致电阻值下降。它具有响应速度快、灵敏度高、响应范围宽和动态范围大等优点，在科技发展的多个领域得到广泛应用。

（四）Wi-Fi模块硬件的选型

Wi-Fi模块选择的是ESP8266-Wi-Fi模块，ESP8266-Wi-Fi模块是一种高度集成且编辑容易的Wi-Fi模块，可以实现与网络通信的功能。同时因为该模块功耗低、成本低的特点在物联网中被广泛使用。ESP8266-Wi-Fi模块实物如图2-6所示。

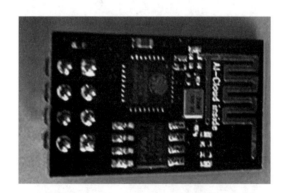

图2-6　ESP8266-Wi-Fi模块实物图

（五）升压电路选型

USB-5 V升压模块是DC-DC升压模块（0.9 V~5 V）升5 V 600MA模块。模块芯片为4X-NXH也就是HX3001。它是一种高效同步DC-DC升压变换器，具有高效输出、恒频、PWM控制等特点。补丁sot23-6引脚包，该设备具有0.9 V的低电压启动，转换效率高达94%。对于中等功率应用，可提供600 mA、5 V/3.3 V输出。常用于提高便携式控制器和其他设备的高压。本设计采用DC-DC升压模块，将3.7 V锂电池电压升压到5 V为系统供电。USB-5 V升压模块实物图如图2-7所示。

图2-7 USB-5 V升压模块实物图

# 二、系统硬件设计

在系统硬件设计中，应从以下几个方面全面考虑：方案的实用性，方案的寿命，方案的成本，方案的能耗，方案的操作方便。

## （一）核心控制板硬件电路设计

STM32F103C8T6单片机核心板接口电路图如图2-8所示。

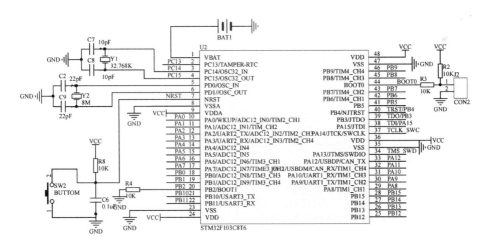

图2-8 STM32F103C8T6单片机核心板接口电络图

STM32是由美国意法半导体公司推出的一款专为嵌入式应用设计、高性能、低成本、低功耗的芯片。本设计选择STM32作为控制芯片，除了考虑到它能够在不影响原有功能的情况下提供更多接口之外，还有一个重要原因是可以在之后添加功能和器件时，无需再去重新设计一次，这样不仅有利于设计开发，而且可以大大缩短设计周期。

（二）太阳能发电模块接口电路设计

在此设计中，选择了9 V多晶硅太阳能电池板为发电元件，将吸收的太阳能转化成电能，电流经过稳压后通过TP4056模块为锂电池充电。该设计中所选用的单片机、LED等电路均为5 V供电，但由于锂电池电压低于5 V，为了提高锂电池的电压，需要使用助推器模块将锂电池的电压提高到5 V。其电路接口原理图如图2-9所示。

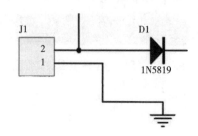

图2-9　太阳能电池板发电接口原理图

（三）光照检测单元电路设计

本设计中，光敏的分电压是用一个电阻串联实现的，起到了光敏的保护作用。其原理图如图2-10所示。

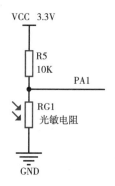

图2-10　光敏电阻原理图

（四）分压电路设计

在设计中，当采集到的电压信号大于所选择的A/D模块最大采集电压值时，就需要用到分压电阻将采集到的电压调低后进行采集。如果在这个过程中不能正确处理，那么就会造成数据溢出现象，从而产生测量误差。其电路原理图如图2-11所示。

（五）升压模块电路设计

本模块USB母口输出5 V直流电压，可以从升压模块的5 V输出点正极使用焊丝

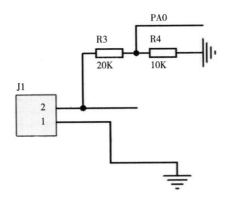

**图2-11 分压电路原理图**

直接引出来外接5 V电源线，也可以使用焊接过电阻的铁丝或杜邦线引出，这样更牢固。

USB-5 V开压模块接口原理图如图2-12所示。右边的是升压模块，左边是一个整流滤波模块。当开关拨下后，升压模块将锂电压从3.7 V升压到5 V。如果没有这个电路，那么升压模块就不能工作，这是因为电路中的电容都为滤波电容，它们主要起到使电压稳定的作用。

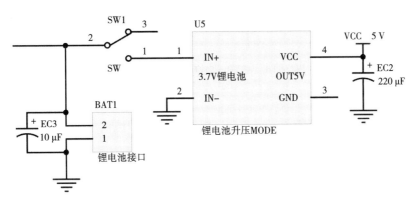

**图2-12 USB-5 V升压模块接口原理图**

### （六）锂电池充电模块电路设计

锂电池并联的电容是滤波作用，保证锂电池充电电压的稳定平稳输出。TP4056锂电池充电模块接口原理图如图2-13所示。

### （七）照明单元电路设计

在该设计中，高亮LED灯作为光源，会在单片机控制管脚处于低电平时发出光。如果没有用高光LED，高光LED就不会发出光来。高亮LED灯照明电路原理如图2-14所示。

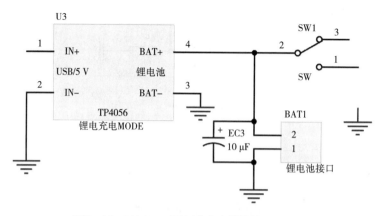

图2-13　TP4056锂电池充电模块接口原理图

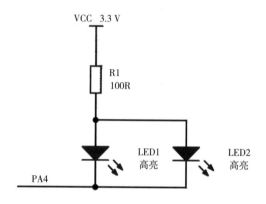

图2-14　高亮LED灯照明电路原理图

（八）Wi-Fi模块接口电路设计

Wi-Fi模块电路原理图如图2-15所示，模块由3.3 V直流供电，10 k电阻起到模块分压和保护模块的作用。

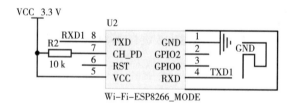

图2-15　Wi-Fi模块电路原理图

# 三、系统软件设计

## （一）软件设计总体方案

本系统软件采用C语言来编写，因为考虑到整个程序的复杂性，计算量较大，所以用到的浮点数计算较多的特点。系统软件设计主要有以下几个方面。实现各个灯组的功能，锂离子电池电压的采集，物联网服务器与硬件实物的连接，实现App控制整个系统。

智能太阳能照明系统的软件总体设计流程图如图2-16所示。

通过FlyMcu软件把程序输入STM32单片机中，之后上电，单片机进入初始化状态。要使ESP8266片上正常连接服务器需要等大约30 s后才能对片上连接状态进行检测。若检测到Wi-Fi接入服务器端口反馈值为假，程序会再次进行连接App与服务器端口之间的动作，直至函数反馈值为真，说明硬件系统已与指定App及目标服务器进行了连接。这时可通过Wi-Fi模块与服务器数据通信。

（二）Wi-Fi串口通信程序设计

Wi-Fi通信模块直接与控制模块中微处理器的I/O相连接，通过串口进行通信。串口通信的数据格式如图2-17所示。

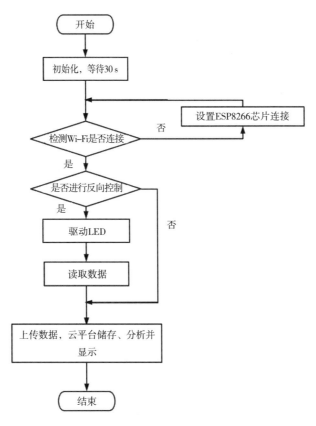

**图2-16　总体设计流程图**

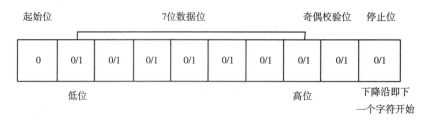

图2-17 串口通信的数据格式

设计所选用的Wi-Fi通信模块是ESP8266 Wi-Fi，ESP8266 Wi-Fi是一种常用的Wi-Fi通信模块，其Pin脚及功能描述如表2-2所示。ESP8266 Wi-Fi通信模块RXD端口接入MCU控制模块TXD端口；所述ESP8266 Wi-Fi通信模块TXD端口和MCU控制模块RXD端口相连后一起接地；CH_PD界面与高电平连接，界面默认不连接，GPIO2界面悬空，RST界面低电平重置，默认悬空。如需刷新固件，需连接GPIO0到低电平。

表2-2 ESP8266Wi-Fi通信模块接口及接口功能

| Pin脚 | 功能 |
|-------|------|
| VCC | 供电 |
| GND | 接地 |
| TXD | 串行数据输出，接入MCU控制模块RXD端口 |
| RXD | 串行数据输入，接入MCU控制模块TXD端口 |
| CH_PD | 芯片使能，接高电平，默认不连接 |
| GPIO0 | 模式选择，接低电平进入下载/刷新固件模式，接高电平进入正常运行模式 |
| GPIO2 | 未使用，悬空 |
| RST | 复位，接低电平进行复位，默认悬空 |

模式配置是连接Wi-Fi通信模块与Wi-Fi网络的关键步骤。在配置之前，需要先确定通信方式，即ESP8266Wi-Fi模块使用的Wi-Fi通信协议。常用的Wi-Fi通信协议有IEEE802.11b、IEEE802.11g和IEEE802.11n。然后需要设定Wi-Fi通信协议的参数，如IP地址、端口号等。

IP地址是设备在网络中的标识符，用于与其他设备进行通信。在Wi-Fi通信中，IP地址是用于标识ESP8266Wi-Fi模块在网络中的地址。端口号是用于标识设备与网络通信的通道。在通信之前需要先设置好IP地址和端口号，以便ESP8266Wi-Fi模块能够正确地与目标设备进行通信。

Wi-Fi信号设定是设定Wi-Fi信号的强度和频率，以便ESP8266Wi-Fi模块能够更好地接收和发送数据。信号强度和频率的设置需要根据实际情况进行调整，以保证通信质量和稳定性。

连接口令设定是指设定Wi-Fi网络的连接口令，以保证连接的安全性和隐私性。连接口令通常由数字和字母组成，需要根据实际情况进行设定。

完成设置后，需要将Wi-Fi通信模块与单片机硬件相应I/O接口连接。常用的接口包括UART、SPI、I2C等。然后使用手机搜索Wi-Fi信号进行连接，确认连接成功后进行数据传输通信。在数据传输过程中，需要根据实际情况进行协议选择和数据格式转换等操作，以保证数据传输的正确性和稳定性。

根据Wi-Fi模块初始化步骤，绘制了如图2-18所示的Wi-Fi串口通信程序框图。

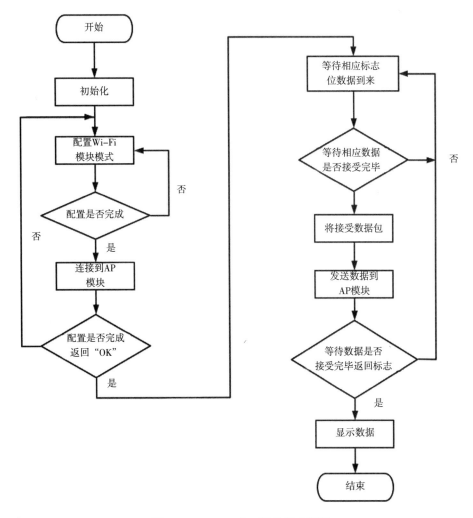

**图2-18　Wi-Fi串口通信程序框图**

（三）Wi-Fi连接单元设计

该智能太阳能照明系统的软件App和控制模块采用了物联网技术，并利用Wi-Fi模块实现双向通信，如图2-19所示。该系统使用TCP协议的Socket通信模式，具体实现步骤如下。

（1）建立一个Server Socket对象，将IP地址和端口号绑定到该对象上，并实时监听该端口。当有请求到达时，使用accept方法返回一个Socket对象，以接收传输过来的数据。完成数据传输后，使用close方法关闭Server Socket对象。

（2）通过监听获取一个通信的Socket对象，直接使用accept方法执行通信。

（3）创建一个新线程的Socket对象，通过数据输入和输出流向客户端发送或接收数据，实现Socket通信。

（4）关闭Socket连接。

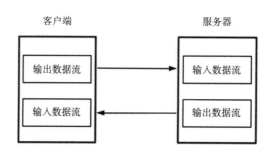

图2-19　Socket通信模型

Wi-Fi连接流程图如图2-20所示。

按照图2-20所示的Wi-Fi连接流程图，在物联网智能太阳能照明系统中，软件通过IP地址和端口号向控制模块发送命令和控制信息，通过对模块的控制使其接收命令并执行相应的操作。如果软件和控制模块的IP地址和端口号不匹配，就无法建立通信连接。此时，软件将无法向控制模块发送命令和控制信息，也无法接收来自控制模块的反馈信息。因此，必须仔细检查和配置IP地址和端口号，确保两方的地址和端口号匹配，以确保正常的通信连接和通信质量。

（四）上位机软件设计

本设计利用Wi-Fi通信将系统ESP8266 Wi-Fi模块和手机App小端连接起来，系统Wi-Fi模块的IP地址是10.10.10.11，端口号是8080，如图2-21所示。进入App，可以看到太阳能灯光控制界面，通过这个App，你可以开启或关闭路灯，还可以通过了解灯板的状态，来了解当天的光照情况。此外，基于此设计，还可以根据光照强度来改变亮度挡位，所以在这个App上，你也可以观察到当前的挡位，如图2-22所示。

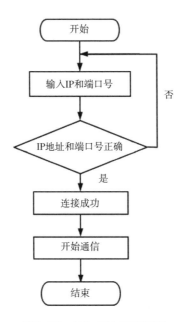

图2-20 Wi-Fi连接流程图

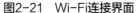

图2-21 Wi-Fi连接界面

图2-22 太阳能灯光控制界面

　　首先打开手机Wi-Fi成功连接到系统Wi-Fi模块，打开App进入控制界面连接设备，输入正确的IP地址和端口号，点击确定连接设备，并成功连接，如图2-23所示为连接成功界面。如果此时光照良好，控制界面显示灯板状态的乌云就会变成太阳，如图2-24所示。如果此时光照十分微弱或没有光照，灯板状态不变，仍为乌云状态，由此可以根据控制界面反应的灯板状态情况得知当时光照情况，根据当时的光照情况选择打开或者关闭路灯，省去了大量的人力物力，并且更加节能。

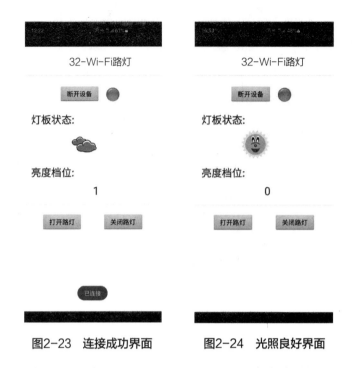

图2-23　连接成功界面　　　　图2-24　光照良好界面

基于物联网的智能太阳能照明系统软件设计部分包括多个方面。首先，需要将系统程序安装到控制模块中。其次，还需要设计上位机软件，以实现与太阳能照明系统控制模块的通信，包括Wi-Fi串口通信程序设计、Wi-Fi连接单元设计和软件总体结构设计。通过Wi-Fi连接单元与控制模块进行通信，并实现远程控制。最后，App的设计也是一个重要的方面，包括Wi-Fi连接单元设计和Wi-Fi功能设计。在App中，用户可以对太阳能照明系统进行实时监控和控制。需要注意的是，在软件设计和程序设计中，需要确保IP地址和端口号正确匹配，否则无法建立通信连接。

## 四、系统测试环境搭建与联机调试

### （一）系统功能实现

基于物联网的智能太阳能照明系统主要包括了太阳能发电模块、电源存储模块、控制模块、STM32F103C8T6单片机核心板数据采集模块和基于物联网的App控制模块。电源存储模块主要由功率TP4056模块、锂电池和锂电池的保护电路组成；控制模块包括STM32F103C8T6单片机核心板和Wi-Fi模块单元。基于物联网的App控制模块主要由Wi-Fi连接装置、照明控制装置等组成。太阳能发电模块则是用来收集太阳光。电源储存模块是实现太阳能转换与系统供电的重要组成部分。控制模块主要控制照明系统工作，同时能够通过Wi-Fi模块发送控制信号到移动端App。数据采集模块主要完成对传感器的数据处理和发送。基于物联网技术的手机控制软件App，主要完成了太阳能照明系统中的照明控制功能。

如图2-25所示为整个系统的实物图，首先，把太阳能发电组件与锂电池充电组件相连，如果TP4056组件的充电指示灯点亮，则表示已相连，锂电池组件正处于充电状态。其次，经由拨动开关开通电路，将锂电池产生的电流，经由升压模块升压至5 V，为整个电路供电，并将STM32F103C8T6单片机核心板与Wi-Fi模块单元连接控制模块相连接。最后，将高亮LED灯连接到锂电池、STM32F103C8T6单片机核心板以及Wi-Fi模块单元，Wi-Fi模块正常工作，实现基于物联网的智能太阳能照明系统App与控制模块的Wi-Fi路灯模块连接通信，系统相应的状态通过Wi-Fi通信传到手机App上，实时显示系统的状态。

**图2-25 基于物联网的智能太阳能照明系统**

### （二）硬件联机调试

#### 1.锂电池充放电测试

根据测试内容，充电测试需要在光照强度比较强的中午进行。测试数据显示，锂电池空载电压为1.8 V，充电截止电压为4.6 V。在充电过程中，电压基本呈现匀速上升趋势，当电压达到充电截止电压4.6 V时，通过TP4056模块截止充电。测试结果表明，太阳能电池板系统能够完成锂电池的稳定充电，具有防止过充电以及充满电后自动停止充电等功能，可以保护锂电池。

充电测试是为了验证太阳能电池板系统的充电功能，测试结果表明该系统能够稳定充电，并且具有保护锂电池的功能。这对于智能太阳能照明系统的长期使用非常重要，可以有效延长锂电池的使用寿命，保证智能太阳能照明系统的正常运行。

### 2.Wi-Fi 通信测试

测试Wi-Fi模块是否正常工作是智能太阳能照明系统开发的重要环节之一。测试过程需要验证Wi-Fi模块是否正常打开，能否正常连接Wi-Fi信号并建立通信。在测试之前需要确保Wi-Fi模块已经正确连接到单片机硬件相应I/O接口，并进行模式配置和设定通信方式、IP地址及端口设定、Wi-Fi信号设定和连接口令设定。

在进行Wi-Fi模块测试之前，需要打开太阳能智能照明系统软件App，并连接Wi-Fi信号，设定IP地址和端口号，如图2-26所示。如果Wi-Fi模块能够正常连接通信，则可以进行数据传输通信。

成功连接Wi-Fi后，即如图2-27所示为已成功连接界面，就可以进行通信。在通信过程中，需要保持Wi-Fi信号稳定。如果出现连接中断或通信失败等问题，需要进行检查和调试，找出并解决问题，以确保智能太阳能照明系统的正常运行。

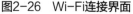

图2-26　Wi-Fi连接界面　　　图2-27　Wi-Fi连接成功界面

### 3.系统灯光亮度挡位切换测试

灯光亮度挡位切换测试主要测试系统灯具是否可以根据环境光线强弱变换灯具发光强度。测试时首先拨动开关接通电路，单片机系统默认自动状态，再通过系统上的光敏电阻模块检测环境光照强度，通过改变自身电阻，控制系统灯具的亮度，环境光线越弱，灯的亮度越强，共有四个调节挡位。

系统整体调试主要是完成系统硬件电路和智能控制App的连接测试以及灯光亮度挡位切换测试。锂电池充放电测试主要测试完成锂电池充电和放电过程。Wi-Fi通信测试主要测试照明系统与智能控制App的Wi-Fi通信连接测试。灯光亮度挡位切换测试主要测试系统灯具是否可以根据环境光线强弱变换灯具发光强度。

# 第三节 智能照明系统

## 一、系统总体设计

### （一）设计要求

采用51单片机和ADC0809模数转换芯片作为台灯的控制模块和转换模块，对光敏电压信号进行处理，实现光的自动调节。有自动、手动、呼吸三种模式，并增加了人体感应的功能。自动模式下，检测到有人且环境光线较暗时，台灯才亮；当人离开时，定时器延时几秒台灯自动熄灭。手动模式下分为十个挡控制灯的亮度。呼吸模式时渐暗渐亮，可用于警示灯。采用红外壁障传感器，防止近视，矫正坐姿，当人离桌面或者台灯过近，会有蜂鸣报警器提示。

### （二）控制芯片的选择

STC89C51单片机，其引脚有40个，它是双列直插式的，工作电压一般是在3.3 V~5.5 V，内部有4 K字节内存和256字节随机存取存储器，有电可擦编程只读存储器功能，两个定时/计数器，工作频率在40 MHz以下，32个双向的输入输出口。8051单片机完全兼容指令代码，并且价格低、抗干扰能力强、消耗的能源低。

AVR单片机，它的运行速度非常的快。对图形和数据的存储有很大的存储空间，在断电的情况下可以自动保存数据，防止数据的流失，可以重复地编入数据，并且能在线编入数据。输出高低电平在每个端口都可以实现，不用接很多外部电路，内部自带模数、数模转换，各类通信口及中断等模块。

STC89C51单片机结构简单，是最简单的控制芯片，而且很普遍，开发的环境简单，很容易实现编程，兼容性也很强，比AVR单片机价格低，耗电低，易操作。考虑到价格问题，所以选择方案一，让STC89C51作为主控芯片。

### （三）照明方案的确定

三极管驱动电路通过调节电流大小来控制灯的亮度。以三极管的共发射极为例，输入信号通过基极进入三极管，输出电流从集电极出来，而发射极需要接地。则基极端的电流也会随之变化，集电极端的电流的大小则会变化很大，基极端中电流越强，集电极电流也越强，反之，亦如此。即集电极输出电流大于基极端输入电流，需注意的是三极管必须建立偏置放才能放大，否则会出现失真现象。

另一种调节电流大小的方法是使用PWM芯片。PWM芯片可以控制电流的输出，通过调节电流的大小来实现灯的亮度调节。此外，正向电流的变化还能改变LED的颜色。在某些应用中，如车灯和CD背光照明等，不允许LED发生任何颜色变化。

PWM的脉冲宽度越宽高电平的时间与LED发光时间成正比。电流的输出是由PWM信号发生的频率决定的，其频率是不变的，由LM3410X芯片驱动发光二极管。电路如图2-28所示。

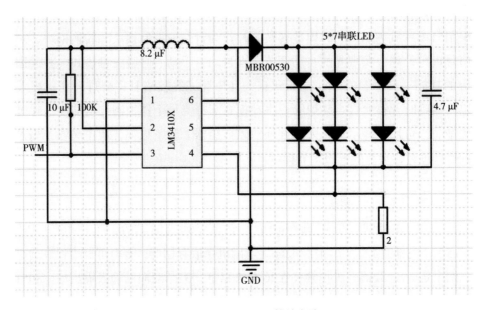

**图2-28　LM3410X芯片电路**

LM3410X芯片是单片频率的驱动芯片，它可以驱动典型2.5 A峰值电流与内部160MΩ NMOS切换。525 kHz或1.60 MHz的开关频率，可以使用片式电容器和贴装电感器。LM3410X芯片采用的是电流控制和补偿功能。

三极管驱动是最佳选择，价格低且易控制，而LM3410X芯片价格高，功耗大，考虑到成本问题，所以选择方案一，三极管照明方案。

**（四）遥控模块的选择**

超再生无线模块由编码和解码组成。编码部分由SC2262集成电路完成，它可以实现地址和数据的随机组合，并可生成多种编码。地址编码有三种状态："1""0"和"开路"；而数据输入只有"1"和"0"两种状态。不同接脚决定了编码输出的位置，然后通过红外发射管发出信号。发射的编码信号包括地址码、数据码和同步码，它们在38 Hz的载波上发送。

高频接收模块用于无线解调。当发送器发送"1"时，发射电路开始工作，接收端会接收到一个频率为3的高频信号，并输出"1"。当发送器发送"0"时，发射电路停止工作，接收端输出"0"，从而实现无线传输控制信号。红外遥控发射电路发出的光是经过调制后的红外光。红外光穿透力强，对环境污染较小。由于波长很小，红外信号对其他家用电器的遥控几乎没有干扰。红外遥控的电路比较简单，编写程序可完成对灯的控制，而且价格低廉，所以选择方案二，用红外遥控来遥控电灯。

## 二、硬件设计

### （一）单片机STC89C51芯片

STC89C51是模拟控制器，共8位，功耗低、性能也高，内部有512字节的内存（RAM），Flash有8 k字节，输入输出口I/O为32，内置4 kB电可擦可编程只读存储器，定时器/计数器为16位共3个，一个中断结构和复位电路等。有节电模式可支持两种软件。在休眠模式下，CPU 就会停止工作，允许其他模块继续工作，内存器里的数据会被自动存储，如果振荡器不再振荡，单片机就会暂停工作，避免资料丢失，直到停止工作或重新开始，如图2-29所示。

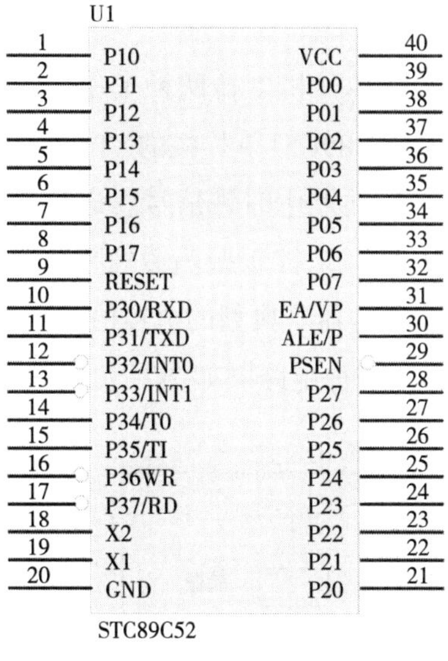

```
            U1
      ┌───────────────┐
   1  │ P10       VCC │ 40
   2  │ P11       P00 │ 39
   3  │ P12       P01 │ 38
   4  │ P13       P02 │ 37
   5  │ P14       P03 │ 36
   6  │ P15       P04 │ 35
   7  │ P16       P05 │ 34
   8  │ P17       P06 │ 33
   9  │ RESET     P07 │ 32
  10  │ P30/RXD  EA/VP│ 31
  11  │ P31/TXD  ALE/P│ 30
  12  │ P32/INT0  PSEN│ 29
  13  │ P33/INT1   P27│ 28
  14  │ P34/T0     P26│ 27
  15  │ P35/TI     P25│ 26
  16  │ P36WR      P24│ 25
  17  │ P37/RD     P23│ 24
  18  │ X2         P22│ 23
  19  │ X1         P21│ 22
  20  │ GND        P20│ 21
      └───────────────┘
        STC89C52
```

**图2-29　STC89C51单片机引脚图**

1.STC89C51单片机引脚图

VCC：供电电压。　GND：接地。

P0口~P2口：都是8位双向I/O口，P0能吸收8TTL门电流，P1和P2吸收4TTL门电流。

I/O口的读取方式有端口的读取和引脚的读取是。端口读取时不能从外不读取信息，而是把锁存器中的数据转换成一定的形式后，再重新输入回到寄存器中，而单片机外部的数据读入内部电路的过程是读引脚，但是要先执行置1操作否则会出现读取错误。

RST：复位输入。

ALE/PROG：输入Flash期间，此引脚用于编程脉冲的输入。可用作定时或对外部输出。

/PSEN：外部程序存储器的选通信号。

/EA/VPP：在lash编程期间，此引脚可加12 V的编程电源。

XTAL1：可以从这个口输入反向振荡放大器和内部时钟电路。

XTAL2：反向振荡器的输出从这个口出来。

2.STC89C51单片机内部的最小系统

单机片内最小系统原理图如图2-30所示。

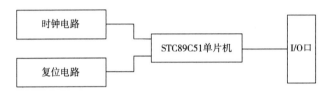

**图2-30　单片机内最小系统原理图**

（1）时钟电路。STC89C51单片机支持两种工作方式，分别为内部时钟和外部时钟。内部时钟的工作原理是在STC89C51单片机的XTAL1和XTAL2引脚之间接入一个石英晶体，形成一个振荡电路，从而产生时钟信号。通过检测振荡频率的脉冲来计时。为了提高稳定性，可以使用电容C1来控制振荡器的频率，并起到稳定振荡的作用。此外，电容C2可以帮助快速启动振荡器。典型的电容值范围为5~30 pF，通常选择30 pF。晶振频率可在1.2~12 MHz选择。时钟电路图如图2-31所示。

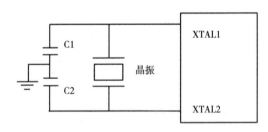

**图2-31　时钟电路图**

（2）复位电路。本设计系统的初始化是利用按键进行复位。它是以电平方式进行的，如图2-32所示。单片机上的RST端与电源VCC端是导通的，当按键按下时电路短路从而实现电路复位，用10 μF的电容，10 kΩ的电阻，此时的频率为11.0592 MHz。复位电路与RESET相连。

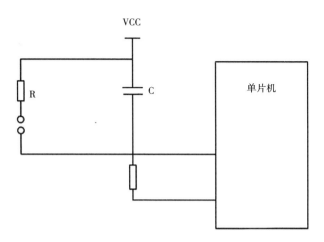

**图2-32　复位电路图**

（3）STC89C51中断技术。STC89C51中断是CPU在进行某一事件时，突然出现了另一事件，CPU需暂停现在的事件然后去处理新出现的事件，等新出现的事件处理完成后，再去处理之前未完成的任务，即中断完成。过程为中断请求、中断响应、中断服务、中断返回，如图2-33所示。

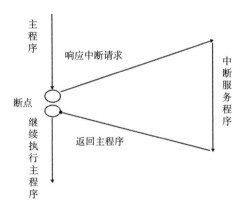

**图2-33　中断过程图**

### （二）LED驱动电路

本设计采用NPN型的v9013型三极管，二极管以四个为一组并联在一起，一共有四组，再将其串联得到LED矩阵电路。

区别引脚：三极管有基极b，集电极c，发射极e，原理图中为NPN型三极管，从左到右从上到下分别为基极，集电极，发射极。三极管基极端与2.2k电阻相连再与51单片机P1.3口相连，如图2-34所示。

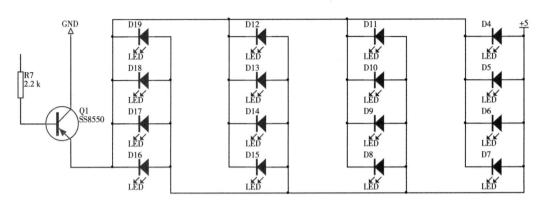

图2-34  三极管驱动电路

（三）按键控制电路

本设计采用简单的独立按键结构和程序。独立式按键的按下与否取决于单片机输入或输出口的电平，高电平表示按键未被按下，低电平表示按键已被按下。在按下按键时，电平会变为低电平，释放按键后，上拉电阻会使得输入/输出口恢复为高电平，从而实现按键功能。我们只需通过程序检测电平的高低即可。

而按键按下时有抖动，这种抖动是机械的，而且这种抖动很快，会影响发光。我们采用软件去抖动，采用的方法是延时 10~200 ms，延时后如果读值为1，那信号有干扰，调用程序处理干扰，按键直接接地。

键盘控制电路图及按键结构分别如图2-35和图2-36所示。

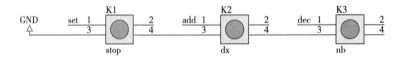

图2-35  键盘控制电路图

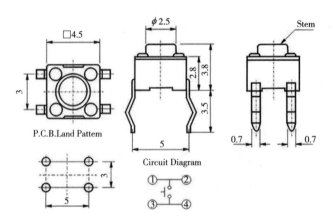

图2-36  按键结构图

## （四）LED指示电路

LED指示电路采用的是能够将电能转化为不同颜色光线的发光二极管。LED是一种电场发光器件，通过激励三基色粉来达到发光效果，具有环保和节能的特点。本设计使用了三种颜色的LED来表示不同的工作模式，其中红色LED表示手动模式，黄色LED表示自动模式，绿色LED表示呼吸模式。分别接51单片机的P2.6、P2.4、P2.2口。上拉电阻2~9口分别与P0.0~P0.7口相连。它的作用是保持按键识别口始终保持为高电平，按键按下识别口变为低电平，上拉电阻再次使其恢复高电平，如图2-37所示。

**图2-37　LED指示电路图**

## （五）光敏电路

光敏电路主要器件是光敏电阻，经常用硫化镉作为制作材料，不同的材料在光照下具有不同特性的波。光敏电阻的阻值会随着光照强度的变化而变化，这是因为光照中的载流子在电场的作用下参与导电，正极流动的是空穴，负极流动的是电子，从而控制电流的大小，实现灯的自动调节。

光敏电阻器是一种半导体器件，它会随入射光的变化来改变自身电阻的特性。外界光越强，电阻越小；反之，亦如此。光敏电阻的作用是将光能转换为电流，并与ADC0809的IN口相连接。

光敏电路如图2-38所示。

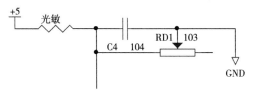

**图2-38　光敏电路**

## （六）ADC0809模数转换

ADC0809芯片为28引脚为双列直插式封装，如图2-39所示。

IN-0~IN-7：模拟量输入通道；

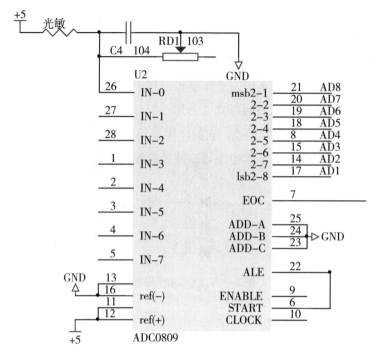

**图2-39 模数转换电路**

ALE：地4址锁存允许信号；

START：启动转换信号的信号口；

ADD-A、ADD-B、ADD-C：地址线。通道端口选择线，A和C分别为低地址和高地址；

CLOCK：时钟信号；

EOC：转换结束信号。EOC为0时操作在进行；EOC是1已结束；

D7~D0：数据输出线；

OE：允许信号从这个口输出（OE=0，输出数据线，为高阻态；OE=1，输出转换得到的数据）；

ADC0809数模转换模块ALE口接51单片机P1.0/T口，ADD-A、ADD-B、ADD-C口接地，EOC口接51单片机P1.1/T0口，ENABLE接51单片机P1.2口，START与ALE口相连，CLOCK口与单片机ALE/P口相连，ref（+）接5 V电压，ref（-）接地。IN-0口与LED确驱动电路4组12个发光二极管分别相连，图中的光敏电路与ADC0809的IN-0口相连。

（七）人体感应模块

HC-SR501感应器能够有效且有序地控制红外线的输出。LHI778探头适用于各种自动感应电器设备。它的接法是将其三极管的集电极端连接至51单片机的P7口。实物图如图2-40所示，人体感应电路图如图2-41所示。

图2-40 LH1778探头实物图

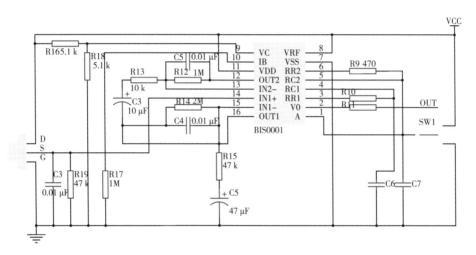

图2-41 人体感应电路图

电器参数如表2-3所示。

表2-3 HC_SR501参数表

| 序号 | 名称 | 属性 |
| --- | --- | --- |
| 1 | 产品型号 | HC~SR501人体感应模块 |
| 2 | 工作电压范围 | DC4.5~20 V |
| 3 | 静态电流 | <50 μA |
| 4 | 电频输出 | 0~3.3 V |
| 5 | 触发形式 | 不可重复触发、重复触发 |
| 6 | 延时时间 | 0.5~200 s（可调） |
| 7 | 封锁时间 | 2.5 s（可调） |

续表

| 序号 | 名称 | 属性 |
|------|------|------|
| 8 | 电路板外形尺寸 | 32 mm × 24 mm |
| 9 | 感应角度 | <100° 锥角 |
| 10 | 工作温度 | −50 ℃ ~ +70 ℃ |
| 11 | 感应透镜尺寸 | 直径：23 mm（默认） |

### （八）有缘蜂鸣器（5 V）

电压：3.5 V 到 5.5 V；电流：小于 25 mA，有缘蜂鸣器结构图如图2-42所示。

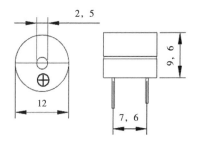

图2-42　有缘蜂鸣器结构图

### （九）红外接近传感器

红外线接收可以在不外接电路的情况下完成接收信号和输出信号。可自由调节感应的距离和灵敏度。价格便宜，方便安装，应用广泛。矫正系统由红外接近传感器与蜂鸣器相连直接构成，如图2-43所示。

图2-43　矫正系统示意图

1.电器参数

电器参数见表2-4。

**表2-4　红外接近传感器参数表**

| 序号 | 名称 | 属性 |
|------|------|------|
| 1 | 输出电流 | DC<25 mA |
| 2 | 消耗电流 | DC<25 mA |
| 3 | 响应时间 | <2 ms |
| 4 | 指向角 | ≤15° |
| 5 | 检测物体 | 透不透明 |
| 6 | 工作环境温度 | −25 ℃~+55 ℃ |
| 7 | 标准检测物体 | 太阳光10 000 lx以下<br>白炽灯3 000 lx以下 |

2.直流三线光电开关接线图

直流三线光电开关接线图如图2-44所示。

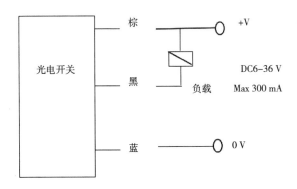

**图2-44　直流三线光电开关接线图**

3.红外遥控电路

本设计的遥控方式是红外遥控，它能接收红外线并能放大电流，即放大作用。使用方便，不需要其他电路与之配合就能完成一系列的操控，能完成红外线接收和输出，质量小而轻，它适用于遥控电器和数据的传输，并且传输效率高，被广泛用于电视机灯。红外线一体机与单片机IN1口红外连接，如图2-45所示。

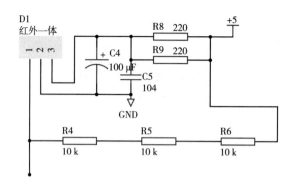

图2-45 红外线一体机与单片机IN1口红外连接图

# 三、软件设计

## （一）总程序流程图

总程序流程图如图2-46所示。

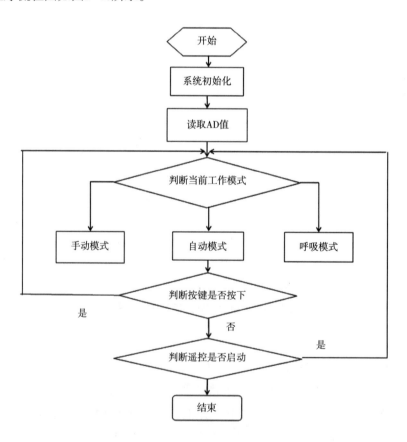

图2-46 总程序流程图

（二）按键模块流程设计

按键按下会出现抖动。采用软件处理将抖动。按键被按下时，按键的信号就会被触发，调用处理型号的程序进行抖动的处理，51单片机再次检测看看是否有按键信号，如果有，那么就表示按键被按下，反之，没有信号，则按按键不成功。按键控制流程如图2-46所示。

（三）ADC0809模数转换模块流程设计

ADC0809是一款8位逐次逼近型A/D转换器，它能将模拟信号转换为数字信号。它由8路模拟开关、地址锁存译码器、A/D转换器和三态输出锁存器组成，可将连续的信号转换为离散的数字信号。其初始化流程介绍如图2-47所示。

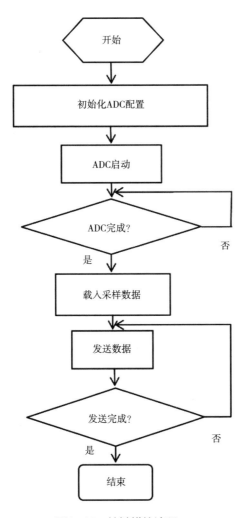

**图2-47　按键模块流程**

程序如下：

```
sbit ST=P1^0;
sbit EOC=P1^1;
sbit OE=P1^2;
//函数声明
extern uchar ADC08090();
//ADC0809 读取信息 1-8
uchar ADC0809()
{
    uchar temp_=0x00;
    //初始化高阻太
    OE=0;
    //转化初始化
    ST=0;
    //开始转换
    ST=1;
    ST=0;
    //外部中断等待AD转换结束
    while(EOC==0)
    //读取转换的 AD值
    OE=1;
    temp_=Data_ADC0809;
    OE=0;
    return temp_;
}
```

（四）自动调光模块流程设计

STC89C51单片机可以实现自动调光功能。自动调光技术利用处理器的数字输出来控制模拟电路，通过控制逆变电路的通断来实现调光。使用脉冲波形进行控制，在半个周期中生成多个脉冲，使各脉冲的电压波形为正弦波形且波形平滑，如图2-48所示。

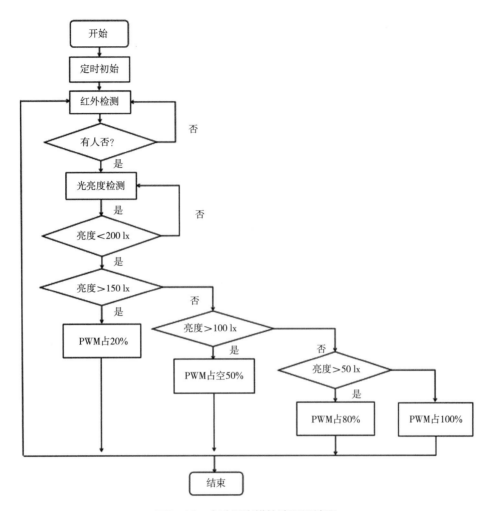

图2-48 自动调光模块流程设计图

程序如下：

```
void main( )
{
    //定时器初始化 100Hz
    Init( )
    m=0；
    f=0；
    //模式1
    LEDR=1；
    LEDY=1；
    LEDG=1；
```

```
delay(3);
LEDR=0;
LEDY=1;
LEDG=1;
//循环
while(1)
{
    //读取亮度AD值
    LL=ADC0809( );


    /////////////////////////////
    //亮度控制
    //光敏控制Ok
    if(Mode==2)
    {
    if(LL>50)
    {
        X1=0;
    }
    else
    {
        if(LL-1>0xf0)
            LL=1;
        X1-1020-LL*20;
    }
    }
}
```

（五）定时器

80C51单片机具有定时器和计数器，其中T0和T1分别进行定时和外部事件的计数。定时器和计数器在单片机中是一个整合的器件，用于对内部标准时钟脉冲进行计数，如图2-49所示。

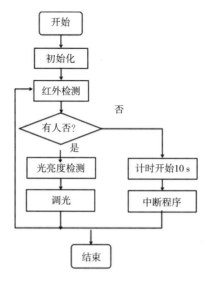

图2-49　定时器和计数器流程图

程序如下：

```
TR0=0；//T0开始计时
}
//延时
void delay(uchar i)
{
   ucharj，k；
   for(j=i；j>0；j-)
      for(k=125；k>0；k--)；
}
//外部中断解码程序-外部中断0
void intersvrl(void)interrupt 2 using 1
{
LED=1；
TR0=1；
Tc=TH0*256+TL0；//提取中断时间间隔时长
TH0=0；
TL0=0；              //定时中断重新置零
if((Tc>Imin)&&(Tc<Imax))
if(f==1)
```

```
{
    if(Tc>Inum1&&Tc<Inum3)
    {
    Im[m/8]=Im[m/8]>>1|0x80; m++;
    }
    if（Tc>Inum2&&Tc<Inum1）
    {
        Im[m/8]–Im[m/8]>>1; m++; //取码
if(m–32)
}
{
    m=0;
    f=0;
}
    if(Im[2]==~Im[3])
    {
        IrOK=1;
            TR0–0;
    }
    }
    }
```

## 四、调试

（一）硬件调试

利用基本的仪器如万用表、示波器等检查各个模块是否稳定，各个参数值是否正常，检查使用者在使用过程中的故障，是否有损坏。

1.静态调试

第一步：目测。检查台灯是否损坏，线路是否断开。

第二步：用万用表测试。先看看自己认为有疑问的连接点，然后用万用表检测电路是否通断或者有无短路现象，参数值是否正常。

第三步：加电检测。看看器件能否正常工作。

第四步：联机检查。看看系统是否完整。

**2.动态调试**

（1）手动模式。当接通电源后，若按第一个按键，那么就会亮起红灯，此刻表示为手动模式。第二和第三个按键为亮度调节键，分别为增强和减弱，共十个档位，如图2-50所示。

**图2-50　手动模式调光图**

（2）自动模式。再次按下第一个按键，黄灯亮起，此时为自动模式。根据环境的光强自动调节光亮，如图2-51所示（在这种模式下如果过于靠近桌面则蜂鸣器响起）。

**图2-51　自动调光**

有人且处于暗或黑环境下亮起，无人延时几秒灯灭，如图2-52所示。

**图2-52　无人延时自动关灯**

（3）呼吸模式。再次按第一个键，此时为绿灯，所谓呼吸模式是灯渐暗渐亮的一种状态。通过观察发现，该模式正常。

（二）软件调试

利用Keil对工程进行调试，首先打开一个工程点击Keil的编译图标，编译软件然后点击Debug栏中的Start/Stop Debug Session按钮进入调试模式，如图2-53所示。

图2-53　调试模式界面图

确保仿真器已连接，程序下载完成后点击观察窗口View中的Watch&Call Stack选项，弹出Watch窗口并观察变量变化窗口。在Watch窗口上方有一个type F2 to edit按钮，输入要观察的变量名进行观察，如图2-54所示。

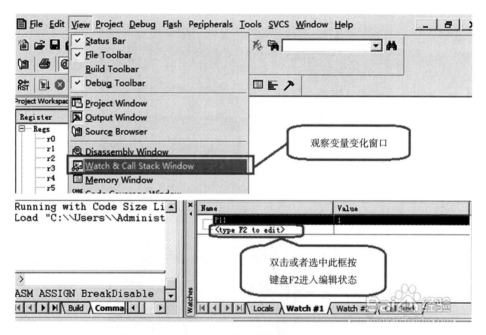

图2-54　观察变量界面图

点击单步调试按钮可实现逐个观察的功能，观察更详细。

单机全速运行，检查是否有错误，无误则退出调试模式。

本智能台灯设计的各个模块都需调试，如STC89C51单片机模块、ADC0809模数转换模块都需要程序的调试使智能台灯能正常运行。

# 第四节　LED照明用恒流电源设计

## 一、总体方案设计

### （一）设计要求

本文是要设计一个恒流限压电源，用于串联型白光LED驱动。需要校正输入端的功率因数。基本的设计要求是：设计一个恒流限压电源；输出电流能够使10个串联的高亮白色LED正常工作；最大输出电流小于或等于1 A；最大输出电压小于30V；具有功率因数校正功能。电源总转换效率大于70%；能进行亮度的程序控制，可以通过按钮进行亮度增减；功率因数大于0.8。

根据题目要求，实现恒流限压电源并保持一定精度并无难度。要实现70%的效率并进行PFC（功率因数校正）就成了设计的最大难点。

### （二）设计方案

本设计基本要求是设计一个LED照明用的恒流限压电源，同时要求输入端进行功率因数校正。

根据要求，我们不难发现，实现恒流、限压电源并保持一定精度并无难度。但是要实现70%的效率并进行PFC（功率因数校正）就成了设计的最大难点。通过仔细分析，整个电路被我们分为PFC功率因数校正模块、DC/DC（直流变换）模块、控制电路模块和辅助电源模块4个模块，其原理框图参考图2-55。

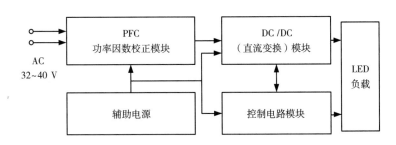

**图2-55　电路原理框图**

其中，功率因数校正模块负责完成交流整流、滤波和功率因数校正三个部分；DC/DC模块负责完成高频PWM功率变换，实现恒流限压输出；控制及检测模块负责完成人机交互、输出参数测量、显示以及功率控制等任务；辅助电源负责将输入的交流电源变换为各个模块所需的直流电源；LED负载包含10个高亮LED发光二极管，可以实现负载切换功能。

根据不同模块的任务，我们对上述模块的电路方案选择分别加以论述。

PFC电路的选择

功率因数对一个正弦电压的公式如下：

$$PF = \frac{V_{rms} \cdot I_{rms1} \cdot \cos(\phi)}{V_{rms} \cdot I_{rms}} = \frac{I_{rms1}}{I_{rms}} \cos(\phi) \tag{2-1}$$

功率因数校正电路可以将整流式电源的输入功率因数从0.5~0.6提高到0.9以上。PFC电路通常可以被分为有源功率因数校正和无源功率因数校正两大类。由于无源PFC电路对负载的适应性较差，无法达到功率因数高于0.95的要求，因此不作考虑。

由于BOOST效率高、电路元件少且能够实现较高的功率因数，通常采用BOOST电路对有源功率因数校正电路拓扑。传统的模拟PFC控制电路性能稳定，成本低廉，设计简单，应用较为成熟。由于DSP（数字信号处理器）的运算能力大幅提高，近年来数字PFC控制器进入人们的视野。由于数字信号处理技术具有精度高、稳定性好的特点，因此在大规模应用中具有非常好的重复精度和稳定性。加之现代数字控制技术的应用，使得用DSP技术设计的开关电源具有模拟电路所不可比拟的对于负载和电源的变化的适应性，因此在很多不计成本的设计中得以应用。

虽然DSP控制具有很多特点，但是考虑到其设计时间短，DSP控制电路和软件设计复杂，所以设计的PFC控制电路采用了传统的模拟PFC控制方案。模拟PFC控制策略从电流的连续性可以分为DCM（discontinuous current mode）（断续电流模式）和CCM（continuous current mode）（连续电流模式），与DCM模式相比由于CCM控制模式中电流的峰值较小，电感体积小，功率管容量较小，因此在大功率电路中应用较多。DCM控制模式由于电流呈三角波，所以EMI控制较为容易，但是由于峰值电流较大，效率不高，所以主要用于小功率APFC电路。设计适宜采用CCM模式控制电路。CCM电流控制模式又可以分为平均电流控制模式和峰值电流控制模式等多种控制方案。我们取两种应用较广的PFC控制芯片，对其进行选型分析。

1.基于UC3854的BOOST型PFC电路

UC3854为平均电流型控制芯片，PFC电路的基本核心是电流调节器。其核心是由模拟乘法器构成的电流控制环，在电流调节器的作用下，输入电流跟踪输入电压呈正弦波形，且与输入电压同相，完成功率因数校正。系统原理框图如图2-56所示。

2.基于IR1150的BOOST型PFC电路

单周期控制OCC（one cycle control）是一种非线性控制技术，能在一个开关周期内，有效地抵制电源侧的扰动。同时，与平均电流模式APFC相比，控制环路中没有采用乘法器等成本高昂的模拟器件，代之以滞环比较器，因此结构简单，提高了

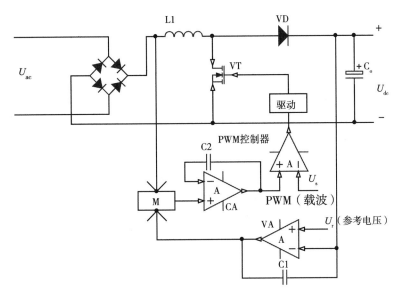

**图2-56 基于UC3854的APFC电路的原理框图**

PFC应用的效率。IR1150就是国际整流器公司（IR）推出的基于OCC的PFC芯片。该芯片具有过压、过流等多种保护特性，外围元件数量少， PCB板面积小，操作简单，为小电源PFC控制节约成本。与IR1150类似的单周期控制PFC芯片还有英飞凌的ICE1PCS01。

IR1150的内部框图如图2-57所示。

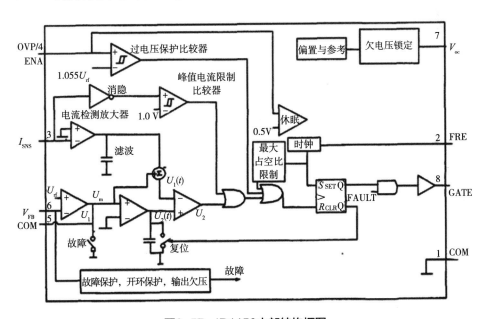

**图2-57 IR1150内部结构框图**

IR1150组成的PFC控制电路由两个控制环路组成，一个是内部的电流控制环路，另一个是外部的电压控制环路。电流控制环路可以调节脉冲宽度和占空比，使平均输入电流遵循输入线路电压，呈正弦曲线。电压控制环路控制Boost电感的输出电压，输出电压检测电路根据输出电压，控制单周期积分器斜波的斜率，实现对电流的控制。电压检测电路的另一个回路OVP过压保护可以实现输出电压过压保护功能。而UVLO端则可以实现欠压保护，当电源电压低于阈值，关闭整个电路。通过以上分析，对各电路要点统计，可得出表2-5。

表2-5  PFC方案比较

| 方案/比较项 | 资料 | 硬件复杂程度 | 软件设计 | 调试难度 | 设计成本 |
|---|---|---|---|---|---|
| UC3854 | 电路成熟，资料多 | 外围元件众多，电路复杂 | 无 | 需多点调试，难 | 元件多，PCB大，成本高 |
| IR1150 | 新型IC，资料较少 | 外围元件少，电路简单 | 无 | 单点设计，简单 | 元件少，PCB布局紧凑，成本低 |
| DSP | 近年来应用开始广泛 | 外围元件极少，电路简单 | 软件设计复杂 | 调试困难 | DSP成本较 |

综合以上因素，我们决定选用IR1150电路来做PFC，使用集成电路IR1150来实现。

（1）DC/DC电路的选择。一般来说，隔离型DC/DC变换器在电路拓扑上，有单端正激式、单端反激式、双端半桥、双端全桥电路等电路拓扑，下面简要介绍几种。隔离型DC/DC电路普遍存在由于变压器漏感造成的能量不能完全传输的现象。由于单端电路无法将这些漏感能量返回到电源中，所以必须采用吸收电路将其消耗掉，否则将产生较高的冲击电压击穿开关元件。因此隔离型单端变换电路效率低于双端变换电路，不符合设计要求。

双端电路中的半桥电路使用的开关元件和可控元件比全桥电路少，不过由于电容分压导致变压器一次侧电压是全桥的一半，相同输出功率时，半桥式电路的开关管电流是全桥的一倍，因此开关管导通损耗较高。但是由于全桥电路多了一套控制元件，因此驱动电路损耗会增加一倍，而半桥电路由于可以采用大容量的开关管，所以导通损耗相比之下可以忽略不计，所以设计选择了半桥作为DC/DC电路的拓扑类型。

（2）DC/DC控制方案选择。类似于APFC电路，DC/DC也具有多种控制模式。

模拟PWM（脉冲宽度调制）控制电路是传统设计方案的首选。特点是性能稳定、响应速度快、设计方法成熟。但是由于模拟PWM控制电路需要辅助的恒流和恒压控制电路，所以电路复杂，电路调试较为困难。

考虑到设计中需要对输出电压和电流进行采集和显示，因此必须增加单片机控制和采集电路，如果采用模拟PWM控制电路就需要数字和模拟两套控制系统，不但会增加功耗，而且容易损失精度。所以设计采用了数字PWM控制方案。

根据题目要求的精度，数字PWM控制核心可以考虑的单片机有AVR，ARM CORTEX-M3系列，及TI公司的DSP 2000系列。AVR单片机只有10位AD，对电流、电压的采集不够精确，同时由于时钟的限制，所以PWM输出的精度和速度不高，不适合高频DC/DC电源。ARM CORTEX-M3有12位AD，基本能满足要求，但运算能力不太理想。DSP较适合数字电源设计，但是DSP芯片的功耗较大，以TI公司的TMS320F2808为例，其全速工作时的电流约0.35 A，因此DSP控制板损耗超过1.75 W，对于输出功率较小的电源来讲，实在不堪重负。对比之下CORTEX-M3 ARM则具有较好的功率控制，全速工作时其消耗电流仅75 mA左右，最小系统功耗约0.375 W，符合设计对效率的要求。通过以上分析，确定使用ARM CORTEX-M3来做数字DC/DC的控制器。根据上述对设计方案的选择和分析，可画出如图2-58所示结构图。

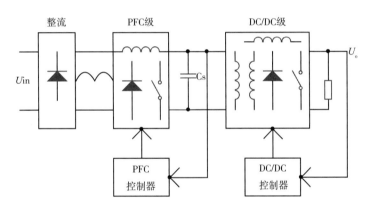

图2-58 两级功率因数校正变换器结构图

## 二、电路原理图设计及参数计算

### （一）电路设计

本部分包括电源变换器主回路与器件选择、控制电路或控制程序设计、保护电路设计、功率因数校正电路设计、自动调光电路设计、开机冲击电流和EMI及抑制电路设计。电源变换器主回路与器件选择及参数计算。根据题目要求，所设计DC/DC电路原理图如图2-59所示。

电路的主要元件包括功率开关管、整流二极管和变压器等。

半桥驱动芯片采用IR2110。该芯片上下臂驱动可以承受600 V的耐压。通过自举二

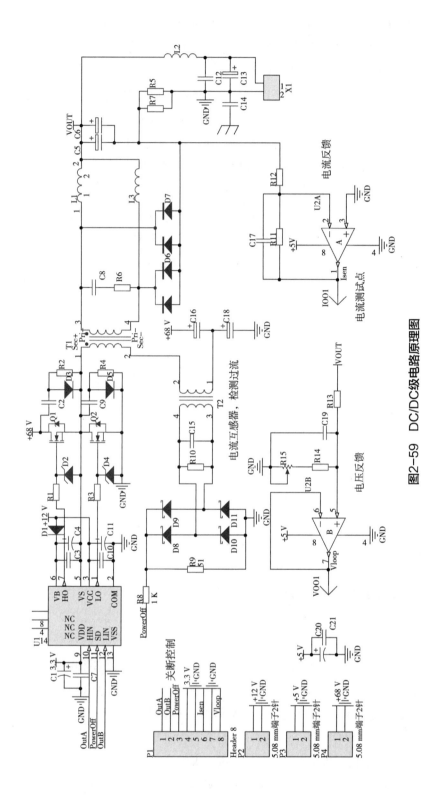

图2-59 DC/DC级电路原理图

极管D1可以将电源电路提供的12 V电源电压，自举后给上臂驱动电路供电。IR2110的高边驱动输入Hin端，连接单片机的PWM输出端。通过内部程序控制的死区，底边驱动Lin得到的PWM信号与Hin的PWM信号不会发生共同导通现象。根据IR2110的开关时间，设计中上下臂导通死区时间为1.5 μs。D2和D4为稳压二极管，钳位电压为15 V，可以防止Q1和Q2由于米勒效应，栅极电压超过20V而损坏。

Q1和Q2在开关瞬间会产生较大的电压瞬变，由于电路板和功率元件的寄生参数，PWM开关时会有很大的开关噪声。开关噪声会干扰其他设备，同时会产生很高的振铃电压，甚至击穿MOSFET。本电路中的C2、D3和R2组成了RCD吸收电路。当Q1关断时C2和D3构成回路，C2相当于并联在Q1两端，减缓了电压上升速率，达到吸收电流的目的。当Q1开通时，C2电压通过R2放电，以便下个循环吸收开关能量。图中R4、C9和D4构成另一路RCD吸收电路，为Q2提供缓冲。

半桥二次侧输出采用两个肖特基半桥二极管完成整流任务。肖特基二极管具有开关速度快、二极管恢复时间小、结电容小的特点。同时由于肖特基二极管的压力比较低，所以对电路效率的提高有较大的帮助。L1和L3为双线并绕线圈。通过双线并绕形成互感，可以提高电感量，减少漏磁，并且可以平衡正反向电流，防止主变压器由于单边不平衡电流导致磁饱和。为了提高效率，设计采用了大功率低导通电阻的MOSFET开关元件FQA70N10。该元件25℃下导通电阻Ron仅为0.023，100℃时电阻升至1.75倍，Ron约为0.040 25。输出功率最大为11.55W。

$$I_{\mathrm{inmax}} = \frac{11.55\,\mathrm{W}}{25V \cdot 0.8} \approx 0.5775\,\mathrm{A}$$

输入端最低电压30V直流侧峰值电流为。其满负荷导通损耗约0.013423W。源端开关管损耗为

$$W_{\mathrm{SWP}} = W_{\mathrm{on}} + W_{\mathrm{SWTTCH}}$$

$$\approx I_{\max}^2 \cdot R_{\mathrm{ON}} + \frac{1}{6}(T_{\mathrm{on}} + T_{\mathrm{off}}) \cdot U_{\min} \cdot I_{\max} \cdot f_s$$

$$= 0.013\,42 + 0.077$$

$$= 0.090\,42\,\mathrm{W}$$

设整流电路采用肖特基MBR20100，压降0.55 V，功率损耗约为0.192 5 W。功率元件总损耗约为0.373 34 W。本系统采取了三个措施，来确保系统安全。

1.在输入端加入保险丝

当电流过大导致保险丝熔断时，能够对电路进行保护，如图2-60所示。

2.加入电流互感器

电流通过电阻转化成电压值，传送到IR1120的关断端。当电流加大时，会触发IR1120的关断端，使IR1120关闭输出，如图2-61所示。

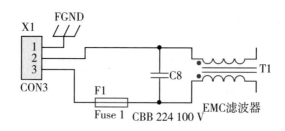

图2-60　保险丝电路

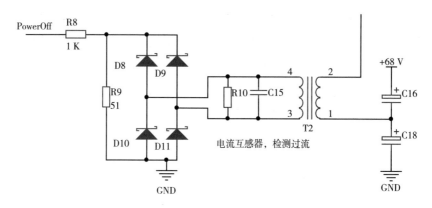

图2-61　过流检测

**3.通过软件控制**

　　如图2-62所示，单片机根据采集到的电压值和电流值来决定是否关闭输出以保护电路。对于瞬时过流，通过STM32F103的TIM8的BKIN端，可以采集到电流互感器输出的过流信号，并关断全部TIM8输出端口，直到短路解除后，恢复PWM输出。功率因数校正电路设计。功率因数校正控制芯片采用IR1150。电路中U1的PIN1脚为公共接地端。PIN2脚为IR1150的PWM输出频率调节端，通过电阻R9可以调节工作频率。较高的PWM工作频率可以减小Boost电感的体积，但是会增大开关损耗。为了减少损耗提高效率，本设计中PWM设计工作频率为50 kHz。

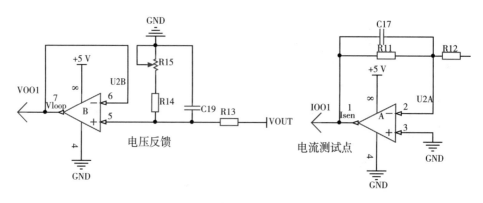

图2-62　输出电压及输出电流检测

PIN3脚为电流采样控制端，为了防止干扰，电流采样通过R10和C5组成低通电路，滤除干扰脉冲。PIN4脚为过压检测端，通过外接分压电阻检测输出电压是否过压。PIN5脚连接单周期电容电阻积分电路，实现单周期控制。PIN6脚为电压反馈端，检测输出电压高低，并实现输出PWM调节。PIN8脚为MOSFET驱动端，通过R1、R11驱动外部MOSFET实现PWM功率控制。为了提高开关管的开关速度，R1驱动电阻两端并联了一个肖特基二极管D1。当PIN8输出高电平，驱动MOSFET开通时，D1反向截止，防止MOSFET过快导通引起较大的浪涌电流损坏Boost二极管。PIN8脚输出低电平时，驱动MOSFET关断，D1导通，R1电阻被旁路。这样可以减少栅极驱动电阻，加快功率MOSFET的关断速度，减小MOSFET关断损耗。肖特基二极管D2可以防止引线电感产生的反向高压损坏PFC控制芯片的驱动端以及MOSFET的栅极。IR1150单周期PFC控制模块电路图如图2-63所示。

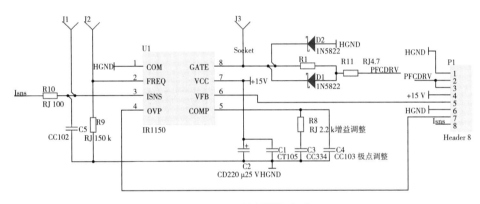

图2-63　PFC控制模块电路图

PFC功率输出电路由EMC滤波电路、全桥整流电路、Boost电感、Boost二极管以及电流采集和电压采集电路等部分组成。EMC滤波电路包括X滤波电容C7、C8和Y滤波电容C13、C14，以及共模滤波线圈T1。电容C12将输出侧直流地线连接到电源地线上，为其提供高频交流通路，将高频开关噪声传到地线上，也可以减少电路干扰。

通过上述元件，可以滤除PFC开关噪声，防止对外电路产生电磁干扰，同时可以防止外电路的电磁干扰对电路产生不良影响，减少电压和电流波形畸变。为了提高效率，全桥电路采用四个分立的肖特基二极管组成，整流功耗降低一半。高频滤波电容C6用于滤除高频开关噪声，在MOSFET断续期间为电路提供连续电压。为了减少电流采样电阻发热引起的阻值变化，电流采样电阻采用8个电阻并联，减少温升。PFC功率输出电路元件参数计算如下，电路图见图2-64。

计算输入电流的最大均方根值：

$$I_{in(RMS)max} = \frac{P_{O(max)}}{\eta[V_{in(RMS)min}]\,PF} = \frac{300\,W}{0.92(85\,V)0.998} = 3.8\,A$$

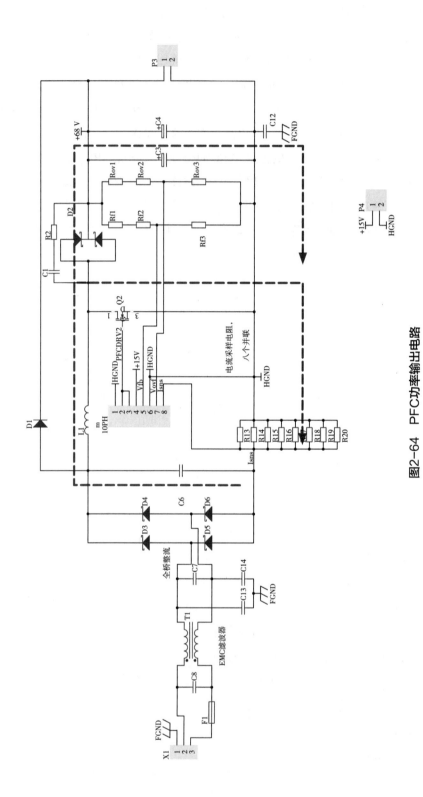

图2-64 PFC功率输出电路

计算输入电流的峰值：

$$I_{\text{in}(PK)\max} = \frac{\sqrt{2}(P_{\text{IN}(\max)})}{V_{\text{in}(RMS)\min}} = \frac{1.414(326\ \text{W})}{85\ \text{V}} = 5.4\ \text{A}$$

输入电流的平均值为：

$$I_{\text{in}(AVG)\max} = \frac{2 \times I_{\text{in}(PK)\max}}{\pi} = \frac{2 \times 5.4\ \text{A}}{\pi} = 3.4\ \text{A}$$

输入高频电容C6计算公式为：

$$C_{\text{in}} = k_{\Delta I_L} \frac{I_{\text{in}(RMS)\max}}{2\pi \times f_{sw} \times r \times V_{\text{in}(RMS)\min}} = 0.3 \frac{3.8\ \text{A}}{2\pi \times 100\ \text{kHz} \times 0.06 \times 85\ \text{V}} = 0.335\ \mu\text{F}$$

Boost电感基于纹波电流 $\Delta I_L$ 是20%设计：

$$V_{\text{in}(PK)\min} = \sqrt{2} \times V_{\text{in}(RMS)\min} = 120\ \text{V}$$

$$D = \frac{V_O - V_{\text{in}(PK)\min}}{V_O} = \frac{385\ \text{V} - 120\ \text{V}}{385\ \text{V}} = 0.69$$

$$\Delta I_L = 0.2 \times I_{\text{in}(PK)\max} = 0.2 \times 5.4\ \text{A} \cong 1.1\ \text{A}$$

$$I_{L(PK)\max} = I_{L(PK)\max} + \frac{\Delta I_L}{2} = 5.4\ \text{A} + \frac{1.1\ \text{A}}{2} = 6\ \text{A}$$

$$L_{BST} \frac{V_{\text{in}(PEAK)\min} \times D}{f_{sw} \times \Delta I_L} = \frac{120\ \text{V} \times 0.69}{100\ \text{kHz} \times 1.1\ \text{A}} = 752.7\ \mu\text{H}$$

环外径17.3 mm，内径9.7 mm高6.3 mm。材质160 μm铁粉，国外牌号58378-A2，单匝电感量0.114 μH。采用AWG27漆包线，绕制135圈。最终电感量1.77 μH，空载电感2 μH。类似可以采用27 mm铁粉，AWG27绕制97匝，相对好绕制，但成本稍高。铁粉环电感漏磁通小，对外界干扰小，但是绕制非常困难。类似，主变压器也可以采用磁环绕制。可以采用T25或T28磁环，材质PC40或R2KB由于T28容易绕制，适合采用T28磁环外径28 mm内径16 mm，高13 mm。主绕组可采用AWG25线双股并绕24匝。垫一层绝缘，二次侧绕组可采用AWG25单股35匝。磁环绕制主变压器漏感小，推荐采用。

如图2-65所示，自动光电电路采用光敏电阻，通过AD采集电压值来获得相应的光线照度，从而改变输出电流。

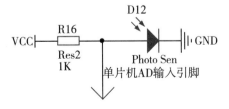

图2-65 环境光线检测电路

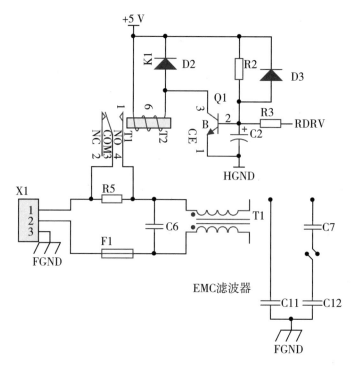

图2-66　抗开机冲击和EMI

开机冲击电流：如图2-66所示，输入端串入一个大功率电阻R5可抗冲击电流。当电路稳定工作后，由单片机提供RDRV信号，吸合继电器，从而使R5短路。实际操作中，为了简化电路和提高效率，可用NTC系列的热敏电阻来代替R5和继电器电路。

EMI（电磁干扰）：对电子设备有传导干扰和辐射干扰，从而影响系统的正常工作。EMC滤波器目前被广泛使用，能有效保证系统运行的安全性和可靠性。接法如图2-66所示。

（二）隔离变压器的设计、计算

设计中涉及了大量变压器和电感的参数计算，为了保证计算的准确性，设计中我们采用了多种辅助计算软件进行变压器计算。变压器设计图如图2-67所示。

通过设计软件PI Expert Suite 6.6来计算辅助电源变压器的参数。

1.滤波器设计

滤波器参数的计算采用了PExprt 6计算机辅助工具进行计算。设计输入采用了波形输入法，波形设置输入参数如图2-68所示。

设计输入参数如图2-69所示。

仿真参数输入如图2-70所示。

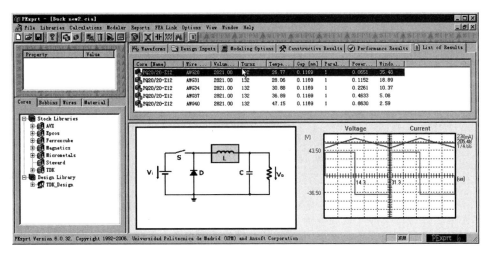

图2-67　变压器设计图

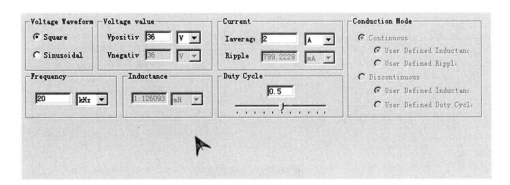

图2-68　波型输入参数图

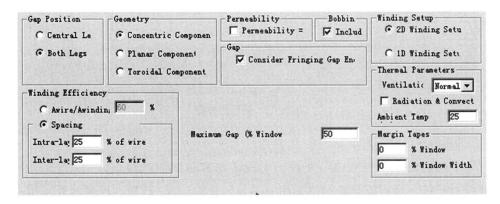

图2-69　输入参数图

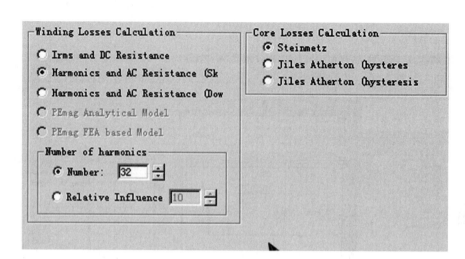

图2-70　仿真参数

计算结果如图2-71所示。

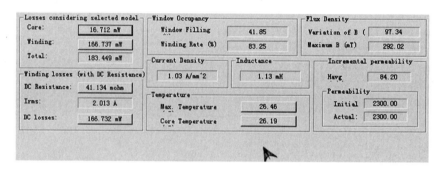

图2-71　计算结果

变压器参数表如图2-72所示。

| Core [Name] | Wire [Name] | Volume [mm^3] | Turns | Temperature [度] | Gap [mm] | Parallel Turns [n] | Power Losses [W] | Window Filling [%] |
|---|---|---|---|---|---|---|---|---|
| PQ40/40-212 | AWG19 | 20481.90 | 46 | 26.46 | 0.4449 | 3 | 0.1834 | 41.85 |
| PQ40/40-212 | AWG22 | 20481.90 | 46 | 26.47 | 0.4449 | 5 | 0.1859 | 42.19 |
| PQ40/40-212 | AWG22 | 20481.90 | 46 | 26.64 | 0.4449 | 5 | 0.2093 | 35.16 |
| PQ40/40-212 | AWG25 | 20481.90 | 46 | 26.67 | 0.4449 | 10 | 0.2125 | 36.29 |
| PQ40/40-212 | AWG25 | 20481.90 | 46 | 26.77 | 0.4449 | 9 | 0.2282 | 32.65 |
| PQ40/40-212 | AWG19 | 20481.90 | 46 | 26.72 | 0.4449 | 1 | 0.2368 | 26.95 |
| PQ40/40-212 | AWG19 | 20481.90 | 46 | 26.93 | 0.4449 | 2 | 0.2409 | 27.90 |
| PQ40/40-212 | AWG22 | 20481.90 | 46 | 26.83 | 0.4449 | 4 | 0.2441 | 28.13 |
| PQ40/40-212 | AWG25 | 20481.90 | 46 | 26.90 | 0.4449 | 8 | 0.2479 | 29.03 |
| PQ035/35-212 | AWG16 | 17228.40 | 48 | 27.41 | 0.4461 | 1 | 0.2520 | 43.66 |

图2-72　变压器参数

2.控制程序设计

为了简化设计，STM32F103控制电路采用成品EVM电路板，设计主要完成其软件编写任务。同样液晶显示也采用成品显示模块LCM12232。控制软件采用KEIL REALVIEW MDK平台编写。软件主要包括初始化模块和计算模块。

初始化软件模块包括A/D初始化，DMA初始化，定时器TIM1、TIM8初始化，中断控制NVIC初始化，系统电源RCC初始化等，具体见图2-73。

计算模块包括A/D采集模块，该模块共进行8路信号顺序采样，通过定时器TIM1进行定时触发采样，采样率为50kHz。A/D采集完毕，数据通过DMA传输到内存中，并触发DMA传输完毕中断，并进行数据处理。数据处理主要是通过数字滤波器和PID控制器完成控制算法。由于PFC输出电压包含正弦信号，不可避免会对压测量产生干扰。软件设计方面，反馈信号经过A/D采集后，首先送入一个2P2Z低通滤波器进行软件滤波，尽量减少干扰信号对PID算法的影响。PID控制模块采用了抗饱和技术。运算公式如下：

$$u(k) = K_p e(k) + \left\{ u_i(k-1) + K_p \frac{T}{T_i} e(k) + K_c \left[ u(k) - u_{\text{presat}}(k) \right] \right\} +$$

$$K_p \frac{T_d}{T} \left[ e(k) - e(k-1) \right] \tag{2-2}$$

定义 $u_p(k) = K_p e(k), K_i = \dfrac{T}{T_i}, K_d = \dfrac{T_d}{T}$，将式（2-2）变换为式（2-3）。

$$u(k) = u_p(k) + \{ u_i(k-1) + K_i u_p(k) + K_c [ u(k) - u_{\text{presat}}(k) ] \} +$$

$$K_d [ u_p(k) - u_p(k-1) ] \tag{2-3}$$

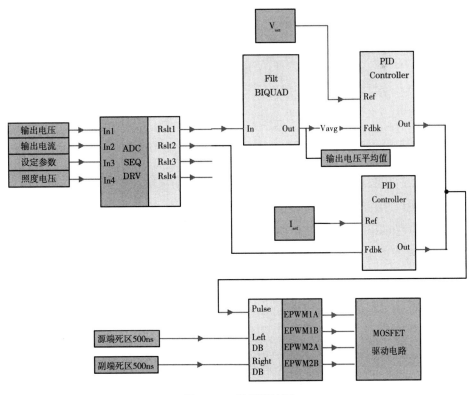

图2-73　软件模块图

输入、输出和$K_p$、$K_c$、$K_d$参数都采用了定点Q15格式。在ARM主频为72 MHz时，处理速度约为1.6 μS。为了实现恒流限压功能，计算模块同时完成电流和电压PID计算，并取其中较小的输出脉冲宽度送入定时器TIM8的PWM比较器CC1和CC2。并通过死区设定，设定了上下臂存在500ns死区，防止共通击穿。

## 三、测试

PFC电路由两部分组成，如图2-74所示，一个是PFC控制板，另一个是PCB电路，通过插针焊接在PFC功率电路PCB上。这样的布局可以提高系统的空间利用率。为了保证实验安全，供电电源前端采用隔离变压器隔离。

图2-74　PEC电路

完整的电路实验

测试方案：在输入/输出电路中串入电流表，以测出输入输出电流。用万用表测量输入输出电压，用示波器观察PFC电路的工作情况。

仪器：泰克tektronix示波器3 000B一只，福禄克fluke 15B万用表三块，Q表一块，200W滑线变阻器直流电源及计算机。

测试结果及其完整性

输出电流。$U_2$=36 V，10个LED负载，测量$I_0$的最小值$I_{Omin}$=10 mA　最大值$I_0$max=85.01 mA。

电压调整率$S_u$。10个LED负载，$U_2$=40 V，$I_0$调至$I_{o1}$=300 mA。调$U_2$至32 V。测得$I_{o1}$=299 mA　$I_{o2}$=300 mA

$$S_u = \frac{I_{o1} - I_{o2}}{I_{o1}} \times 100\% = 0.334\%$$

负载调整率。$U_2$=36 V，5个LED负载时，$I_0$调至$I_{o1}$=300 mA。负载增至10个LED，测量$I_0$，得$I_{o2}$＝306 mA。

$$S_L = \frac{I_{o1} - I_{o2}}{I_{o1}} \times 100\% = 0.1.67\%$$

$I_0$=299 mA，$U_0$=32.1 V　$I_{in}$=271 mA，$U_{in}$=39.65，则效率：

$$\eta = \frac{I_o \cdot U_o}{P_2} \times 100\% = 74.23\%$$

功率因数　$PF$=0.98

恒流限压特性。负载接滑线变阻器（$R_W$），$I_0$调至300 mA，使$R_W$在50~200 W往返变化。

$$\Delta U_o = 0.6\,\text{V}$$

自动调光功能

$U_2$=36V，10个LED负载，在暗环境下$I_0$调至300 mA。$I_0$根据环境明暗的变化在10~300 mA变化。输出电流测量、显示功能$I_0$=300 mA时，显示$I_0$=300.6 mA　精度=0.2%。此外，电路还具有输出电流步进调整功能、输出电压显示功能、冲击电流抑制功能和EMI功能。实验中，我们采集了电路的关键点波形，可以通过这些波形对电路的工作状态进行准确了解。

输入电压电流波形图中，单线为电源电压曲线，宽线为电流曲线。电流为三角波，所以形成带状，同时存在较大的开关噪声。实测开关频率约为53 kHz。为了安全，测量的电源电压经过隔离变压器，并且测量点在EMC滤波电路和二极管整流电路之后，所以电源电压并非理想的正弦形状，而是有一定畸变。图2-75中电流和电压相位对应良好，波形接近。

通过示波器的波形展开功能，将正弦波上升部分电压及电流波形局部放大，可以看到电流波形呈三角形状。与方形开关电流波形相比，三角波形具有谐波少的优点，但是功率管损耗大于方形波形。

图2-75为电压、电流下降部分波形细节图。由于整流二极管结电容和变压器漏感，开关波形前沿形成尖峰电压。

图2-76是DC/DC变压器输出一次侧电压波形。由于变压器一次侧是半桥驱动，驱动电压波形上下对称，并且中间部分存在功率管关断死区。死区不能为零，也就是说PWM占空比不能为100%，这主要是防止半桥上下臂开关管由于关断延迟导致共通。过流采样电路通过电流互感线圈采集半桥电路的电流，并通过全桥电路将其整流为直流，然后通过电阻将其变换为电压，用作过流保护。可以看出DC/DC电路由于输出部分的电感存在，一次侧电流呈梯形。

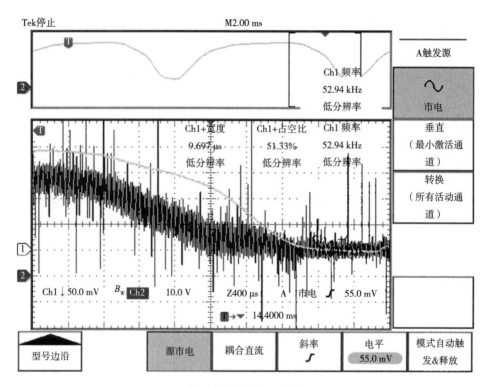

图2-75　波形细节图

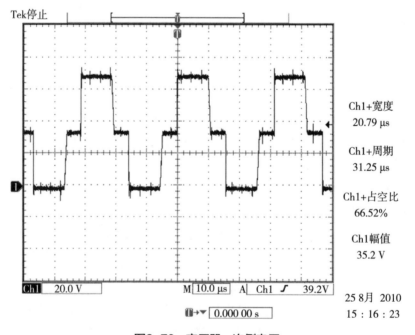

图2-76　变压器一次侧电压

图2-77为单片机输出的DC/DC电路PWM驱动波形。图中为最大占空比状态。可以

看到上下臂驱动有一个明显的死区存在。这个死区是由单片机内部控制，防止功率管上下臂共通。

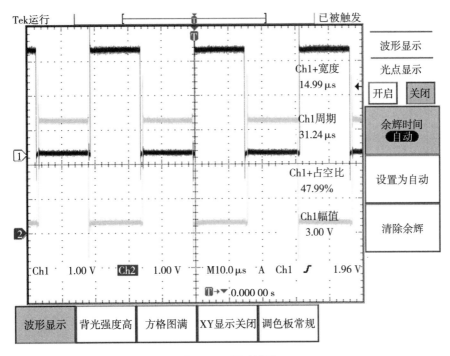

图2-77 驱动波形

从测试结果上看，本方案完成了题目的要求，由此验证了设计方案的正确性。在电路的整个设计、制作、调试过程中，小组成员积极配合，各有分工，遇到困难时积极查找资料和咨询指导老师，从而在设定的时间内完成了作品的制作。

# 习题

1.三极管驱动电路如何调节电流大小？

2.LM34010X芯片的特点？

3.超再生无线模块由哪些部分组成？

4.红外遥控的原理是什么？

5.隔离变压器的作用？

6.智能太阳能照明系统核心要点是什么？

7.智能太阳能照明系统由什么组成？

8.灯具的分类有哪几种？

9.直接型灯具的特点和适用场所是什么？

10.半直接型灯具和半间接型灯具有什么区别？

11.防爆型灯具和防震型灯具的作用是什么？

12.嵌入式灯具和壁灯分别适用于哪些场所？

# 第三章

# 电梯控制系统

# 第一节　电梯技术基础

## 一、电梯技术概述

电梯是高层建筑中不可缺少的垂直运输设备，必须依靠有效的垂直运输系统才能提高现代高层智能建筑的服务质量和数量。在建筑业特别是高层建筑业飞速发展的今天，电梯行业也随之进入了新的发展时期。按照速度可以把电梯分为低速电梯、中速电梯、高速电梯和超高速电梯。低速电梯是指额定速度在1米/秒以下，常用于低于10层的建筑物内。中速电梯额定速度在$1 \sim 2$ m/s，常用于10层以上的建筑物内。高速电梯额定速度大于2 m/s，常用于16层以上的建筑物内。超高速电梯额定速度超过5 m/s，常用于楼高超过100 m的建筑物内。

按照驱动方式可分为直流电梯、交流电梯、液压电梯等，具体参数如下。

（1）直流电梯，用直流电机驱动的电梯，梯速一般2 m/s以上，提升高度≤120 m。

（2）交流电梯，用交流电机驱动的电梯，分为以下几种。

单速，用单速交流电机驱动，速度≤0.5 m/s，如用于杂物电梯。

双速，用双速（变极对数）交流电机驱动，速度≤1 m/s，提升高度≤35 m。

交流调速电梯，交流电机配有调压调速装置，速度≤2 m/s，提升高度≤50 m。

变压变频调速电梯（VVVF电梯），电机配有变压变频调速装置时，一般为中速或高速电梯。速度＞2 m/s，提升高度≤120 m。

（3）液压电梯，依靠液压传动升降。

（4）齿轮齿条电梯，将导轨加工成齿条，轿厢装上与齿条啮合的齿轮，由电机带动齿轮旋转完成轿厢的升降运动。

（5）螺杆式电梯，由螺杆（矩形螺纹）与大螺母（带有推力轴承）组成，电机经减速机（或传动带）带动大螺母旋转，使螺杆顶升轿厢上升或下降。

由于原来的直流变换器和继电器控制的传统电梯的缺点越来越明显，暴露出许多问题。传统的电梯控制系统接线烦琐，有很高的概率出现故障。常用控制器和硬件接线很难实现更复杂的控制功能，继电器吸合速度缓慢，有很大机械惯性，系统的控制精度难以上升。传统的电梯控制系统存在能量消耗大、严重的机械噪声等缺点。由于线路复杂，控制系统故障率高，需要大量的维护工作量和高成本。

未来对节能电梯的需求主要包括三个方面：一是对新建建筑的需求；二是旧电梯的更换需求；三是对现有电梯进行节能改造的需求。这三个方面的需求都将推动节能电梯的市场发展和应用。

电梯主要由四大空间和八大系统组成。

电梯的机械系统由曳引系统、轿厢与门系统、重量平衡与导向系统、机械安全保护系统等部分组成。曳引系统是输出和传递动力、实现电梯上下运行的驱动装置。它由曳引机、曳引钢丝绳及绳头组合的均衡装置等组成。电梯的重量平衡系统包括对重和重量补偿装置，对重由对重架和对重块组成。对重将平衡轿厢自重和部分的额定载重。重量补偿装置是补偿高层电梯中轿厢与对重侧曳引钢丝绳长度变化对电梯平衡设计影响的装置。

导向系统包括轿厢引导系统和对重引导系统两种，是保证轿厢和对重在电梯井道中沿着固定的滑道——导轨运行的装置，由导轨与支架、导靴、导向轮和复绕轮等部件组成。轿厢是用来运送乘客或货物的电梯组件。轿厢由轿厢架和轿厢体两大部分组成。轿厢架是轿厢体的承重构架，由横梁、立柱、底梁和斜拉杆等组成。轿厢体由轿厢底、轿厢壁、轿厢顶及照明、通风装置、轿厢装饰件和轿内操纵按钮板等组成。轿厢体空间的大小由额定载重量或额定载客人数决定。电梯的门有轿门和厅门两种，门系统由轿门、厅门、开关门机构、门锁等部件组成。轿门挂在轿厢上，和轿厢一起上下运动，厅门装在各楼层的井道进出口处，用以封住井道的进出口。

电梯的电气系统由电力拖动系统与运行控制系统两个部分组成。电力拖动系统由曳引电机、供电系统、速度反馈装置、调速装置等组成，对电梯实行速度控制。曳引电机是电梯的动力源，根据电梯配置可采用交流电机或直流电机。供电系统是为电机提供电源的装置。速度反馈装置是为调速系统提供电梯运行速度信号。一般采用测速发电机或速度脉冲发生器，与电机相联。调速装置对曳引电机实行调速控制。

电梯为有齿轮曳引机，其结构如图3-1、图3-2所示。

电气控制系统由操纵装置、位置显示装置、控制屏、平层装置、选层器等组成，作用是对电梯的运行实行操纵和控制。操纵装置包括轿厢内的按钮操作箱或手柄开关箱、层站召唤按钮、轿顶和机房中的检修或应急操纵箱。控制屏安装在机房中，由各类电气控制组件组成，是电梯实行电气控制的集中组件。位置显示是指轿内和层站的指层灯。选层器能起到指示和反馈轿厢位置、决定运行方向、发出加减速信号等作用。电气控制系统结构如图3-3所示。

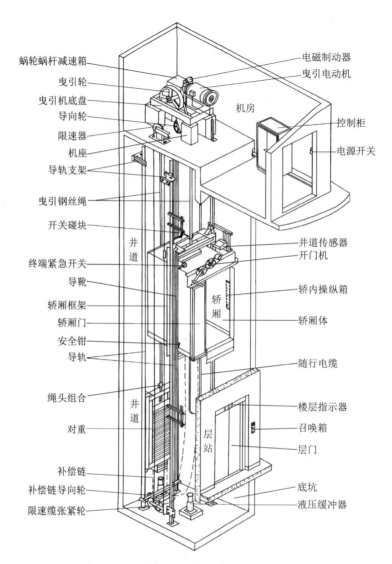

蜗轮蜗杆减速箱

曳引轮

曳引机底盘

导向轮

限速器

机座

导轨支架

曳引钢丝绳

开关碰块

终端紧急开关

导靴

轿厢框架

轿厢门

安全钳

导轨

绳头组合

对重

补偿链

补偿链导向轮

限速缆张紧轮

电磁制动器

曳引电动机

机房

控制柜

电源开关

井道

井道传感器

开门机

轿厢

轿内操纵箱

轿厢体

随行电缆

楼层指示器

召唤箱

层门

井道

层站

底坑

液压缓冲器

图3-1　电梯结构图

图3-2　曳引机示意图

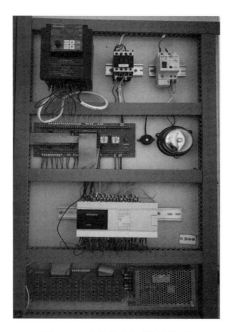

**图3-3 电气控制系统结构图**

电梯设置了多种机械保护、电气保护和安全防护装置。机械安全保护系统主要包括：机械保护有超速保护装置——限速器、安全钳；超越行程的保护装置——强迫减速开关、终端限位开关；冲顶（撞底）保护装置——缓冲器；门安全保护装置——厅门门锁与轿门电气联锁及门防夹人的装置；轿厢超载保护装置及各种装置的状态检测保护装置（如限速器断绳开关、钢带断带开关）。电气安全保护系统一般设有：超速保护开关、厅门锁闭装置的电气联锁保护、门入口的安全保护、上下端站的超越保护、缺相断相保护、电梯控制系统中的短路保护、曳引电机的过载、过流保护等。安全防护主要有机械设备的防护，如曳引轮、滑轮、链轮等机械运动部件防护以及各种护栏、罩、盖等安全防护装置。

## 二、电梯控制技术基础

（一）电梯调速的基本原理

如式（3-1）所示。

$$N = n_0(1-S) = \frac{60f_0}{P}(1-S) \qquad (3-1)$$

式中：$N$——电动机的转速；

$\quad\quad n_0$——电动机同步转速；

$\quad\quad f_0$——供电电源频率；

$P$——电动机极对数;

$S$——转差率。

交流变压变频调速,如式(3-2)所示。

$$E_1 = 4.44 f_1 N_1 K_1 \Phi_m \qquad (3-2)$$

式中:$E_1$——电机定子每相电动势的有效值;

$f_1$——供电电源频率;

$N_1$——定子每相绕组有效匝数;

$K_1$——基波绕组系数;

$\Phi_m$——每波气隙磁通。

### (二)几种电梯速度运行方式

1.以RDT为原则的电梯运行方式

如图3-4所示为绝对剩余距离速度控制原理图。

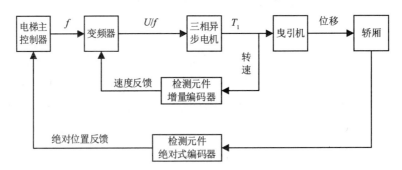

图3-4 绝对剩余距离速度控制原理图

2.以相对距离为原则的运行方式

图3-5为带有光电传感器的以相对距离为原则的速度控制方式的原理图。

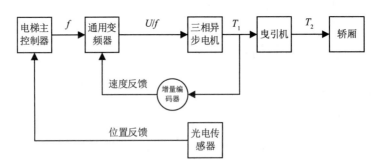

图3-5 以相对距离为原则运行方式控制原理图

# 第二节　逻辑控制技术

## 一、概述

可编程序控制器（PLC）是在微处理器的基础上结合了自动控制系统、计算机技术和通信技术成长起来的工业自动控制设备，通过内部编程达到人们需要的目的。其尺寸小、程序设计简易、灵便通用、功能强、维护方便的特点使其得以迅速发展，并且具备可靠性以及安全性。下面以FX2N系列PLC为例进行讲解。

PLC的型号命名方式如图3-6所示。

系列序号：0、2、0N、2C、1S、1N、2N、2NC、3U

I/O总点数：10~256点

单元类型：M——基本单元；E——扩展单元（输入输出混合）；EX——扩展输入模块；EY——扩展输出模块。

输出形式：R——继电器输出；T——晶体管输出；S——晶闸管输出。

特殊品种区别：D——DC电源，DC输入；A——AC电源，AC输入；H——大电流输出扩展模块；V——立式端子排的扩展模块；C——接插口输入输出方式；F——输入滤波器1ms的扩展单元；L——TTL输入型扩展单元；S——独立端子（无公共端）扩展单元。

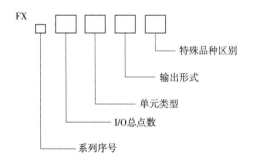

**图3-6　三菱小型PLC型号命名方式**

现以FX2N-48MR型号PLC为例进行命名解释，如图3-7所示。

FX2N-48MR系列PLC的面板结构示意图如图3-8所示。

PLC是一种以微处理器为核心的电子设备，是由继电器、定时器、计数器等器件构成的组合体。与继电器接触控制相比，PLC采用的是软件编程逻辑，通过程序来实现各器件之间的连接。

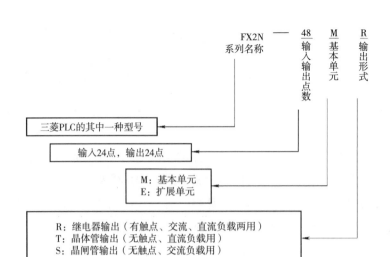

图3-7　PLC型号命名解释

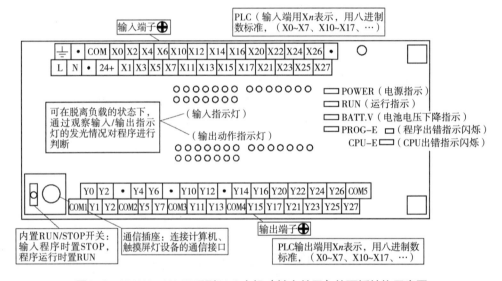

图3-8　FX2N-48MR系列PLC主机（基本单元）的面板结构示意图

　　PLC是以程序的形式进行工作的，需要将控制要求转化为PLC可接受和执行的程序。为此，可以使用不同的编程语言。常见的PLC编程语言包括梯形图语言、指令助记符语言、逻辑功能图语言和某些高级语言。然而，目前最常用和广泛采用的是梯形图语言和指令助记符语言。指令助记符语言，就是用表示PLC各种功能的助记功能缩写符号和相应的器件编号组成的程序表达式。逻辑功能图常用"与""或""非"三种逻辑功能来表达。在大型PLC中为了完成比较复杂的控制，有时高级语言使PLC的功能更强。

# 二、基本电路编程

基本电路的编程设计方法是构建PLC应用的基础。

## （一）启动与停止电路

在PLC的程序设计中，启动与停止电路是构成梯形图的最基本的常用电路，基本有两种形式，现说明如下。

1.关断优先电路

关断优先电路如图3-9所示。

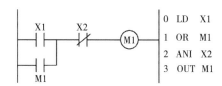

**图3-9　关断优先电路**

2.启动优先电路

启动优先电路如图3-10所示。

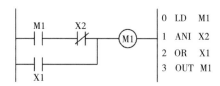

**图3-10　启动优先电路**

上述两种电路实现了PLC系统的启动、停止与保持控制。


## （二）互联锁电路

在生产机械中，不同运动之间通常存在着相互制约的关系，为了实现这种制约，常采用互联锁控制。这种机制确保了在某一运动进行时，其他相关运动无法同时进行，有效地避免了潜在的冲突和危险情况。

1.互为发生条件的联锁电路

互为发生条件的联锁电路如图3-11所示。

2.不能同时发生运动的互锁电路

不能同时发生运动的互锁电路如图3-12所示。

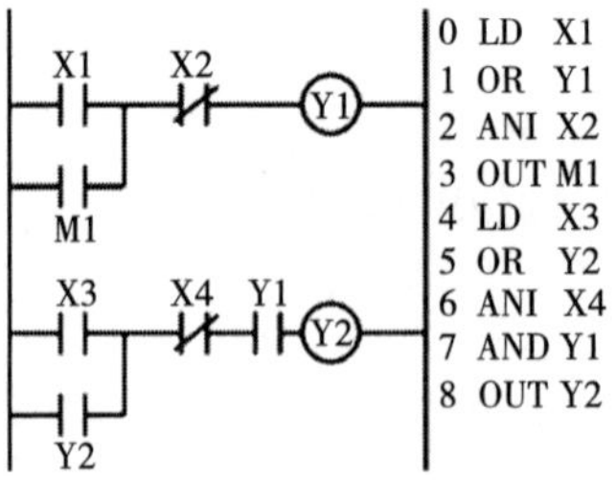

```
    X1   X2      Y1      0 LD  X1
    ┤├──┤/├────(Y1)      1 OR  Y1
    ┤├                   2 ANI X2
    M1                   3 OUT M1
    X3   X4  Y1  Y2      4 LD  X3
    ┤├──┤/├─┤├──(Y2)     5 OR  Y2
    ┤├                   6 ANI X4
    Y2                   7 AND Y1
                         8 OUT Y2
```

图3-11　互为发生条件的联锁电路

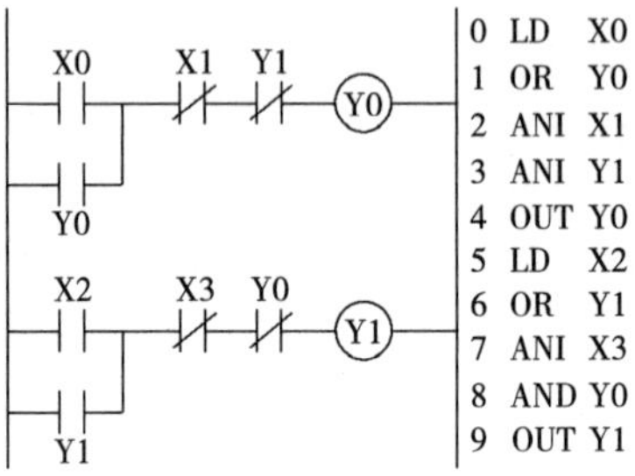

```
    X0   X1  Y1  Y0      0 LD  X0
    ┤├──┤/├─┤/├─(Y0)     1 OR  Y0
    ┤├                   2 ANI X1
    Y0                   3 ANI Y1
                         4 OUT Y0
    X2   X3  Y0  Y1      5 LD  X2
    ┤├──┤/├─┤/├─(Y1)     6 OR  Y1
    ┤├                   7 ANI X3
    Y1                   8 AND Y0
                         9 OUT Y1
```

图3-12　不能同时发生运动的互锁电路

### 3.顺序执行电路

顺序执行联锁电路如图3-13所示。

当输入启动信号X0为ON时，使输出继电器Y0为ON，利用其常开触点Y0自锁。在Y0接通运行中，只要接通X1，则输出继电器Y1为ON并自锁，同时利用接入Y0控制电路中的Y1常闭触点断开，使Y0为OFF。在Y1接通运行中，只要接通X2，则Y2为ON并自锁，同时Y1为OFF。在Y2接通运行中只要接通X3，Y3为ON一个扫描周期时间使Y0为ON并自锁，同时Y2为OFF。

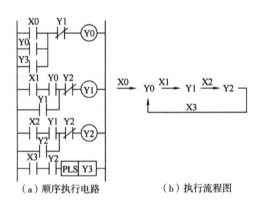

（a）顺序执行电路　　　　（b）执行流程图

图3-13　顺序执行联锁电路

（三）定时计数电路

利用定时器和计数器设计程序，可以有效地屏蔽输入元件的误信号，增强系统对干扰的抵抗能力、避免输出元件的误动作。

1.屏蔽输入端误信号的定时器电路

屏蔽输入端误信号的定时器电路如图3-14所示。

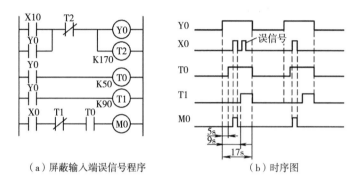

（a）屏蔽输入端误信号程序　　　（b）时序图

**图3-14　屏蔽输入端误信号的定时器电路**

2.消除"抖动"干扰的计数器电路

如图3-15所示，可以通过以下梯形图程序和时序波形图来消除输入元件触点的"抖动"干扰。在图3-15中，当X1抖动时，Y1也会随之抖动。为了消除这种干扰，我们可以通过使用计数器并编写适当的程序来实现。

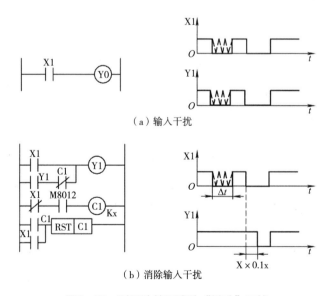

（a）输入干扰

（b）消除输入干扰

**图3-15　利用计数器消除"抖动"干扰**

3.定时器与计数器的配合使用

在上述的定时计数电路中，一种是应用定时器消除PLC系统的输入误信号，另一种是应用计数器来消除输入"抖动"干扰，从而提高了PLC控制系统的可靠性。显然，计数器与定时器两者都是一种累积型元件。对于我们上述应用的是非积算定时器和16位增计数器。它们都是由一个线圈与对应线圈的无数对触点组成，都有设定值。当其累计的实时值等于设定值时，对线圈进行驱动并保持，相应输出触点动作。下面阐述它们的不同点。

（1）16位增计数器与非积算定时器在运用上的区别。

①定时器的动作触发时间是达到设定值后，而计数器的动作时间是指在达到设定值的瞬间。如图3-16所示，分别用计数器和定时器对每秒1次的方波脉冲计数和计时。

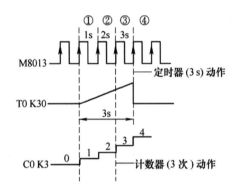

图3-16　计数器与定时器的动作特点

②对未动作的定时器触点，当定时器驱动电路断开后，定时器的触点就会复位。但对已经动作的计数器触点，即使计数器驱动电路已断开，但计数器的触点仍会保持动作的状态，要用复位指令才能使计数器触点复位。这一点在编程时要特别注意。

（2）用计数器与时钟脉冲发生器配合作时间控制。用计数器与M8013、M8012、M8011等时钟脉冲发生器配合，可制作以"秒"或"毫秒"为单位的定时器，在程序中控制时间，如图3-17所示（省去右母线）。M8011产生每秒100次的时钟脉冲，计数器C20设定值为1001，即对时钟脉冲作1000次累计，所以C20触点在10 s后动作，可视C20为10 s定时器。其他时钟脉冲发生器与计数器配合作定时控制器依此类推。考虑到X0接通时与脉冲发生器可能不同步，因此用M8011（10 ms时钟脉冲）可以减少误差。

（3）用计数器与定时器配合作长延时控制（图3-18）。PLC的定时器的最长控制时间为3 276.7 s，接近1 h，若设备需要延时2 h启动，可用计数器与定时器配合制作一个2 h的定时器。用定时器制作1个1800 s（30 min）的脉冲发生器，再用计数器对定时器触点产生的脉冲计数4次，这样计数器C20的常开触点即具有30 min×4=120 min（2 h）的延时的闭合作用。对更长时间的延时控制，也可按此方法实现。

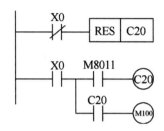

图3-17 计数器与时钟脉冲发生器结合作时间控制图

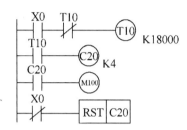

图3-18 计数器与定时器结合作长延时控制

（四）分频电路

在PLC应用系统中，许多场合用到分频电路，例如采用二分频、三分频等不同的分频电路实现不同频率的灯光闪烁。下面就来介绍实现多级分频输出的分频电路。

1.应用指令"ALT（FNC66）"

（1）应用指令ALT（FNC66）的格式与功能 该指令是PLC内置的具有交替输出功能的特殊指令，地址号为FNC66，指令助记符是"ALT"执行方式有"连续执行型"和"脉冲执行型"两种。在梯形图程序中"ALT"执行步数为3步。其格式与功能如图3-19所示。

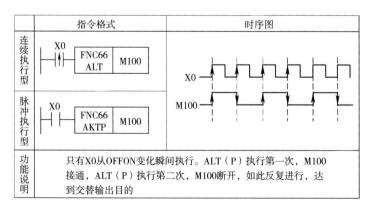

图3-19 应用指令"FNC66（ALT）"的格式与功能

用定时器制作的脉冲发生器与"ALT（FNC66）"结合，可发出方波脉冲，从而可实现灯的闪烁控制，如图3-20所示。注意程序中的应用指令"ALT（FNC66）"虽然是使用连续执行型但由于驱动FNC66的T0常开触点每隔0.2s接通一次的时间只有一个扫描周期，相当于一个脉冲发生触点，ALT执行时也就等同脉冲执行型。在图3-20中，由于脉冲时间非常短，所以时序图中脉冲时间就忽略不计了。

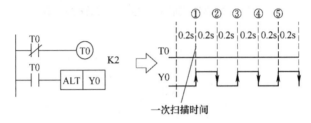

**图3-20　应用ALT与定时器实现灯的闪烁控制**

（2）ALT（FNC66）用编程软件输入的方法　点击输出元件"-[ ]-"的图框，输入指令助记符与文件号，然后单击"确定"即可，如图3-21所示。

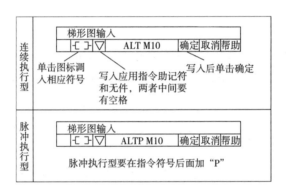

**图3-21　ALT指令的对话框调出与写入示意图**

**2.多级分频输出的分频电路**

连续使用具有交替输出功能的应用指令"ALTP"能方便地实现分频输出。现运用"ALTP"实现二分频输出的例子，如图3-22所示。采用M100和M101分别控制2个灯，观察其发光情况就能够得到验证。

如果要获得三分频、四分频……，可按图3-22所示的电路继续使用"ALTP"即可得到成倍数关系频率的脉冲来实现灯闪烁的控制。

**（五）简化输入输出电路**

在PLC控制系统应用设计中，经常会遇到输入输出电路设计的简化问题，虽然可以选定点数较多的PLC或通过扩展单元增加输入输出点数，但投资增大，因此需要设计简

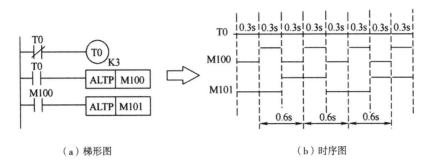

（a）梯形图　　　　　　　　　（b）时序图

**图3-22　用"ALTR"实现二分频输出电路**

化的输入输出电路。

1.输入点数简化的电路

（1）控制功能相同的按钮开关并联连接　对于多处控制电动机的启动与停止电路，所占用PLC的输入点数较多，例如系统中具有3个停止按钮SB1、SB2、SB3和一个热继电器触点FR，它们具有使电动机停转的功能，2个启动按钮SB4、SB5具有启动电动机的功能。如果将它们直接与PLC的输入端相连，将占有PLC输入端6个输入点，如果按控制功能相同的按钮开关并联连接的方法，不仅减少4个输入点，而且梯形图程序也会简化，如图3-23所示。

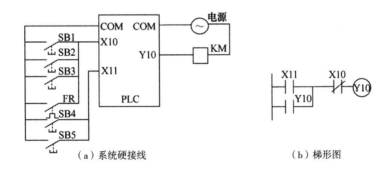

（a）系统硬接线　　　　　　　　　（b）梯形图

**图3-23　PLC控制电动机的启动与停止电路**

（2）采用单按钮控制启动和停止　用计数器实现这种控制功能的梯形图如图3-24所示。

（3）采用跳转指令处理自动/手动工作方式的控制电路如图3-25所示。

2.输出点数简化的电路

（1）显示指示灯与输出负载并联，这样可以省PLC输出点，如图3-26所示。

（2）采用数字显示器代替指示灯。如果系统中的状态指示灯较多，程序比较复杂，建议采用数字显示器代替指示灯，例如用BCD码数字显示，只需8点输出，2行数

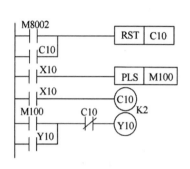 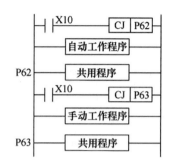

图3-24 单按钮控制启动和停止　　图3-25 处理自动与手动方式的控制电路

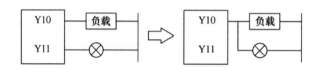

图3-26 指示灯与负载的并联

字显示器即可。这样可以节省PLC输出点数。

（3）多种故障显示或报警采用并联连接。在PLC控制的某些生产设备或生产过程系统中，有多种故障显示或报警。

简化PLC输入输出电路的方法较多，使用者应从实际出发选择最切实有效的方案。例如，若PLC输出点不富裕，报警系统也可只采用指示灯显示，而取消发生报警，这样可以节省一个PLC输出点。

（六）两灯发光与闪烁控制电路

1.主控指令"MC/MCR"的功能及其应用

主控指令"MC/MCR"在编程软件中输入方法如图3-27所示。注意："MC NO M100"指令输入后，程序即默认了在"MC"指令后的母线上设置了第一层主控开关M100，但不会在软件的梯形图画面中表示出来（若打印梯形图程序，此开关会有表示）。主控指令可用作总开关控制，也可用作某一部分程序的控制，通过程序的运行结果来理解"MC"主控指令的作用。

在图3-28（a）程序中，主控指令"MC"放在程序最前的位置（第0行），等于在程序第0行与第4行的母线间设置了主控开关M100如图3-28（b）所示，即第4行以后的程序都受到主控开关M100的控制。程序执行时，将开关SA1（X10）闭合，主控开关M100接通，再按启动按钮SB1（X0），灯1（Y0）发光3s后，灯2（Y1）发光。

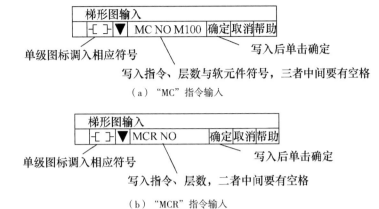

（a）"MC"指令输入

（b）"MCR"指令输入

图3-27　"MC/MCR"指令的输入方法

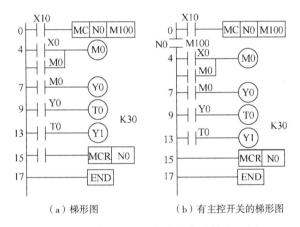

（a）梯形图　　　　　　（b）有主控开关的梯形图

图3-28　"MC/MCR"主控指令的应用例子

这时要使两灯熄灭，也一定要将开关SA1断开。若开关SA1处于断开状态，主控开关M100断路，此时即使按下启动按钮SB1，两灯都不会发光，可见M100起着总开关的作用。

在图3-29（a）所示程序中，将"MC"指令移至程序第10行位置，即主控开关M100移到程序第10行与第14行的母线间如图3-29（b）所示，因此受开关M100控制的程序只有第14行。程序执行时，将开关SA1（X10）闭合，主控开关M100接通，再按启动按钮SB1（X0），灯1（Y0）发光3s后灯2（Y1）与灯3（Y2）同时发光。若开关SA1处于断开状态，主控开关M100断路，此时按下启动按钮SB1，灯1发光3s后只有灯3发光，而灯2则不会发光。可见，M100也可以在程序中作部分控制作用。

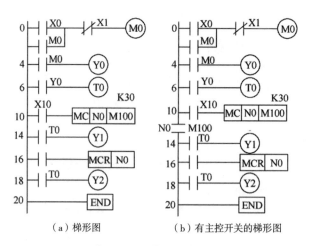

（a）梯形图　　　　　　（b）有主控开关的梯形图

**图3-29　"MC/MCR"主控指令的应用例子**

2.两灯发光与闪烁控制电路

两灯发光与闪烁PLC控制电路如图3-30所示。梯形图程序说明如下。

（1）具有停电保持功能的定时器与计数器的复位（第0行）。用SB2（X1）复位，实现停止时的清零，停止后再启动将重新开始运行。用C101复位，实现两灯发光的自动重复运行。用SA1（X10）复位，实现急停时的清零，急停后需按启动按钮SB1可重新启动。

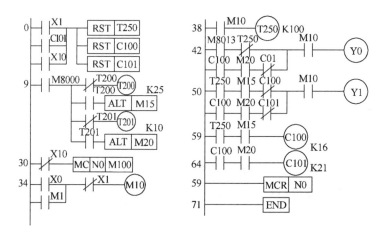

**图3-30　梯形图程序**

（2）急停控制（第30行）。用X10的常闭触点作急停控制，当开关SA1（X10）断开时，X10常闭触点保持闭合，设置在程序的第35行~第39行的母线间的主控开关M100接通。需急停时，将开关SA1闭合，X10常闭触点断开，主控开关所控制的程序（第34~第69行）停止运行，灯全部熄灭。

（3）在程序中应用了定时器T250和计数器C100、C101都具有停电保持功能，但辅助继电器M10不具有掉电保持功能，所以停电后需要重新按启动按钮SB1来启动。

（4）系统运行中可以用按钮SB2（X1）实现正常的停止控制。

## 三、步进功能及应用

在三菱PLC指令系统中，对设备的顺序控制通常采用步进控制程序图来编写，即"状态转移图（SFC）"方法来编程。

### （一）FX2N系列PLC的步进指令及其运用

步进控制指令有两条：步进开始指令STL和步进结束指令RET。其功能如表3-1所示。

表3-1 步进控制指令

| 序号 | 基本指令 | 指令逻辑 | 指令功能 |
|---|---|---|---|
| 1 | STL | 状态驱动 | 驱动步进控制程序中每一个状态的执行 |
| 2 | RET | 步进结束 | 退出步进运行程序 |

状态器S是步进控制程序的关键软件元素。在状态转移图中，每个状态器都承担三个主要功能：控制负载驱动、确定转移目标和定义转移条件。状态元件的编号是S0~S999共1000个，其中S0~S499共500个是较为常用的，S0~S9（10个）只能用于初始状态，S10~S19作应用指令FNC60（IST）的原点复原用，S20~S499一般用于普通状态。

步进控制指令（STL和RET）的应用方法如图3-31所示。现说明如下。

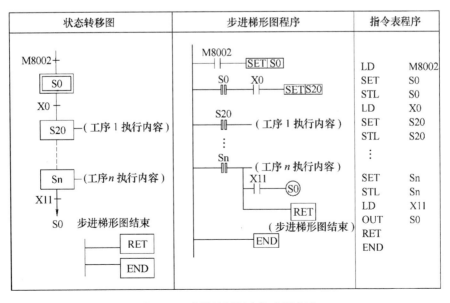

图3-31 步进控制指令的应用方法

（1）每个STL指令都要与SET指令共同使用。

（2）状态器的状态通过框图进行表示，每个框内包含状态器元件的地址编号，而状态器之间通过有向线段连接。在绘制框图时，可以省略从上到下和从左到右的箭头，而垂直的短线与其旁边标注的文字或逻辑表达式则表示了状态转移条件。

状态转移条件的指令应用如图3-32所示。图3-32（a）表示转移条件X2接通，状态S22复位，S23就置位。图3-32（b）表示转移条件 $\overline{x}$ 11与X12串联，图3-32（c）表示转移条件为X2与X3并联，只要满足状态转移条件，状态器S22就会复位，而状态器S23就置位，也就是说状态由S22转到S23。

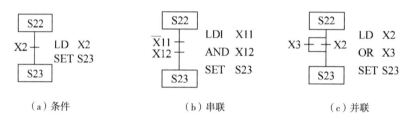

（a）条件　　　　　　　　　　（b）串联　　　　　　　　　（c）并联

**图3-32　状态转移条件的指令应用**

（3）状态的转移使用SET指令。但若是向上游转移，向非连续的下游转移或其他流程转移，称为顺序不连续转移，即非连续转移。

（4）STL指令的作用是驱动状态的执行。对于每个状态的执行程序，可视为从左母线开始。部分基本指令在状态执行中的应用如图3-33所示。

（5）步进程序结束一定要使用RET指令，否则程序会提示出错。

| 状态转移图 | 指令表 | 状态转移图 | 指令表 |
|---|---|---|---|
|  S23 —(Y2) | OUT Y2 | 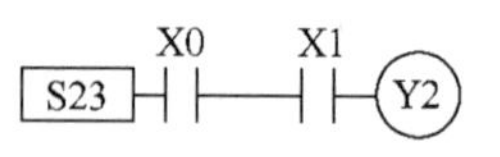 S23 —X0—X1—(Y2) | LD X0<br>AND X1<br>OUT Y2 |
| 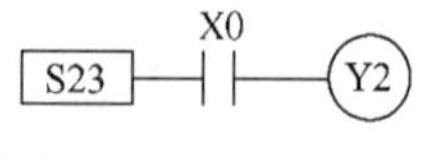 S23 —X0—(Y2) | LD X0<br>OUT Y2 | 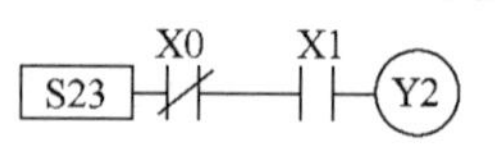 S23 —X0—X1—(Y2) | LD1 X0<br>AND X1<br>OUT Y2 |
| 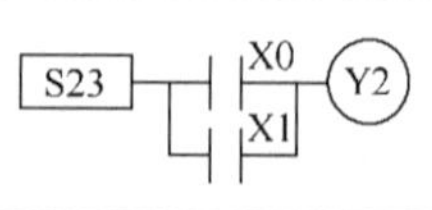 S23 —X0/X1—(Y2) | LD X0<br>OR X1<br>OUT Y2 | 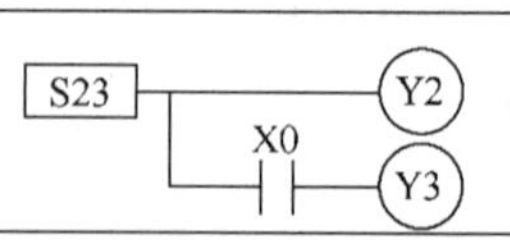 S23 —(Y2)<br>—X0—(Y3) | OUT Y2<br>LD X0<br>OUT Y3 |

**图3-33　状态执行程序部分基本指令的应用**

**（二）状态转移图的编程方法**

状态转移图（SFC）是将工序执行内容与工序转移要求以状态执行和状态转移的形式反映在步进程序中，控制过程明确，是对顺序控制过程进行编程的好方法。

现以图3-34所示的步进程序的基本结构为例来说明状态转移图的编程方法。图3-34（a）是状态转移图（SFC），图3-34（b）是步进梯形图（STL），执行的结果是完全相同的。状态转移图的结构是由初始状态（S0）、普通状态（S20、S23、S25）和状态转移条件所组成。初始状态可视为设备运行的停止状态，也可称为设备的待机状态。普通状态为设备的运行工序，按顺序控制过程从上向下地执行状态转移条件：为设备运行到某一工序执行完成后，从该工序向下一工序转移的条件。显然，状态转移图是步进程序的初步设计。其方法如下。

（1）要执行步进程序，首先要激活初始状态S0。一般都采用特殊继电器M8002在PLC送电时产生的脉冲来激活S0。

（2）在步进梯形图程序中每个普通状态执行时，与上一个状态是不接通的。当上一个状态执行完毕后，若满足转移条件，就转移到下一个状态执行，而上一状态就会停止执行，从而保证执行过程是按工序的顺序进行控制。

（3）在步进程序中，每个状态都要有一个编号，而且每个状态的编号是不能相同的。对于连续的状态，没有规定必须用连续的编号，编程时为便于程序修改，两个相邻的状态可采用相隔2~5个数的编号。例如，状态S20下面的状态也可采用S25，这样在需要时可插入4个状态，而不用改变程序的状态编号。

（4）在同一状态内不允许出现两个相同的执行元件，即不能有元件双重输出。但若在不同状态中使用相同的执行元件，如输出继电器Y、辅助继电器M等，不会出现元件双重输出的控制问题。显然，在步进程序中，相同的执行元件在不同的状态使用是允许的。

（5）定时器可以在相隔1个或1个以上的状态中使用同一个元件，但不能在相邻状态中使用。

当我们对顺序控制进行程序设计时，首先应编写状态转移图（SFC）。虽然步进梯形图（STL）与它不太一样，但控制过程是相同的。由于编程软件没有状态转移图程序的编写功能，编程时必须把状态转移图先转变为步进梯形图，再输入PLC，或者把它转变为指令表方式再输入也是可以的。

图3-34所示的步进梯形图是用编程软件FX-PCS/WIN编制的图形（参考FX2N编程手册），因为编写的梯形图比较直观，仅以此作步进控制程序的介绍。

（三）单流程状态转移图的编程
单流程是指状态转移只有一种顺序。
1.步进梯形图程序
步进梯形图程序如图3-35所示（用编程软件GX Developer编写）。

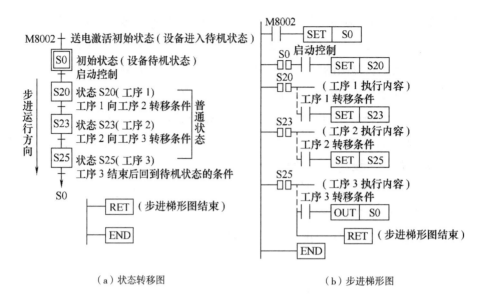

图3-34　步进控制程序的基本结构

(a)状态转移图　　　　　　(b)步进梯形图

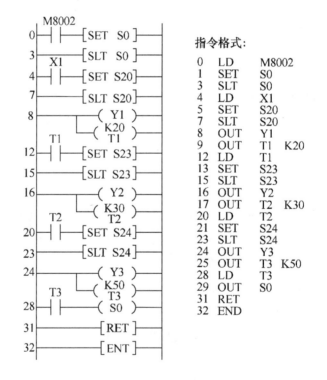

图3-35　步进梯形图程序

对[D1]与[D2]的要求。

（1）被ZRST指令复位的[D1]与[D2]应是同类元件。

（2）若[D1]编号大于[D2]，只复位[D1]；若两者编号相同，只对其中任一元件复位。

**2.步进程序的连续运行**

前面介绍的就是步进程序的单周期运行，它只运行一次就回到初始状态停止待机。步进程序的连续运行是指程序的步进部分循环反复地运行。实现单周期运行与连续运行的方法如图3-36所示。

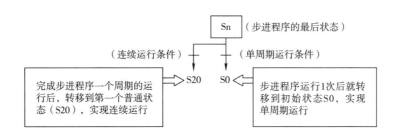

**图3-36 实现单周期运行与连续运行的方法**

**3.状态转移图程序**

状态转移图程序如图3-37所示。程序中的"LAD □"标识是表示在此符号旁边的程序是不属于状态转移图的梯形图程序，并通过其编号"□"来表示程序的先后位置。例如，"LAD0"停止控制部分，输入的放在初始状态前。"LAD1"结束部分放在状态转移图程序后。

再有就是用置位指令"SET"置位的元件，在状态转移后仍会保持置位的状态，必须使用复位指令"RST"才能使元件复位。例如，本例的S20状态中，根据控制要求，红灯除了独自发光4 s外，在黄灯亮6 s的过程中，红灯仍保持发光，因此在红灯发光的状态S20中使用了"SET Y0"。Y0置位后，当状态S20转移到S22后，由于Y0仍保持置位状态红灯继续发光。当程序转移到S25状态绿灯闪烁时，由于S25状态中使用了"RST Y0"，Y0复位红灯熄灭；而黄灯（Y1）由于在状态S22中使用的是"OUT"指令来驱动的，当状态转移后，Y1自动复位，不必对Y1使用复位指令了。这就是对元件使用"SET"指令与使用"OUT"指令的区别所在。

本例中采用计数器对M8013的脉冲次数进行计数，并用计数器触点作转移条件。为保证绿灯要闪烁8次，计数器设定值就要设定为9，在M8013第9次脉冲发出时状态才转移。此外，在编程时，还要注意计数器的复位问题。因为计数器到达设定值后，即使此时计数器所在的状态已转移，但计数器的计数值还会继续保持，必须在计数器使用后对其复位清零。

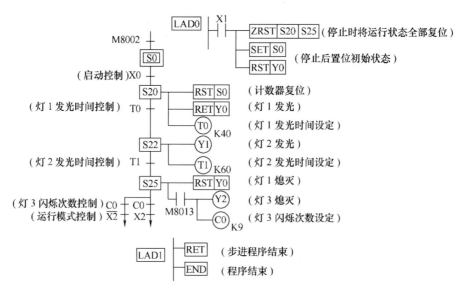

图3-37　状态转移图程序

（四）多分支状态转移图的编程

分支流程可以划分为选择性分支和并行分支两种类型。图3-38是选择性分支的状态转移图。图3-39显示出了三个流程顺序。

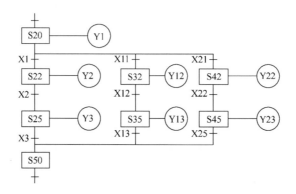

图3-38　选择性分支状态转移图

图3-40所示的选择性分支状态S20的编程，首先应对分支状态S20进行驱动处理，然后按S22、S32、S42的顺序进行转移处理，具体如图3-40所示。

分支状态指令语句表程序如下。

STLS20

OUTY1　驱动处理

LD X1

SETS22　转移到第一分支状态

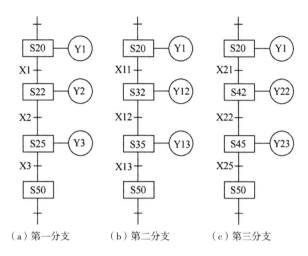

图3-39　分支流程分解图

LD X11

SETS32　转移到第二分支状态

LD X21

SETS42　转移到第三分支状态

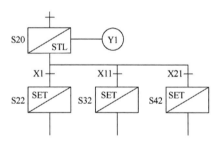

图3-40　分支状态S20

汇合状态的编程原则是先进行汇合前状态s50的驱动处理，再依顺序进行向汇合状态S50的转移处理，如图3-41所示。

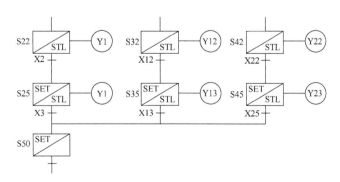

图3-41　汇合状态S50

　　在上述中，S20是选择性分支状态，若是作并行分支状态，并行分支状态转移图结构如图3-42所示（最多只能有8个分支），并行分支流程分解图如图3-43所示。

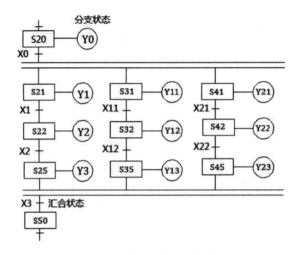

图3-42　并行分支状态转移图

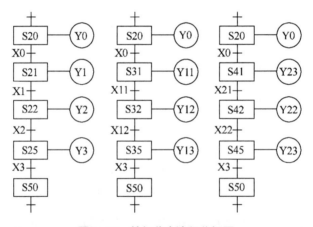

图3-43　并行分支流程分解图

　　S20为汇合状态，分支状态S20如图3-44所示，汇合状态S50如图3-45所示。

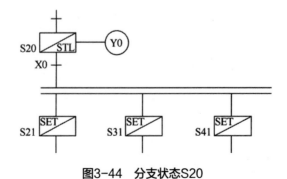

图3-44　分支状态S20

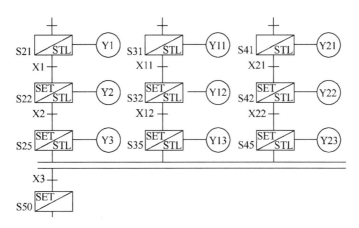

**图3-45 汇合状态S50**

S20的驱动负载为Y0，转移方向为S21、S31、S41。按照并行分支编程方法，应首先进行Y0的输出，然后依次进行向S21、S31、S41的转移。指令语句表程序如下。

STL S20　SET S21向第一分支转移

OUT Y0驱动处理SET S31向第二分支转移

LD　X0SET S41向第三分支转移

按照并行汇合的编程方法，应先进行汇合前的输出处理，即按分支顺序对S21、S22、S25、S31、S32、S35、S41、S42、S45进行输出的驱动处理，然后依次进行从S25、S35、S45到S50的转移。

（五）程序设计举例

1.可选择性分支状态转移图程序设计

现以多只灯发光与闪烁的选择控制为例阐述其程序设计方法。

（1）控制要求：启动后，灯1发光，5 s后熄灭；接着灯2与灯3以下面两种模式运行。

运行模式1：灯2以1 s频率闪烁，闪烁6次后熄灭；接着灯3发光，6 s后熄灭。

运行模式2：灯2以1 s频率闪烁，闪烁3次后熄灭；接着灯3发光，3 s后熄灭。

任一种模式运行完成后，灯4都发光，5 s后熄灭。要求：

①用开关SA1作两种运行模式的切换。SA1断开时，运行第一种模式；SA1闭合时，运行第二种模式。

②任何一种模式都可以连续运行。

③用按钮SB1与SB2分别作启动与停止控制。停止后按SB1可重新启动。

（2）系统的I/O分配：PLC控制系统的I/O分配如表3-2所示。根据I/O分配表来完成PLC的I/O接线。

表3-2　PLC的I/O分配

| 输入端（I） | | 输出端（O） | |
|---|---|---|---|
| 外接元件 | 输入继电器地址 | 外接元件 | 输出继电器地址 |
| 常开按钮SB1（启动） | X10 | 指示灯1（HL1） | Y10 |
| 常开按钮SB2（停止） | X11 | 指示灯2（HL2） | Y11 |
| 开关SA1 | X12 | 指示灯3（HL3） | Y12 |
| — | — | 指示灯4（HL4） | Y13 |
| — | — | 指示灯工作电源：DC24V | — |

（3）PLC程序设计：灯光闪烁控制的状态转移图程序如图3-46所示。步进梯形图程序如图3-47所示。

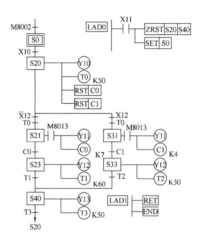

图3-46　状态转移图程序

指令程序如下：

2.并行性分支状态转移图程序设计

还以多只灯发光与闪烁控制系统为例阐述其程序设计方法。

（1）系统控制要求：启动后，灯1~灯4同时按以下两路运行。

第1路：灯1发光，2 s后熄灭；接着灯2发光，3 s后熄灭。

第2路：灯3与灯4以"0.5 s亮，0.5 s灭"的方式交替发光，3 s后熄灭。

当两路都完成运行后，灯1、灯2、灯3、灯4一齐发光，3 s后熄灭。要求：

①用按钮SB1、SB2分别作启动与停止控制，停止后按SB1可重新启动运行。

②用开关SA1作连续运行与单周期运行控制，SA1断开时作连续运行，SA1闭合时作单周期运行。

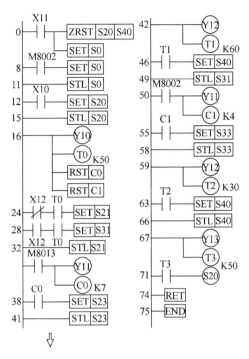

**图3-47 步进梯形图程序**

（2）系统的I/O分配：PLC系统I/O分配如表3-3所示。

**表3-3 PLC系统I/O分配**

| 输入端（I） | | 输出端（O） | |
|---|---|---|---|
| 外接元件 | 输入继电器地址 | 外接元件 | 输出继电器地址 |
| 常开按钮SB1（启动） | X10 | 指示灯1（HL1） | Y10 |
| 常开按钮SB2（停止） | X11 | 指示灯2（HL2） | Y11 |
| 开关SA1 | X12 | 指示灯3（HL3） | Y12 |
| — | — | 指示灯4（HL4） | Y13 |
| — | — | 指示灯工作电源：DC24V | — |

（3）PLC程序设计：状态转移图程序如图3-48所示。步进梯形图程序如图3-49所示。

图3-49所示程序的分支与汇合。由于要同时执行"灯1、灯2的顺序发光"与"灯3、灯4的交替发光"两个控制过程，因此，图3-49所示程序将这两个运行过程设定为2个并行性分支，以启动按钮（X0）作转移条件，当X0=ON时，同时进入2个分支，实现两个控制过程执行。图3-49所示程序的分支汇合点有2个转移条件，一个是支路1状态S23的定时器T1，另一个是支路2状态S31的定时器T2。只有在2个条件都同时满足的情况下，才能

实现2个支路的汇合转移,这就保证了2个支路必须执行完后才能汇合转移到S40。

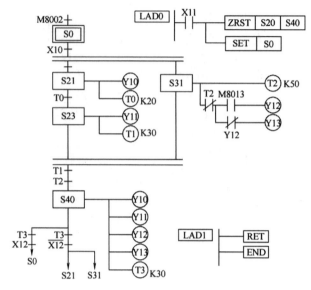

图3-48 状态转移图程序

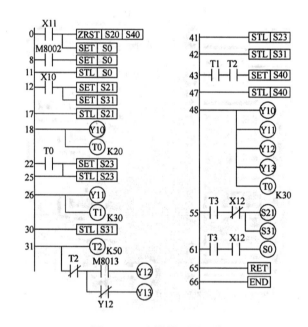

图3-49 步进梯形图程序

"灯1、灯2的顺序发光"与"灯3、灯4的交替发光"两路控制的运行时间都是5s,所以是同时执行完毕并同时汇合转移。注意:如果2条支路的运行时间不相同,而汇合条件又要求2个支路都要执行完毕才能转移,此时,运行时间短的支路会在执行完最后状态后停留等待,直到运行时间长的支路执行完再一齐汇合转移,如图3-50所示。这样在处理连续运行时，转移到S20就可以了，而不用像图3-49要同时转移到S21和S31，这样编写程序会更合理些。

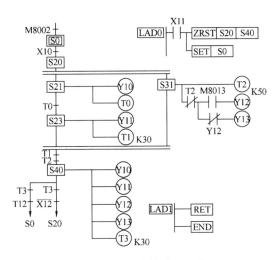

图3-50　状态转移图程序

并行性分支的分支与汇合的编写要求：并行性分支的分支转移条件与汇合转移条件都应集中设置在主流程序上，因此应将图3-51（a）所示程序左边的写法改为右边的写法。而对分支汇合后又再分支的程序，应将汇合点与分支点的直接连接，如图3-51（b）所示，改为用空状态过度的编写方法，如图3-51（b）所示，这样程序的编写会更简单。

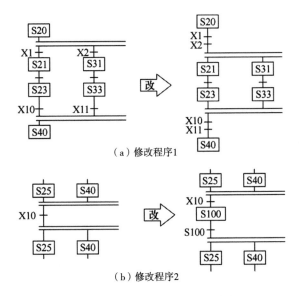

图3-51　部分并行性分支的编写

# 第三节　自动扶梯及传输系统设计

## 一、自动扶梯系统设计

（一）概述

自动扶梯具有安全、舒适、方便等特点，在大型超市、酒店、机场候机楼等公共场所，是用于载人上下楼的常见设备，使用十分广泛。

自动扶梯运行中为保证人身安全，一般情况下要求保持低速运行，常用变频器对拖动电梯的交流电动机进行调速。在人流较多的情况下，自动扶梯启动后是不停地运行的，而在人流较少的场合，应安装在扶梯上、下口位置上的传感器，控制自动扶梯的运行，如有人上下时就启动，无人时就停止。

（二）变频调速器

变频调速器是用于交流电动机变频调速用的控制器。变频调速的主要优点表现在节能效果显著、控制精度高、调速范围宽、能平滑加速与减速、操作方便、工作可靠等方面。目前它广泛应用于生活用水系统、电梯拖动系统、工厂各类水泵与风机、中央空调系统、各类机床电机控制系统等。变频调速器的型号虽然很多，但其功能与工作原理基本相同。

1.通用变频器的PWM调制方式

通用变频调速器一般采用V/F恒定控制方式，即保持电压与频率的比值（V/f）恒定来进行变频调速。为了做到调速调压，通用变频器采用了脉宽调制方式（简称PWM），如图3-52所示。

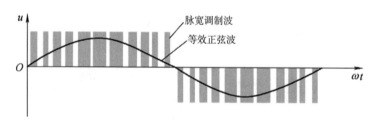

图3-52　脉宽调制波示意图

2.通用变频器接线

通用变频器的接线分主电路与控制电路，如图3-53所示。不同型号的变频器，其主电路的端子与功能基本相同，控制端子会因其设计的需求不同而会有部分控制端子的功能不同。

如图3-53所示的电路中，主电路端子接电源与电动机，控制电路端子主要与外接输入或输出器件连接，功能有启动/停止控制、正转/反转控制、多段速运行控制等。

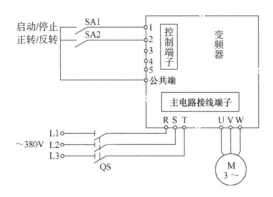

**图3-53 通用变频器主/控电路的接线示意图**

3.变频器参数设定

变频器操作方式、运行要求与功能的实现都需要进行变频器参数的设定。变频器参数的作用主要是根据用户的需求，设定变频系统的操作方式、运行控制、运行保护、运行监视等，以实现变频系统的正常运行。每台变频器的参数少则几十个，多则几百个，不同型号的变频器的参数是不同的，但其功能基本相同，例如操作状态设定参数、运行控制模式选择参数、保护特性参数、多功能输入参数、V/f特性参数、电机特性参数、运行频率限制参数、多功能输出参数、自动运转参数、转速反馈参数等。

自动扶梯变频调速PLC控制系统必须根据其控制要求正确设定变频器参数，才能确保系统的正常运行。

（三）自动扶梯变频调速的PLC控制系统的控制要求

1.用变频器控制1号与2号扶梯

变频器（1号与2号）的运行参数已在系统内部设定好（变频器是模拟的），主电路也在内部接好。只需将变频器外接控制电路的"启动/停止""方向（上/下）"端子与PLC输出端相接，用外部端子控制自动扶梯的启动/停止与运行方向。而对电动机的变速运行控制，则是通过变频器的"脉宽调制（PWM）"端子与PLC输出端Y0相接，用PLC的PWM指令改变变频器输出频率，达到改变自动扶梯运行速度的目的。

2.自动扶梯的运行速度要求

启动时，变频器应控制自动扶梯平滑加速，到达正常载人速度后保持该速度。停止时，变频器应控制自动扶梯平滑减速，直至速度为零时停止。

### （四）自动扶梯变频调速的PLC控制系统的I/O分配

自动扶梯变频调速的PLC控制系统的I/O分配如表3-4所示。

表3-4　自动扶梯变频调速的PLC控制系统的I/O分配

| 输入端（I） | | | 输出端（O） | | |
|---|---|---|---|---|---|
| 外接元件 | 输入地址 | | 外接元件 | | 输出地址 |
| 按钮SB1（启动控制） | X6 | | | PWM端子 | Y0 |
| 按钮SB2（停止控制） | X7 | | 1号变频器 | 启动/停止端子 | Y2 |
| 开关SA1（1号扶梯方向控制） | X0 | | | 上/下端子 | Y4 |
| 开关SA2（2号扶梯方向控制） | X1 | | | COM端子 | COM1 |
| 开关SA3（1号扶梯停开控制） | X2 | | | PWM端子 | Y0 |
| 开关SA4（2号扶梯停开控制） | X3 | | 2号变频器 | 启动/停止端子 | Y3 |
| 按钮SB3（加速手动控制） | X2 | 仅在图4-81程序中使用 | | 上/下端子 | Y5 |
| 按钮SB4（减速手动控制） | X3 | | | COM端子 | COM2 |

### （五）PLC程序的编写

1.运用PWM（FNC58）指令

PLC输出的脉冲宽度可调节的脉冲信号是输入到变频器控制电路的PWM端子，并通过此信号控制变频器主电路逆变器功率开关的通断，达到改变变频器输出频率的目的，如图3-54所示。此信号同样是脉冲宽度可调，但和变频器主电路的PWM调制的作用是不一样的。

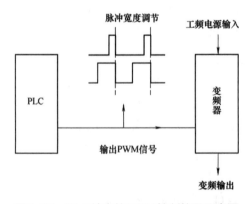

图3-54　PLC输出的PWM控制信号示意图

2.用递增指令"INC（FNC24）"和递减指令"DEC（FNC25）"对"PWM"指令

的脉冲进行控制

设定PLC的PWM指令被驱动时，PLC输出的脉冲信号宽度从"0"开始以"1"进行递增，直至到达自动扶梯的运行设定值并保持。按下停止按钮时，PLC输出的脉冲信号宽度从运行设定值开始以"1"进行递减，直至到达"0"时停止。

3.2台自动扶梯的运行控制

按使用现场的一般要求，2台扶梯的运行与运行方向应有独立的控制，以保证人流多时一台上行，另一台下行，以及在人流少时只开一部（只负责"上行"）的需要。2台自动扶梯的模拟系统如图3-55所示，其运行控制程序如图3-56所示。

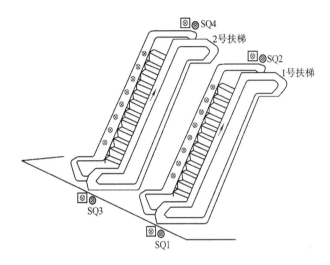

**图3-55 自动扶梯模拟系统示意图**

4.控制程序的执行过程

其执行过程如下。

（1）1号扶梯下行、2号扶梯上行过程：将开关SA3、SA4闭合，接通2台扶梯的运行开关。将开关SA1断开，置1号扶梯下行；将开关SA2闭合，置2号扶梯上行。

按下启动按钮SQ1，2台扶梯开始加速，参看自动扶梯的模拟系统（图3-55），1号扶梯运行指示灯组2个一组逐一向下发光，表示1号扶梯向下运行；而2号扶梯运行指示灯组2个一组逐一向上发光，表示2号扶梯向上运行。发光切换速度逐渐加快，表示扶梯正在加速。加速到达设定值速度后，扶梯稳定在该速度上运行。指示灯发光切换速度保持不变。

按下停止按钮SQ2，2台扶梯的运行指示灯发光切换速度开始减慢，表示扶梯正在减速，直到减速到零后扶梯运行指示灯全部熄灭，表示扶梯已减速到运行停止。

（2）可通过开关SQ3与SQ4的断开与闭合，控制2台扶梯同时运行或控制只有一台（1号或2号）扶梯运行。

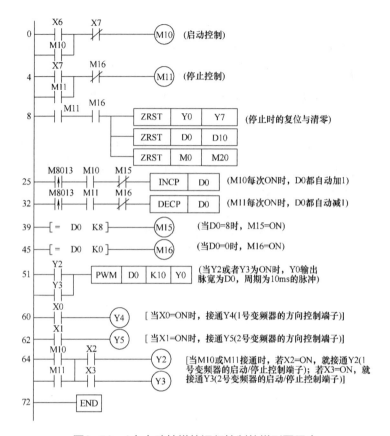

**图3-56 2台自动扶梯的运行控制的梯形图程序**

（3）可通过开关SQ1与SQ2的断开与闭合，控制2台扶梯向同一方向运行或控制2台扶梯以相反方向运行。

## 二、自动传输系统

### （一）控制要求

自动传输系统在物流、矿山等行业应用较为广泛，特别是采用多条传送带组成长距离的物料运输线更是常见。图3-57所示的自动传输系统是一种散装物料自动传送和装车系统，由料罐、三台物料传送带和装车平台等主要部件组成。该系统的控制要求如下。

（1）未装料时，系统待机，控制传送带的电动机M1、M2、M3以及料罐阀门都处于OFF状态。

（2）系统启动后，设料罐未装满料，打开进料控制阀门K1，料罐进料，至料罐装满料后，进料阀门K1关闭。

（3）系统启动后，装车平台可进车指示灯L2（绿灯）亮汽车可以开进平台。10s后，车到位指示灯L1（红灯）亮，绿灯熄灭，表示汽车到位。

（4）汽车到位后，传送带电动机M3首先启动，过5s后传送带电动机M2启动，再过5s后传送带电动机M1启动。过5s后料罐出料阀K2打开，汽车开始装料。

（5）装车平台下的压力传感器S2检测到汽车装满料后S2为ON，发出信号，使料罐出料阀K2关闭，同时传送带电动机M1停机。过5s后传送带电动机M2停机，再过5s后，传送带电动机M3停机。传送带停机过程中，汽车开出装车平台，压力传感器S2信号过一会儿自动变为OFF。进车指示灯L2（绿灯）又亮，可重新开始新的下料装车流程。

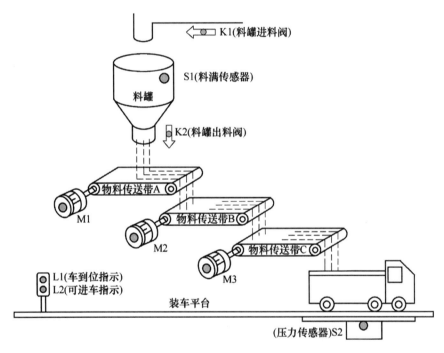

图3-57　自动传输系统示意图

（二）编程思路

1.自动传输系统为顺序控制系统

这是一个以三台传送带电动机正向顺序启动（M3→M2→M1）和反向顺序停止（M1→M2→M3）为主的顺序控制系统。系统顺序控制部分的工序如图3-58所示，应使用状态转移图编写这部分程序。而系统中的料罐装料控制和汽车进出平台控制可以放在顺序控制程序外执行。

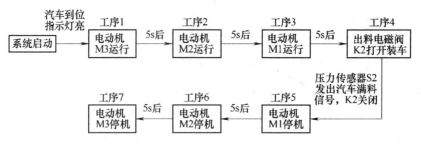

图3-58　自动传输系统顺序控制部分的工序流程

**2.系统中料罐装料的控制**

料罐装料控制是由料罐进料电磁阀（K1）和料罐中料满检测传感器（S1）来完成控制的。驱动装料控制应考虑如下两种情况。

（1）系统启动时，若料罐未装满料，料满检测传感器S1为OFF，进料电磁阀（K1）打开装料，直到料满传感器S1为ON，其触点闭合，料满停止装料。

（2）每次装车完毕，都重复上述动作，即K1打开装料直到S1为ON，其触点闭合，料满停止装料。

**3.汽车进出装车平台的控制**

汽车进出装车平台的控制是由平台的压力传感器S2、可进车指示灯（绿灯）L2和车到位指示灯（红灯）L1来完成控制的。其作用分别如下。

（1）红灯L1与绿灯L2：当绿灯（可进车指示灯）L2亮时，表示有汽车进入平台，进入时间用定时器设定（设为10 s）；10 s后红灯（车到位指示灯）L1亮，绿灯L2熄灭，表示车已到位，可以启动进料工序了。

（2）压力传感器S2：在料罐的出料电磁阀K2打开装料后，经过一定时间压力传感器S2为ON自动发出信号，表示料已装满，系统以此信号来关闭料罐出料阀K2，并逐一停止传送带电动机的运行。

**4.停止控制**

该系统不需要停电保持功能，停止时直接清零即可。

**（三）系统的I/O分配**

自动送料装车的PLC控制系统的I/O分配如表3-5所示。

表3-5　自动送料装车的PLC控制系统的I/O分配

| 输入端（I） | | 输出端（O） | |
|---|---|---|---|
| 外接元件 | 输入继电器地址 | 外接元件 | 输出继电器地址 |
| 常开按钮SB1（启动） | X0 | 料罐进料电磁阀K1 | Y0 |

续表

| 输入端（I） | | 输出端（O） | |
|---|---|---|---|
| 外接元件 | 输入继电器地址 | 外接元件 | 输出继电器地址 |
| S1（料罐满料检测传感器） | X1 | 料罐出料电磁阀K2 | Y1 |
| S2（装车平台压力传感器） | X2 | 车到位指示灯（红灯） | Y2 |
| 常开按钮SB2（停止） | X10 | 进车指示灯（绿灯） | Y3 |
| — | — | 传送A带电动机（M1） | Y10 |
| — | — | 传送B带电动机（M2） | Y11 |
| — | — | 传送C带电动机（M3） | Y12 |

## （四）PLC程序的编写

自动传输系统的状态转移图程序如图3-59所示。

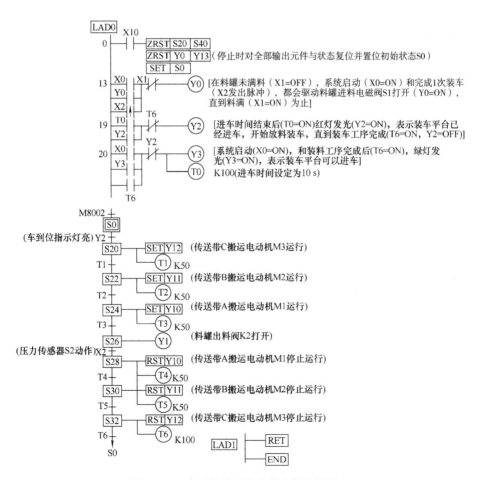

**图3-59 自动传输系统的状态转移图程序**

在编程中应注意以下几点。

（1）传送带的拖动电动机M1、M2、M3是用"SET"指令来驱动的，主要考虑是当传送带启动后需要保持运行状态。

（2）当三台传送带电动机停止运行后，必须使红灯（车到位指示灯）熄灭，保证绿灯（可进车指示灯）亮，才能重新开始新的下料装车流程。因而同时采用定时器T6的触点来控制输出继电器Y2和Y3的ON和OFF。

# 第四节　升降式电梯控制系统设计

## 一、设计要求

设计的电梯控制系统采用可变电压变频的控制方式。

电梯电气控制部分主要技术参数如表3-6所示。

表3-6　主要技术参数

| 外形尺寸（含轮） | 净重量 | 控制方式 | 调速方式 | 结构形式 | 模数 | 曳引机速比 | 电梯平层机构 | — |
|---|---|---|---|---|---|---|---|---|
| 900 mm × 600 mm × 2280 mm（长、宽、高） | 135 kg | PLC控制 | 交流变频调速 | 站 | 1.5（蜗轮减速器） | 1：15 | 旋转编码器、永磁感应器 | — |
| 变频器 | 输入电压 | 输入频率 | 额定电流 | 曳引电动机型号 | 功率 | 电压 | 转速 | 功率 |
| 松下VF200 | 220 V | 50 Hz | 2.5 A | YS-5634 W | 0.4 kW | 220 V | 1400 rpm | 0.18 kW |

## 二、硬件系统设计

（一）电梯的技术要求及控制系统配置

电梯的相关主要技术参数如表3-7所示。

表3-7　电梯主要技术参数

| 电梯层站数 | 楼层层高 | 曳引钢丝绳绕法 | 电梯的额定速度 |
|---|---|---|---|
| 四站 | 40 cm | 1：1绕法 | 0.5 m/s |
| 曳引轮节径 | 减速器传动比 | 电梯载重 | 曳引机功率 |
| 100 mm | 1：15 | 1 kg | — 180 W |

控制系统配置及 I/O 地址分配如表3-8所示。

表3-8　I/O分配表

| 输入 | 功能 | 输出 | 功能 |
|---|---|---|---|
| X0~X1 | 编码器A、B相输入 | Y0 | 制动线圈 |
| X2 | 计数复位输入 | Y1 | 变频器下降 |
| X3~X4 | 开门、关门按钮 | Y2 | 报警 |
| X5~X12 | 1~4楼上升下降按钮 | Y3 | 提示音 |
| X13 | 手动自动开关 | Y4~Y11 | 1~4楼上、下指示灯 |
| X14~X15 | 慢上、慢下按钮 | Y12~Y13 | 楼层显示A、B |
| X16 | 直驶开关 | Y14 | 变频器中速 |
| X17~X22 | 1~4楼按钮 | Y15 | 变频器慢速 |
| X23~X24 | 轿门开、关到位开关 | Y16 | 变频器上升 |
| X25 | 超重、限速器、断绳 | Y17 | 上升指示灯 |
| X26 | 轿门安全触板开关 | Y20 | 下降指示灯 |
| X27 | 1层到4层门联锁开关 | Y21~Y24 | 1~4楼指示灯 |
| X30 | 警铃按钮 | Y25 | 开门电路 |
| X31 | 急停开关 | Y26 | 关门电路 |
| X32 | 高速演示 | — | — |

　　为了满足控制要求，本系统选择了三菱第三代微型可编程控制器 FX3GA-60MR-CM型PLC。这款PLC具有高达31个以上的输入点数和27个以上的输出点数，同时具备高速脉冲端输入功能，以适应旋转编码器的定位需求。这样的选择是基于实验室的实际情况和对系统性能的综合考量。

（二）电梯控制系统硬件组成

图3-60为电梯控制系统的硬件框图。

PLC是电梯信号控制系统的核心。电梯信号控制系统框图如图3-61所示。

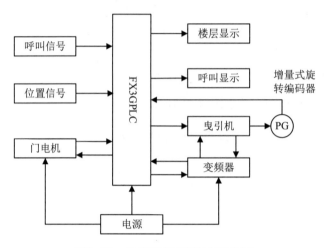

图3-60　电梯控制系统的硬件框图

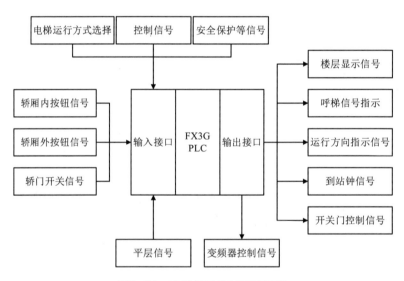

图3-61　电梯信号控制系统框图

（三）变频设置与脉冲检测

变频器是VVVF电梯运行的核心设备，变频参数设置如表3-9所示。

表3-9　变频参数设置表

| 功能代码 | 名称 | 设定数据 | 功能代码 | 名称 | 设定数据 |
|---|---|---|---|---|---|
| P001 | 第一加速时间 | 1.0 s | P047 | 第三速度频率 | 20 Hz |
| P002 | 第一减速时间 | 1.0 s | P048 | 第四速度频率 | 50 Hz |
| P003 | 运行指令选择 | 5 | P099 | 下限频率 | 0.5 Hz |
| P007 | 力矩提升 | 5 | P100 | 上限频率 | 50 Hz |
| P045 | 多段速功能选择 | 0 | P128 | 载波频率 | 10 Hz |
| P046 | 第二速度频率 | 10 Hz | P151 | 恢复到初始值 | 0 |

轿厢在井道中的运行距离与PLC接收到的脉冲数之间关系如下式：

$$S = (\pi D N)/(B_i R_i)\text{mm} \qquad\qquad (3\text{-}2)$$

式中：$S$——轿厢运行距离；

　　　$D$——曳引轮直径；

　　　$N$——收到的旋转编码器脉冲数；

　　　$R_i$——系数；

　　　$B_i$——脉冲/转。

本系统使用的是增量式ZSP3806-003G-500BZ3-5-24C-A4LX编码器。003G表示的是编码器出线方式为电缆侧出，500表示的是编码器分辨率为500 rpm，BZ表示的是编码器信号输出为A、B、Z三路，3表示的是零位信号3：1/4T，24C表示的是编码器工作电压为直流24 V，A4LX表示的是编码器为长线驱动方式。编码器与三相异步电动机连接方式是用联轴器将编码器与曳引轮相连接，当主控制器将启动信号输出电机后，三相异步电动机带动曳引轮的同时带动了编码器产生相应的运转，电机同步带动编码器，编码器产生脉冲信号输出传回到主控制器PLC，经过运算，PLC判断运行距离来确认电梯的准确位置。本电梯控制系统设计要求层站间距为400 mm。因此轿厢运行距离$S$为400 mm，曳引轮直径$D$为50 mm，系数$R$为1：15，编码器脉冲$B_i$为500 rpm。由式（3-1）可以算出PLC接收到的旋转编码器脉冲数为8.49rpm/s。也就是说电梯从一层运行至二层过程中编码器转数为8.49 rpm，PLC在接收到旋转编码器脉冲后与在梯形图中的程序设定值相比较，如果脉冲数在设定值范围内，PLC将减速信号传给变频器进而控制电机转速的改变，达到缓慢平层的目的。电梯控制系统电气原理图如图3-62所示。

通过分析了电梯控制系统的要求，并提供了电梯控制系统的硬件框图和信号控制系统框图。还给出了电梯控制过程所需的输入/输出（I/O）点数，并提供了相应的I/O分配表。重点介绍了如何设置变频器的参数，并介绍了如何使用旋转编码器来判断和计算轿厢的实际位置。最后，使用E-PLAN软件绘制了电气原理图来更清晰地展示系统的电路设计。

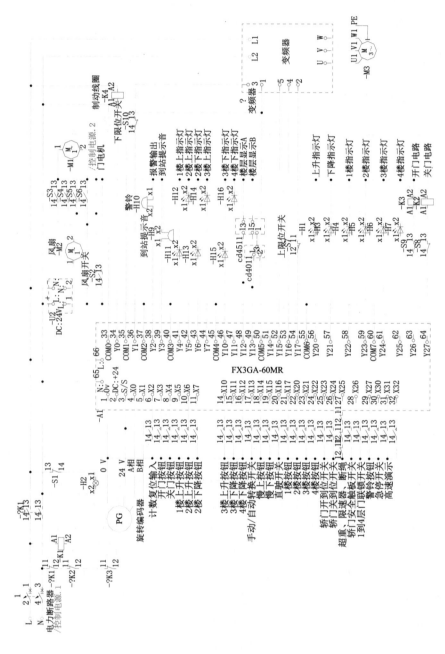

图3-62 电梯控制系统电气原理图

# 三、软件系统设计

## （一）电梯控制系统主程序流程图

电梯控制系统的主程序流程图如图3-63所示。

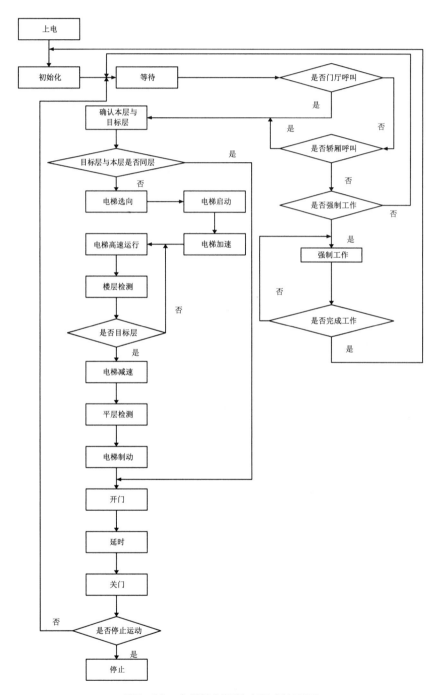

**图3-63　电梯控制系统主程序流程图**

## （二）程序设计说明

变频器控制电梯轿厢上下行的梯形图如图3-64所示。在电梯控制系统的编程过程中，最重要的一步是确保电梯轿厢能够在变频器与电机的配合下平稳运行。完成这一

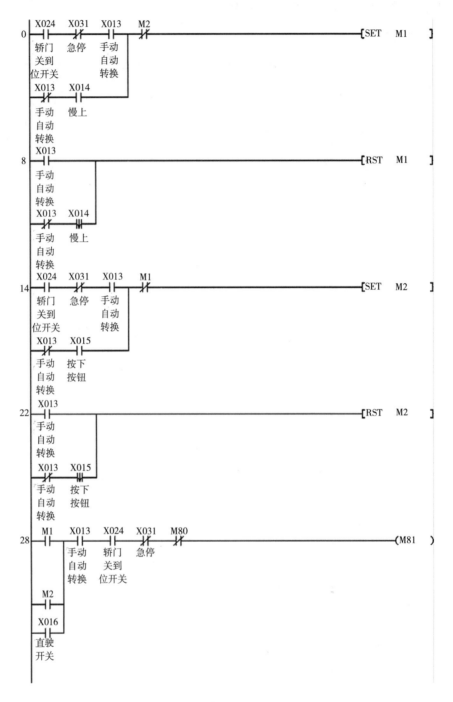

**图3-64　变频器控制电梯轿厢上行梯形图**

步后，剩下的工作主要是电梯的逻辑控制。首先，电梯能够运行的首要条件是轿门关到位开关闭合（X024）和手动自动转换开关闭合（X013）。当这两个条件满足时，轿厢内外会有触发信号（在此处为调试使用，采用的是X014触发），触发后置位辅助继电器M1。在程序段28中，辅助继电器M1被触发后，又会触发辅助继电器M81[18]。在程序段44中，辅助继电器M81的输出连接到Y015，而Y015是变频器的输入端，用于触发电机正转。此时，电机按设定的频率开始正向运转，驱动轿厢以匀速上升。由于这是在测试中进行的操作，所以在梯形图中设置了保护程序。在程序段72中，如果轿厢运行到电梯的最顶端并触发了限位开关，那么Y017会被触发，输出Y000。Y000连接到变频器的运行/停止端，此时变频器停止，电机停止，轿厢停止运行。

　　以上是关于变频器控制电梯轿厢上下行的梯形图的描述。这个图示说明了在电梯控制系统中，如何通过编程确保电梯的平稳运行，并设置了保护程序以保证运行的安全性。图3-65为初始化梯形图。

**图3-65　程序初始化梯形图**

　　由于采用的编码器为增量式编码器，并不是绝对式编码器，因此对于电梯轿厢位置的准确定位是设定在梯形图程序中的，如图3-66所示：程序段206中D1030为二层平层记忆下限，D1032为二层平层记忆上限。程序段228中D1040为三层平层记忆下限，D1042为三层平层记忆上限。程序段250中D1050为平层记忆下限，D1052为平层记忆上限。

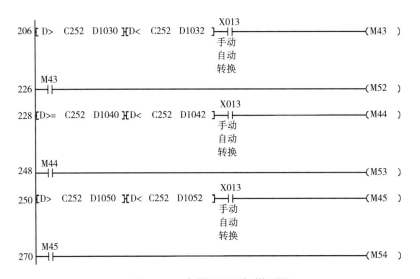

**图3-66　电梯平层记忆梯形图**

## （三）电梯总体运行效果

电梯具体执行过程如图3-67所示。

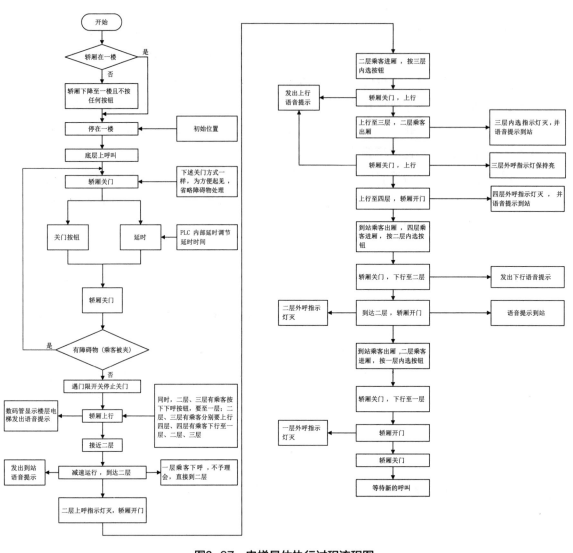

**图3-67 电梯具体执行过程流程图**

# 习题

1.电梯的基础原理是什么？

2.电梯的四大空间分别是什么?

3.电梯的八大系统分别是什么?

4.安全系统都由什么组成?

5.门系统都由什么组成?

6.电梯上常见的曳引轮槽都有什么?

7.什么是电梯井道?

8.什么是电梯平层误差?

9.什么是电梯的自动门操作模式?

10.什么是电梯的集团控制?

11.什么是电梯的电梯车厢位置反馈系统?

12.什么是电梯的运行方式切换?

# 第四章

# 恒压供水控制系统

# 第一节　供水技术基础

## 一、概述

如今社会经济飞速发展，长期以来供水系统中存在并且出现的各种问题越来越明显，已经严重地影响到人们的生活水平和生活质量，如今的几种供水方式，越来越不能满足人们的供水需求。经济飞速发展的同时，城市建设的规模也一直在不断地扩大，我国中小城市水厂特别是一些老的水厂还在采用传统的供水方法，不但需要大量的值班人员进行监控管理，还造成了人力资源的浪费。更重要的是设备陈旧，运行方法落后，控制过程烦琐复杂，不但不能保证用户管网供水质量，也不能对用水量的大小进行实时调节和控制。要想保证供水管道里面随时随地都有水，这就需要供水系统的电动机和水泵一直不停地运行着，电动机和水泵也会一直处在高负荷的运行状态，不但浪费了很多的电量，也需要人力一刻不停地看着处于高负荷运行中的电动机和水泵，使得城市的管网压力一直处于管道额定压力的环境中运行，水管网络很容易爆裂让水流入地下。

对需要控制的供水系统进行控制，是为了更好地服务用户，满足用户对水流量供给的需求是恒压供水的目标之一。实现恒压供水不仅可以提高供水质量，还可以帮助企业节约能源，并提高工作效率。

从信息形式上看，变频调速技术的发展使恒压供水日益兴起。国外恒压供水工程采用水泵机组变频调速。多个水泵机组的运行几乎不受单频变频器驱动，无法有效地控制成本问题。

德国的研究人员在1964年首次提出了将脉宽调制（PWM）应用于通信传输。自20世纪80年代后半期以来，基于变频调速技术的通用变频器在英国、美国、日本、法国、德国等发达国家得到了商业化和广泛应用。

国外许多变频器制造商开始关注并采用具有恒压供水功能的转换器，如日本的SWIM公司，就已经使用了恒压供水基板。目前，我国约有200家变频技术企业、工厂和科研机构，但与国际市场上变频调速产品及同类产品的开发和生产相比还存在较大的技术差距。在我国，电动机消耗了60%的发电量。因此，如何利用电机调速技术改善电机的运行模式以节省电能一直备受国家和相关行业的关注。

供水系统目前正在整合，向操作维护简单的方向发展，在国内和国外，专业变频供水一体化程度越来越高，很多专用逆变电源与PLC或PID集成，和压力传感器集成在变频系统的构成中应用。国产变频器发展迅速，并以它专门的小容量变频器在恒压供水市场的竞争中拥有了很大一部分低成本优势。现有的变频调速恒压供水控制系统的设计结合现代控制技术，能够适应不同的供水情况，因此，需要对变频恒压供水系统的性能进行进一步的研究，使其更好地应用于生活和生产实践中。

恒压供水系统已经经过几个发展阶段：

第一阶段：高位水箱水塔落差加压供水。

第二阶段：密闭气压罐加压供水。

第三阶段：恒速泵节流调节供水。

第四阶段：变频调速恒压供水。

用于给水领域的变频控制技术，增加了专用的控制模块用以进行对系统的控制，提供了一种恒压供水自动控制系统的优化方案，采用变频器装置供水，投资少，自动化程度高，保护功能是齐全的，运行是可靠的，操作是方便的，节能效果是明显的，特别是对水不构成污染，具有优良的性能比与价格比，是取代水塔、水箱、压力罐、恒速泵等供水方式的理想设备。

现在，人们对生活质量的要求不断提高，变频调速恒压供水设备凭借节约能耗、减少危险、更高的供水质量等优势，迅速地出现在人们的生活中，使我国的供水质量有了质的飞跃，并且变频调速恒压供水设备迅速掀起国内几乎所有供水设备厂家进行开发、生产的浪潮，并为之投入大量的人力财力。未来的供水方式必将向高度智能化、系列标准化、运行安全化、维护简单化的方向发展。

自动化控制系统为提高设备利用率，合理地使用能源，加强对建筑设备状态的监视等提供了一个良好的解决方案。本节针对现有的供水特点，研究以PLC为控制核心用来实现对恒压供水系统的控制。通过利用PLC的强大而灵活的控制功能以及变频器内置的优秀PID调速性能，可以实现恒压供水控制。这样一来，给水泵就能在高效率下持续运行。压力传感器将管网压力信号采样后经过PID处理，并传送给变频器。变频器根据压力大小来调节电机的转速，通过改变水泵性能曲线来调节水泵的流量，从而保持管网压力的恒定。

## 二、压力检测系统

### （一）压力检测基础

传感器被人们越来越多地应用于生活。在工业生产和工业控制中压力是必不可少的主要参数。在工业生产及控制中需要进行压力检测和压力控制，以确保生产和设备的安全运行。同时，在工业生产过程控制中占据主导地位的也是精确的压力检测系统。压力传感器是行业中最常见的仪表控制传感器，广泛应用在各类工业控制环境，如水利/电、铁路运输、生产控制、石油等许多工业自动化行业及其他行业。压力检测对于实时检测和安全生产非常重要。在自动化控制工业的生产中，为了达到提高效率和安全生产的目的，要有效地控制自动化生产过程中的压力及温度等必要参数。之所以要精确地测量压力，是因为它在自动化工业压力检测系统中有着极其重要的作用，所以必须要准确地测量其压力。在自动化工业压力检测系统中，其压力传感器把被测量部位的压力信号转变为电信号，然后通过能将信号进行放大的运算放大器，发送到其转换器，接着把模拟信号转变为单片机芯片能够识别的数字信号，最后通过单片机芯片转变为显示器能够显示测量数据的信息。之所以称压力为自动化工业生产及控制检测系统中的必要参数，是因为要确保生产的正常运行，所以有必要测量和控制其压力。然而，要指出的是，这里提到的压力实际上是物理概念和垂直动作的压力及单位面积上的力。压力是自动化工业生产及控制中极其重要的参数。如果高压容器的压力超过阈值，就存在安全隐患，需要进行测量和控制。然而在一些自动化工业生产控制过程中，压力也直接影响产品的质量及生产效率。例如，自动化工业生产控制过程中，压力会影响物料平衡和化学反应速度，这是标记正常生产过程的重要参数。

自动化工业生产控制中压力测量的安全测试具有极其重要的作用。在自动化工业制造过程中为了保证安全生产和提高效率，我们必须严格且准确地控制整个生产过程中的压力及温度等重要参数。在自动化工业生产及控制中控制好压力，也能够提高生产过程的有效安全性，所以能看出压力测量在自动化生产和控制中的必要性和重要性。它也是自动化生产和控制过程的四个重要参数之一，实时检测压力能够有效地确定机器在运行过程中的安全性和可靠性。如果报警失败，则能有效确保自动化生产和控制的准确性。

目前，压力传感器检测分为智能和集成两个重要的发展方向，它的程度大部分取决于工业检测系统内部的微处理器的性能。在国内外智能化中自动化又是重中之重，这其中包括自动检测、自动锁定、自动采样等功能。

选择压力传感器作为前端检测元件，并以单片机作为核心的检测单元，不仅成本低廉，而且使用压力检测系统更加便捷，这具有十分重要的意义，可以克服以往检测方法的不足。

　　总而言之，压力检测是工业生产和控制中不可或缺的一部分，因为只有通过技术要求保持稳定的压力，才能保持生产的正常运行。因此，在自动化检测和控制的实际过程中精确测量压力是极其必要的。

　　全球大多数的国家都很重视传感器的发展。例如，美国将20世纪90年代作为传感器时代。中国传感器研究已有二十多年的历史，取得了非常大的进步。在提出"科技是第一生产力"的21世纪，各类科学技术取得了非常好的发展和进步，传感器技术也越来越受到各方面的重视，我国已接近世界先进水准。但是，我国传感器技术的研究和生产仍然比传统技术的其他国家略微落后，虽然现在处于上升阶段。因为智能传感器系统研究开始较晚，导致实践还不够，并且实际应用要求之间还存在差距，特别是压力传感器的压力测量。

　　伴随集成电路、微型计算机和软件技术的发展，虚拟仪器出现在智能仪器的基础上，所有这些都包含计算机，特别是在性能特征方面有新的突破，让工业自动化压力信号的采集和控制，信号分析及处理和输出结果全部由计算机完成。目前，已从原有的仿真技术通信发展成如今的数字技术，让远程实时检测变为现实。

　　如今，全世界的发达国家都极度重视及支持仪器/表的发展。例如，德国大量推行运用工业自动化检测仪器的系统，使其市场量和劳动生产率的百分比大幅增长。欧盟委员会把测量与检测技术作为许多专项之一。

　　虽然我国工业自动化的压力检测系统开始的比较晚，但是发展迅速。从20世纪60年代到70年代，由多点巡视测试阶段发展到以小型计算机为中心的数据采集和处理系统。20世纪80年代以来，微型计算机在中国已经被广泛地运用，工业自动化检测技术已逐步完善。就目前来看，虽然我国也在开发智能仪表/器，但绝大部分的设备都是从国外引进的。在工业自动化的压力检测技术的发展中，它的数据、信号处理、高速信息采集等技术得到快速的发展，同时，它的网络、动态调试、总线等技术在工业自动化压力检测和控制方面被广泛地运用。

　　由于我国的压力检测系统开始的比较晚，因此仍然落后于发达国家。不过微型压力传感器具有矩形双岛膜结构，它的性能已经大大提高，压敏设备的可靠性已经达到了更高的水平。同时，还增加了许多种类的元件，检测压力的范围也扩大了，已经有微压、表压、绝压等部件和配套仪器面世。因为中国在传感器技术等方面快速发展，所以其压力检测系统必将会获得更大的突破。

（二）压力检测系统组成

1.数据采集设计

　　数据采集时可分为三部分，一是供水系统压力检测，二是自来水注入过程中实时监控自来水的压力，三是注入结束后的整体测量自来水和供水系统的总压力。在供水系统检测过程中我们使用电阻应变式压力传感器来进行测量，但其检测出的信号较小，无法通过单片机进行接收处理，我们在此处添加信号放大电路，将其信号放大到单片机能正常接收和处理的范围之内。数据采集系统结构框图如图4-1所示。

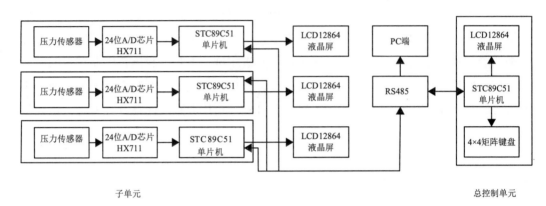

**图4-1　数据采集系统结构框图**

2.信号处理设计

该模块的信息处理单元采用的是单片机芯片，用单片机芯片对数据采集系统收集的信号进行处理并发送指令。信号处理模块包括信号放大、信号转换、信号处理等组成。

信号放大部分通过放大电路来进行实现，放大电路主要运用HX711芯片的信号放大功能。信号转换部分通过HX711芯片中的A/D转换功能进行转换。信号处理部分运用四个STC89C51单片进行处理，信号处理部分分为四个处理模块：

第一个模块是用来处理测量供水系统的压力数据，通过对总控制模块发送指令，从而将不符合规格的容器进行剔除。

第二个模块是用来进行实时检测，此模块要实现实时检测自来水的压力并自动剔除容器的压力，同时在其压力达到规格时向自来水注射装置发出停止注入指令。

第三个模块用来测量自来水和供水系统总压力，如果自来水的压力大于或小于规格，则通过向总控制模块发送指令来控制流水线上的剔除装置将此瓶黏稠自来水进行剔除，如果自来水压力规格达标，则通过传送带将其运送到压盖处进行下步处理。

第四个模块用于总体控制，主要向其余三个模块发送预定容器压力规格，控制传送带运行速度，向第二模块发送预定自来水压力规格，控制剔除装置进行剔除，接收第三模块的信息并通过通信模块将此信息传输给PC端。

3.声光报警设计

在本模块中，当它驱动时使蜂鸣器发出声音，LED指示灯亮起。在实际运用中，信息处理模块中第二模块发送报警指令时报警模块启动，蜂鸣器发出报警声，报警灯点亮。在注射装置进行注射自来水并未达到预定规格时LED灯发出红色灯光，当检测自来水压力达到预定规格时LED灯发出绿色灯光。在单片机没有发出剔除指令时，剔除模块自动启动，则启动本模块，蜂鸣器会发出响声，报警灯点亮。在演示过程中，剔除模块由LED灯来进行代替。

### 4.电源供电设计

系统可采用5 V电压进行供电，由USB供电或电池供电组成，单片机程序可通过USB线串行下载和供电，要分别对单片机和报警装置进行供电，当USB断电时则启动电池供电，达到停电时不会对元器件造成损坏的目的，延长了元器件的使用寿命。报警装置中LED和蜂鸣器则由单片机来控制其电源的通断。在演示过程中，代替剔除模块的LED灯由单片机来进行控制其电源的通断。

### 5.通信设计

系统中的通信模块主要是以单片机之间的通信、压力检测系统的通信及PC端的通信组成。单片机之间的数据传输通过RS485的双向通信功能，STC89C51需要依靠PC端来实现数据分析和存储等功能。经过综合考虑功能和成本，采用了串行通信方式。

串行通信分为两种。其中一种为同步通信，另一种为异步通信。在比较两种串行通信方式时，前一种方式具有较高的传输速率，但需要更复杂的硬件设计。而后者采用普遍的通信方式，其传输速率在50~19200 Bd。根据本系统的实际情况，我们选择了异步通信方式。根据上述特点系统采用RS485来实现通信功能。

### 6.人机交换设计

本模块是采用4×4矩阵键盘和液晶显示组成，4×4矩阵是由0~9的数字按键，设置功能键，返回上一级键，确认键，上、下选择键，清零键组成。设置功能键能设置测量容器的预定压力值和自来水装瓶时的预定压力值；返回上一级键能够使当前操作返回上一级；上、下选择键具有选择功能，在设置功能键中可通过本功能键来进行选择，对容器预定值或自来水预定值进行设置；清零键只对输入数值进行清空；系统通过各个功能键构成整个设置系统。

显示采用12864液晶模块，液晶显示屏带128×64汉字屏，12864显示模块。显示模块能够作为普通的基于图像的液晶显示模块，12864可以直接与单片机芯片连接并且拥有八位并行和串行连接，普遍使用在各种仪器/表和电子设备中。此显示屏可以提供丰富、直观、友好的信息界面。

### 7.抗干扰模块

在现实检测中，经常发现，尽管所采用的检测系统由稳固性高准确度高的仪器组成。同时，频率反应特征也很正常，但是在现实应用的领域中，也将会不可避免地受到不同种类的噪声干扰。在检测系统中，因为内外干扰的影响，所以检测信号中会掺有干扰电流或者掺有干扰电压，凡是这种干扰都叫作噪声。噪声是电路中不期待也不需要的电信号的一部分。在检测信号非常弱的时候，不可避免地会产生噪声覆没信号的状况。因此，认真研究测量过程中的干扰及其抑制方法具有重要意义。

在系统设计中，为抗干扰常采用滤波技术、去耦技术、屏蔽技术和接地技术。

抗干扰方法：

（1）在电源系统中为了避免引进干扰，可选取交流稳压器来确保电源的平稳性。为避免电源的过压和欠压，采用隔离变压器滤除高频噪声，采用低通滤波器滤除频率干扰，还可以使用开关电源供应充足的功率余量。

（2）信号隔离是为了将干扰源和容易干扰部分与电路隔离，让监测设备只与信号接触而不是直接接触。其本质是割断引入的干扰通道，进而达成隔离现场的目的。通用单片机芯片的应用系统由强电和弱电控制系统组成，之所以进行强电和弱电的隔离，是要确保系统工作的平稳性。同时，也是操作者和设备重要的安全措施。

8.剔除模块

系统中剔除模块采用单片机控制剔除传送带来实现，在检测供水系统过程中，如果控制器发出剔除指令时剔除模块启动，剔除传送带将会启动，并将供水系统运输到指定位置进行处理，在检测自来水和容器总压力时如果该压力小于预定值时，单片机发出剔除指令，剔除传送带会将该瓶自来水传送到小于预定值处进行处理，如果总压力值大于预定压力值时，单片机发出剔除指令，剔除传送带将会将该瓶自来水传送到大于预定值处进行处理。

剔除模块由单片机控制是否启动和停止，当单片机没有发出剔除指令时，该模块如果自动启动，系统就会自动停止，报警装置将会报警，提示工作人员进行处理。当工作人员处理后需在键盘处进行设置系统重新启动。

# 三、恒压供水系统

## （一）供水系统

恒压供水系统有三个部分，这三个部分分别是动力部分、控制部分和检测部分，动力部分的构成为三相异步电动机和水泵。控制部分的构成为PLC、变频器、液晶显示屏幕、手动控制按钮。检测部分的构成为压力传感器、液位传感器。最终组成的系统框图如图4-2所示。

变频恒压供水在系统控制方面将采用一台变频器对三台大功率电动机，启动的时候用变频软启动的方式启动，电机用变频电和工频电都可以运行；三台高耗能的电机在用水多的时候会同时运行，在用水少的时候三台电机会在不同的时间交替运

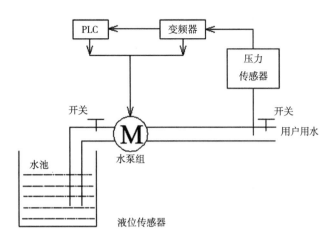

图4-2 PLC变频供水控制

行。启动的时候为了减轻对机器的冲击电流，采用变频软启动，从变频器的输出端得到传出来的频率信号和电压信号。在水管网罗的流量、压力等信号变化上升的时间，控制变频器输出频率，调节电机转速，实现恒压供水。如果设备的输出电压达到电网电压的时候还满足不了用水要求，PLC将发送指令，1号泵退出变频器控制进入工频运行，2号泵进入变频运行，当2号泵离开变频器控制进入工频运行，对变频器复位后，最后3号泵来到变频运行还是工频运行则根据水流量和检测信号调节，从而实现全自动运行。

当整套系统开始上电运行时，用户用水量增加，电动机不会直接用50 Hz的工频电启动，将会先由变频器启动一号泵，当一号水泵由于用水量不断增加，变频器从0 Hz到50 Hz不断提高频率，电动机转速加快直到电动机运行到工频状态，使1号泵达到满负荷运行状态。当1号泵达到满负荷运行状态的时候变频器将会启动2号泵，当2号泵运行到满负荷状态进入工频电运行时变频器将会启动3号泵。当用水量从高峰期慢慢降低直到用水完全停止时，变频器的输出频率达到下限时，3号泵逐渐由工频状态进入变频状态直到3号泵完全停止，当用水量持续减少的时候2号泵也由工频状态慢慢地进入变频状态直到停止，当用水量持续减少直到没有用水量的时候，1号泵也会由变频器控制慢慢地从工频状态到变频状态直到停止，如此进入一直循环状态从而保证管道网路压力恒定，不会对管网造成损坏，也保证了用户的用水需求。

（二）供水控制方案

恒压变频供水系统主要由压力传感器、液位传感器、变频器、供水控制单元、水泵单元和低压电器等元件构成。它的主要任务是利用主要控制单元系统控制变频调控水泵或循环控制泵的转动速度,当管网达到一个恒定的压力值的时候水泵电机的软起动方式和变频器的PID算法息息相关,当然,也可以通过数据传输及监控实现相对应的功能。根据系统的设计要求,对几种可用的供水方案进行对比,选出其中控制方式最好的一种用作这次设计任务的选择。

选择这一种控制方式将难以对水泵和电动机实现变频软启动,难以对供水流量实现变频调节,实际上每台水泵都将在强大的工频电压冲击下进入直接启动状态,而其余的水泵就只能处于工频工作状态,水泵无法从工频状态切换到变频状态,由于在启动的时候控制精度不高,供水管网压力波动比较大,将会对管网造成很大的损坏,电机切换时的工频大电流也会对电机和水泵造成很强的冲击,缩短电机和水泵的使用时间和寿命。结构如图4-3所示。

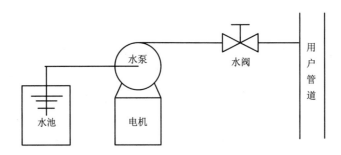

**图4-3　传统电路控制**

单片机控制方式其实也不错,要优于第一种控制方式。这种控制方式的缺点就在于适应不同的用水环境时调试比较麻烦,不管是增加功能或者减少功能还是修改功能的时候每次都必须对原有的电路进行修改,不但不够灵活,还造成了资源的浪费,而且电路的可靠性和抗干扰性都不是太理想,维护成本也比较大,所以这次的设计放弃了这种控制方案。结构如图4-4所示。

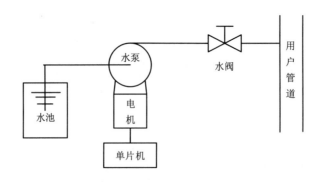

**图4-4　PLC变频供水控制**

变频器与PLC组合控制方式具有灵活方便、性能良好的通信接口，可以很好地与其他的系统进行数据交换，具有适应能力超强的优势；逻辑指令发生改变时，可以方便地通过液晶显示器来改变储存器中的程序，所以在现场需要调试或修改的时候将会非常方便。同时，由于PLC自身的性能对抗各种外部干扰信号的优良性高，因此系统相对来说是很可靠的。这样的系统能适用于各类不同要求的恒压供水环境，并且这样的组合方式具有很高的安全性。结构如图4-5所示。

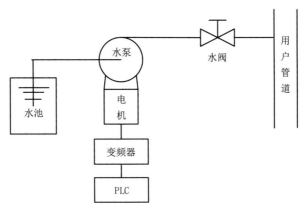

**图4-5　单片机供水控制**

# 第二节　过程控制技术

## 一、模拟量处理技术

### （一）模拟量输入模块FX2N-4AD

FX2N-4AD模拟量输入模块为4个通道12位A/D转换模块。它可以接收模拟信号，并将其转换成数字量传输给CPU进行处理。用户经配线选择基于电压/电流的输入/输出方式。FX2N-4AD提供了多种可选的模拟值范围，包括-10 V至10 V直流电压（分辨率为5 mV）、4 mA至20 mA电流和-20 mA至20 mA电流（分辨率为20 μA）。可以根据实际需求选择适合的模拟值范围。其与主单元之间通过32个缓冲存储器（每个16位）进行数据传输交换。存储器占用了FX2N-4AD扩展总线的8个点，可分配为输入/输出使用。

1.FX2N-4AD接线图

FX2N-4AD的接线如图4-6所示。

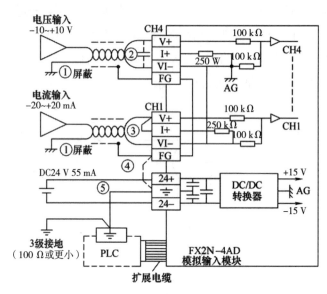

图4-6　FX2N-4AD的接线

（1）双绞屏蔽电缆接收模拟输入，电缆要远离会对其进行电气干扰的电线。

（2）假设出现输入存在电压波动，或是外部接线中有相应干扰的情况，需采取相应措施，如连接一个平滑电容器（0.1 μF～0.47 μF，25 V）。

（3）互连V+和I+端子用于电流输入方式。

（4）如发现一定量的电气干扰，可将FG的外壳地端和FX2N-4AD的接地端连接。

（5）将FX2N-4AD的接地端与主单元的接地端相连接，根据实际情况主单元用3级接地。

2.模拟量输入与输出的关系

（1）电源指标：电源指标如表4-1所示。

表4-1　电源指标

| 项目 | 说明 |
| --- | --- |
| 模拟电路 | DC 24 V ± 10%，55 mA（主单元的外部电源） |
| 数字电路 | DC 5 V，30 mA（主单元的内部电源） |

（2）输入与输出的关系：模拟量输入与输出关系如表4-2、图4-7所示。

表4-2 模拟量输入与输出的关系

| 项目 | 电压输入 | 电流输入 |
|---|---|---|
| | 电压或电流输入的选择基于输入端子的选择，一次可使用4个输入点 | |
| 模拟输入范围 | DC-10～10 V（输入阻抗：200 kΩ），输入电压超过±15 V，单元会被损坏 | DC-20～20 mA（输入阻抗：250 Ω），输入电流超过±32 V，单元会被损坏 |
| 数字输出 | 12位的转换结果以16位二进制补码方式储存，最大值：2047，最小值：-2048 | |
| 分辨率 | 5 mV（10 V默认范围：1/2000） | 20 μA（20 mA默认范围：1/1000） |
| 总体精度 | ±1%（对于-10～10 V的范围） | ±1%（对于-20～20 mA的范围） |
| 总体速度 | 15 ms/通道（常速），6 ms/通道（高速） | |

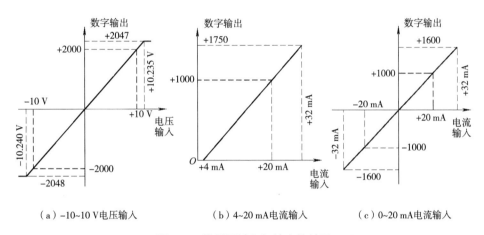

（a）-10～10 V电压输入　　（b）4～20 mA电流输入　　（c）0～20 mA电流输入

图4-7 模拟量输入与输出的关系

3.缓冲存储器（BFM）的分配

缓冲存储器（BFM）的编号及意义如表4-3所示。

4.定义增益/偏移

（1）增益图如图4-8所示。

（2）偏移图如图4-9所示。

（3）说明增益/偏移两种设置方式：独立、一起。偏移范围-5～+5 V或-20～20 mA是合理的，增益范围1～15 V或4～32 mA是合理的。增益/偏移都可以用FX2N主单元的程序调整。

5.FROM和TO指令简介

（1）指令组成要素　FROM指令和TO指令是特殊功能模块与PLC主机的数据联系通信方式，前者将特殊功能模块的缓冲存储器（BFM）中的数据读入到PLC，后者将数据从PLC写入特殊功能模块的缓冲存储器中，使用FROM和TO指令可以进行多种特殊功能

表4-3  BFM编号及意义

| BFM | 内容 | | | | | | | | | | 说明 |
|---|---|---|---|---|---|---|---|---|---|---|---|
| | 通道 | b7 | b6 | b5 | b4 | b3 | b2 | b1 | b0 | | |
| *#0 | 通道初始化,缺省值=H0000 | | | | | | | | | | 带*号的缓存器（BFM）可以使用TO指令从PC写入。不带*号的缓冲存储器的数据可以使用FROM指令读入PC |
| *#1 | 通道1 | 包含采样数（1～4096），用于得到平均结果,缺省值设为正常速度8,高速操作可选择1 | | | | | | | | | |
| *#2 | 通道2 | | | | | | | | | | |
| *#3 | 通道3 | | | | | | | | | | |
| *#4 | 通道4 | | | | | | | | | | |
| #5 | 通道1 | 缓冲区包含采样数的平均输入值,采样数是分别输入在#1～#4缓冲区中的通道数据 | | | | | | | | | 在从模拟特殊功能模块读出数据之前,确保这些设置已经送入模拟特殊模块中。否则,将用模块里面以前保存的数值 |
| #6 | 通道2 | | | | | | | | | | |
| #7 | 通道3 | | | | | | | | | | |
| #8 | 通道4 | | | | | | | | | | |
| #9 | 通道1 | 这些缓冲区包含每个输入通道读入的当前值 | | | | | | | | | |
| #10 | 通道2 | | | | | | | | | | |
| #11 | 通道3 | | | | | | | | | | |
| #12 | 通道4 | | | | | | | | | | |
| #13～#14 | 保留 | | | | | | | | | | 缓冲存储器利用软件调整偏移和增值偏移（截）：当数字输出为0时的模拟输入值 |
| #15 | 选择A/D转换速度 | 如设为0,则选择正常速度,15 ms/通道（缺省） | | | | | | | | | |
| | | 如设为1,则选择高速,6 ms/通道 | | | | | | | | | |
| 16#～19# | 保留 | | | | | | | | | | |
| *#20 | 复位到缺省值和预设,缺省值=0 | | | | | | | | | | 增益（斜）：当数字输出为+1000时的模拟输入值 |
| *#21 | 禁止调整偏移、增益值,缺省值=（0，1）允许 | | | | | | | | | | |
| *#22 | 偏移,增益调整 | G4 | 04 | G3 | 03 | G2 | 02 | G1 | 01 | | |
| *#23 | 偏移值缺省值=0 | | | | | | | | | | |
| *#24 | 增益值缺省值=5000 | | | | | | | | | | |
| #25～#28 | 保留 | | | | | | | | | | |
| #29 | 错误状态 | | | | | | | | | | |
| #30 | 识别码K2010 | | | | | | | | | | |
| #31 | 禁用 | | | | | | | | | | |

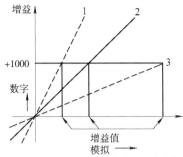

增益决定了校正线的角度或斜率，由数字值1000标识

增益决定了校正线的角度或斜率，由数字值1000标识。

1—小增益，读取数字值间隔大；2—零增益，默认：5 V或20 mA；

3—大增益，读取数字值间隔小。

**图4-8　FX2N-4AD增益图**

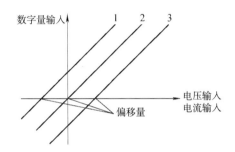

偏移是校正线的"位置"，由数字值0标识。

1负偏移，数字值为0时模拟值为负；2零偏移，数字值等于0时模拟值等于0；

3正偏移，数字值为0时模拟值为正。

**图4-9　FX2N-4AD偏移图**

模块的读出、写入，指令的组成要素见表4-4。

（2）指令说明及事例　特殊功能模块的读出、写入指令的格式如图4-10所示。通过梯形图中的连接条件（接通信号X0或X1），PLC主机可以与特殊功能模块进行数据通信。在X0接通时，PLC主机会读取特殊功能模块中BFM#26的数据，并存储在PLC的M10～M25中；在X1接通时，PLC主机会将PLC基本单元中D10开始的两个字的数据写入到特殊功能模块编号1的BFM#12和BFM#13中。应注意，M8028为ON时，在读出、写入指令执行过程中禁止中断，在此期间发生的中断，在读、写指令执行完后执行。

### （二）模拟量输出模块FX2N-4DA

FX2N-4DA是具有四个输出通道的模拟量输出模块，该模块接收数字信号并将其转换为等效的模拟信号，其最大分辨率为12位，能够提供较高的精度，输出通道的电压或电流

表4-4 特殊功能模块读出、写入指令的组成要素

| 指令名称 | 功能码、处理位数 | 助记符 | 操作数范围 | | | | 占用程序步数 |
|---|---|---|---|---|---|---|---|
| | | | M1 | M2 | [D・]、[S・] | N | |
| 特殊功能模块读出 | FNC78 (16/32) | FROM FROMP | K、H: 0~7, 特殊功能模块 | K、H: 0~32767, BFM号 | KnY、KnM、KnS, T、C、D、V、Z | K、H: 1~32767 | FROM 9步 FROMP 17步 |
| 特殊功能模块写入 | FNC79 (16/32) | TO TOP | K、H: 0~7, 特殊功能模块编号 | K、H: 0~32767, BFM号 | KnY、KnM、KnS, T、C、D、V、Z | K、H: 1~32767 | To 9步 Top 17步 |

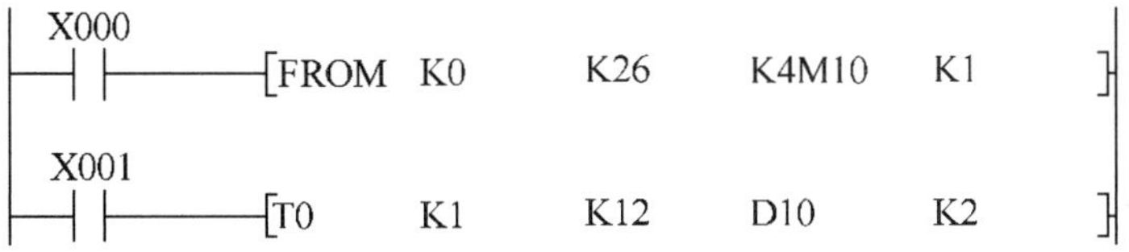

```
  X000
  ├┤├──────────[FROM  K0      K26      K4M10    K1      ]─┤
  X001
  ├┤├──────────[T0     K1      K12      D10      K2      ]─┤
```

**图4-10　读出、写入指令的格式**

类型可以通过用户进行配置，用户可以选择使用−10～10VDC的电压范围，分辨率为5 mV；或者选择0～20 mA的电流范围，分辨率为20 μA，这使得模块可以适应不同的应用需求。

FX2N-4DA模块与FX2N主单元之间通过32个缓冲存储器（每个16位）进行数据交换，共占用了FX2N扩展总线的8个点，这象征着在FX2N主单元上，这8个点可以被分配为输入/输出使用，提供了一定的灵活性。

1.FX2N-4DA接线图

FX2N-4DA的接线如图4-11所示，对应图中标号说明如下：

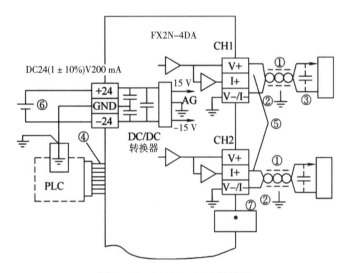

**图4-11　FX2N-4DA接线图**

以下是关于FX2N-4DA模拟量输出模块的使用注意事项：

（1）使用双绞屏蔽电缆连接模拟输出时，应尽量远离会对其产生电气干扰的电线，这样可以减少外部干扰对输出信号的影响。

（2）输出电缆的负载端（即接收模拟信号的设备）应使用单点接地，最好采用3级接地，接地电阻不大于100 Ω，这样可以确保良好的信号传输和减少地回路干扰。

（3）如果存在电气噪声或电压波动，建议在输出端口连接一个平滑电容器，可使用电容值为0.1～0.7 μF的电容器，额定电压为25 V，这可以帮助稳定输出信号并减少噪声干扰。

（4）将FX2N-4DA模块的接地端与可编程控制器（如MPU）的接地端连接在一起。这样可以确保两者之间的地位相同，减少地回路干扰。

（5）注意：不要将模拟输出端子短路或连接电流输出负载接到电压输出端子上，这可能会导致FX2N-4DA模块损坏。确保正确连接输出信号并避免短路操作。

（6）FX2N-4DA模块可以使用24 V直流电源进行供电。

（7）请勿将任何未使用的端子连接到FX2N-4DA模块上，以避免潜在的干扰或其他问题。

## 2.输入与输出的关系

输入与输出的关系如图4-12和表4-5所示。

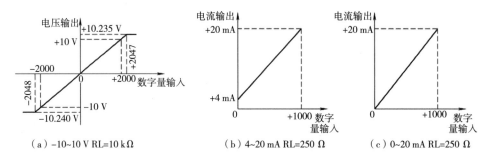

图4-12　模拟量输入与输出的关系

**表4-5　模拟量输入与输出的关系**

| 项目 | 电压输出 | 电流输出 |
|---|---|---|
| 模拟输出范围 | DC-10 ~ 10 V（外部负载阻抗：2 kΩ ~ 1 mΩ） | DC0 ~ 20 mA（外部负载阻抗：500 Ω） |
| 数字输入 | 16位，二进制，有符号[数值有效位：11位和一个符号位（1位）] | |
| 分辨率 | 5 mV（10 V × 1/2000） | 20 µA（20 mA × 1/1000） |
| 总体精度 | ±1%（对于+10 V的全范围） | ±1%（对于+20 mA的全范围） |
| 转换速度 | 4个通道2.1 ms（改变使用的通道数不会改变转换速度） | |
| 隔离 | 模拟和数字电路之间用光电耦合器隔离，DC/DC转换器用来隔离电源和FX2N单元，模拟通道之间没有隔离 | |
| 外部电源 | 24VDC ± 10%200 mA | |
| 占用I/O点数目 | 占用FX2N扩展总线8点I/O（输入输出皆可） | |
| 功率消耗 | 5 V，30 mA（MPU的内部电源或者有源扩展单元） | |

## 3.缓冲存储器（BFM）的分配

BFM编号及意义如表4-6所示。

表4-6　BFM编号及意义

| BFM | | 内容 | BFM | 内容 | |
|---|---|---|---|---|---|
| W | #0（E） | 输出模式选择，出厂设置H0000 | #13 | 增益数据 CH2*2 | 输出初始增益值：+5000模式0 |
| | #1 | | W #14 | 偏移数据 CH3*1 | |
| | #2 | | #15 | 增益数据 CH3*2 | |
| | #3 | | #16 | 偏移数据 CH4*1 | |
| | #4 | | #17 | 偏移数据 CH4*2 | |
| | #5E | 数据保持模式，出厂设置H0000 | #18，#19 | 保留 | |
| #6，#7 | | 保留 | #20（E） | 初始化，初始值=0 | |
| W | #8（E） | CH1、CH2 偏移/增益设定命令，初始值H0000 | W #21E | 禁止调整I/O特性（初始值：1） | |
| | #9（E） | CH3、CH4 | #22 ~ #28 | 保留 | |
| | #10 | 偏移数据 CH1*1 单位：mV或μA初始偏移值：0 | #29 | 错误状态 | |
| | #11 | 增益数据 CH1*2 | #30 | K3020识别码 | |
| | #12 | 偏移数据 CH2*1 | #31 | 保留 | |

**4.基本程序**

FX2N-4DA模块连接在特殊功能模块的1号位置，CH1和CH2作为电压输出通道，电压范围为-10 ~ 10 V，CH3、CH4作为电流输出通道，电流范围分别为+4 ~ +20 mA和0 ~ +20 mA，在程序中可使用状态信息作为输出的条件。其基本程序如图4-13所示。

程序说明：

（1）模块NO.1的BFM#30数据（型号码）传到D4。当型号码设为K3020（FX2N-4DA），M1打开。

（2）将H2100写入FX2N-4DA的BFM#0，用于CH1、CH2（电压）、CH3和CH4（电流）。

（3）数据寄存器D0 ~ D3分别写入BFM#1 ~ BFM#4。用于设置模拟输出值到相应的通道CH1 ~ CH4。

（4）FX2N-4DA的状态信息由BFM#29读出，主单元设备输出条件。

（5）数据寄存器D0 ~ D1数据范围-2 000 ~ +2 000，D2和D3数据范围0 ~ 1 000。

```
M8000
  ┤├─────────┬──────[FROM  K1    K30    D4     K1  ]
            │
            └──────────[CMP   K3020  K4     M0      ]

M1
  ┤├──────────────────[T0    K1    K0    H2100   K1 ]

                     [BMOV  D10    D0     K4       ]

            ┌───────[T0    K1    K1    D0     K4  ]

            └───────[FROM  K1    K29   K4M10   K1 ]

M10   M20
  ┤╱├──┤╱├──────────────────────────────────(M3  )
```

图4-13　FX2N-4DA基本程序

操作过程：

①关闭主处理器单元（MPU）电源，将FX2N-4DA模块连接好，并配置适当的I/O导线。

②将MPU设置为STOP状态，打开电源，将上述程序写入MPU。切换MPU到RUN状态。

③可以通过向BFM的相应通道D0（对应BFM#1）、D1（对应BFM#2）、D2（对应BFM#3）和D3（对应BFM#4）写入模拟值来控制模拟输出。在MPU处于STOP状态时，停止命令之前的模拟值将保持在输出端，即模拟输出不会改变。

④当MPU处于STOP状态时，可以通过偏移值进行输出。

5.操作注意事项

（1）其中特殊功能模块数小于等于8个，并且总I/O点数不能超过256点。

（2）在应用中，确保正确选择输出模式以符合需求。

（3）在使用5 V或24 V电源时，需检查是否存在电源过载的情况。请记住，当连接更多的扩展模块或特殊功能模块时，负载会增加，可能导致电源过载。因此，在添加扩展模块或特殊功能模块之前，检查确保所使用的电源能够提供足够的电流来满足整个系统的需求。

（4）在打开或关闭模拟信号的24 VDC电源时，可能会出现模拟输出在大约1 s内的起伏。这种起伏是由于主处理器单元电源的延迟或启动时电压差异引起的。为了避免输出波动对外部单元造成影响，可以采取预防措施。

6.调整I/O特性

要调整FX2N-4DA的I/O特性，可以使用可编程控制器（PLC）输入端子上的下压按钮开关和编程面板上的强制开/关设置来进行设置。通过修改FX2N-4DA的转换常数，可以改变偏移和增益，而无须使用仪表来测量模拟输出并进行手动调整。这需要在MPU中创建一个程序来完成。

## 二、PID控制技术

（一）数字PID控制器

PID控制器是一种广泛应用的闭环控制器。

1.PID控制器的优点

（1）稳定性：可以确保系统在运行过程中保持稳定。

（2）准确性：能够提供较高的控制精度。通过比较输出值和期望值之间的差异，并根据误差进行修正。

（3）快速响应：它能够根据系统的动态特性进行快速调节，使系统能够快速达到期望状态并能够通过合理的参数调节来控制上升时间。

2.PID控制器的数字化

PID控制器的理想化方程如式（4-1）所示。

$$(t) = K_p \left[ e(t) + \frac{1}{T_i} \int_0^t e(t)dt + T_d \frac{d_e(t)}{d_t} \right] \qquad （4-1）$$

式中：$e(t)$——控制器输入信号，一般为输入信号与反馈信号之差；

　　　$K_p$——控制器放大系数；

　　　$T_i$——控制器积分时间常数；

　　　$T_d$——控制器微分时间常数。

理想曲线如图4-14所示。

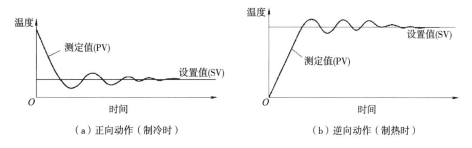

（a）正向动作（制冷时）　　　　　（b）逆向动作（制热时）

图4-14　理想曲线

通过编写PLC程序并调整PID控制器的参数，可以实现被调节参数在较短时间内达到设定值并保持稳定，从而满足控制系统的要求。

（二）模拟量闭环控制方法

在三菱Q系列PLC中，实现数字式模拟量闭环控制可以通过两种方式，一种是通过配置和编写适当的逻辑和功能块，我们可以初始化AD（模拟输入）和DA（模拟输出）模块，并将其与其他控制逻辑进行连接。另一种是利用三菱PLC软件自带的控制软件包。通常该软件包提供了各种功能块和配置选项，可以方便地进行数字式模拟量闭环控制的参数设置和调整。

1.程序示例的系统配置

系统的详细配置图如图4-15所示。

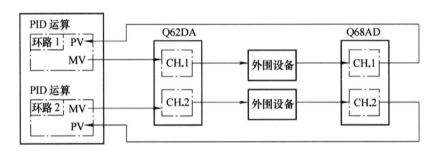

图4-15　系统详细配置图示例

Q68AD的I/O地址：X/Y80～X/Y8F；

Q62DA的I/O地址：X/YA0～X/YAF。

2.程序设计

（1）程序条件系统的有关配置及参数设置说明如下：

①有关系统配置的详细内容，请参阅图4-15。

②执行PID运算的环路数为2。

③采样周期为1s。

④PID控制用数据设置：公共数据为D500、D501；环路1用数据为D502～D511；环路2用数据为D512～D521。

⑤I/O数据设置：公共数据为D600～D609；环路1用数据为D610～D627；环路2用数据为D628～D645。

⑥顺控程序设定值（即SV值）设置：环路1—600；环路2—1000。

⑦PID控制开始/终止指令软元件：PID控制开始指令—X0；PID控制停止指令—X1。

⑧Q68AD和Q62DA的数字值范围设置：Q68AD为0～2 000；Q62DA为0～2 000。

（2）梯形图程序具体执行程序如图4-16所示。

3.程序运行监控

打开GX-Developer编程软件，将所编写的程序下载到虚拟的CPU中进行仿真调试及监控。

### （三）PID控制器的参数整定方法

PID控制器的参数整定是设计控制系统时的关键任务，它涉及三个参数的大小，以实现系统的稳定性和性能优化。

PID控制器参数整定的方法很多，概括起来有两大类。

一是理论计算整定法：这种方法基于系统的数学模型，通过理论计算来确定PID控制器的参数。

二是工程整定方法：这种方法主要依赖于工程经验和试验实验，直接在实际控制系统中进行参数调整。

1.PID参数与系统动静态性能的关系

PID全称proportion integral differential。翻译成中文：比例—积分—微分，为误差控制。

PID控制器通过对误差进行控制来调整输出值。误差是指命令值与实际输出值之间的差异。这个误差被送入PID控制器作为输入。PID控制器的输出由三部分组成：比例项（$Kp \times$ 误差）、积分项（$Ki \times$ 误差积分）和微分项（$Kd \times$ 误差微分）。

PID输出=$Kp \times$ 误差+$Ki \times \int$（误差$dt$）+$Kd \times [d$（误差）$/dt]$

如果误差为0，那么$Kp \times$ 误差=0，$Kd \times [d$（误差）$/dt]$=0，只有$Ki \times \int$（误差$dt$）可能不为0。因此，三个部分的总和可能不为0。

总结一下，如果存在误差，PID控制器会对变频器进行调整，直到误差为0为止。

评价一个控制系统优越性通常使用三个指标：快、稳、准。快表示输出能够迅速达到命令值；稳表示输出稳定无波动或波动很小；准表示命令值与输出值之间的误差较小。

对于一个系统来说，如果要求快速响应，可以增大$Kp$、$Ki$的值；如果要求准确性，可以增大$Ki$的值；如果要求稳定性，可以增大$Kd$的值来减小输出波动。

需要注意的是，这三个指标是相互矛盾的。如果追求快速响应，可能会牺牲稳定性；如果追求稳定性，可能会导致响应速度较慢。只有在系统稳定且存在积分项$Ki$时，系统在静态情况下才能达到零误差（动态误差可能仍然存在）。

2.确定PID控制器参数初值的工程方法

在实际调试过程中，PID参数的设定通常依赖于经验和对控制对象的熟悉程度。一

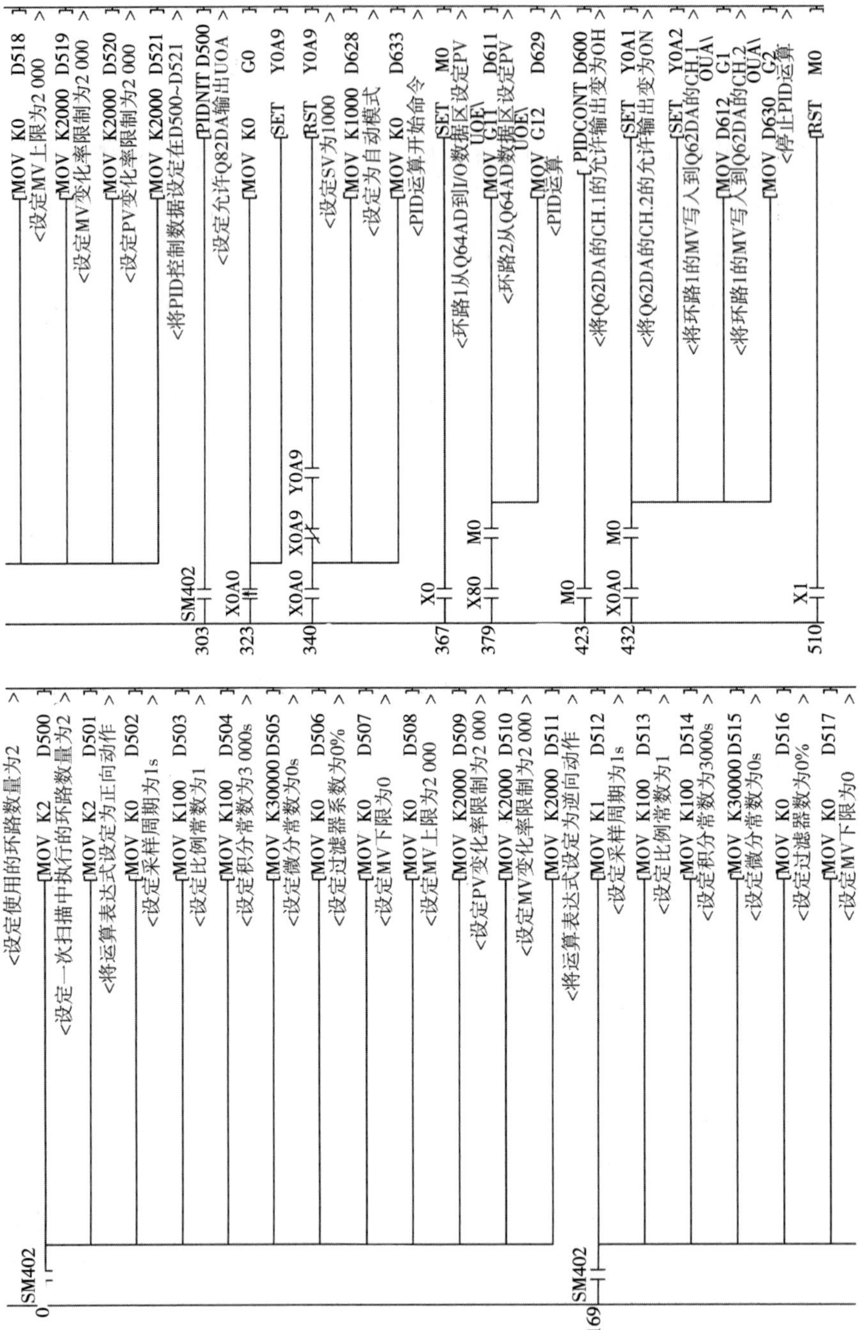

**图4-16 具体执行的梯形图程序**

种常用的方法是通过观察测量值的跟踪行为与设定值曲线之间的差异来调整比例增益（$P$）、积分时间（$I$）和微分时间（$D$）的大小。

下面简单介绍一下调试PID参数的一般步骤：

（1）负反馈控制理论其中的核心思想是通过将系统的输出信号与期望输出进行比较，并根据差异进行调整，以使输出逼近期望值。最开始要检查系统接线，以此明确系统的反馈为负反馈。

（2）PID调试PID调试的一般原则如下：在输出不振荡时，增大比例增益$P$；在输出不振荡时，减小积分时间常数$Ti$；在输出不振荡时，增大微分时间常数$Td$。

（3）调试步骤具体步骤如下。

①确定比例增益$P$。首先，将积分项和微分项设为零（即$Ti=0$、$Td=0$），将输入设定值设置为系统允许范围的最大值的60%～70%，逐渐增大比例增益$P$直到系统产生振荡。然后逆向操作，从此时的比例增益$P$开始逐渐减小，直到系统停止振荡。记录下此时的比例增益P作为设定值的60%～70%。

②确定积分时间常数$Ti$。在确定了比例增益$P$之后，设定一个较大的积分时间常数Ti作为初始值，然后逐渐减小$Ti$，直到系统产生振荡。反之，逐渐增大Ti，直到系统停止振荡。记录下此时的$Ti$值，并将PID的积分时间常数Ti设定为当前值的150%～180%。

③确定积分时间常数$Td$。通常情况下，微分时间常数$Td$可以设为0，不需要进行调节。如果需要设定微分时间常数$Td$，可以采用与确定比例增益$P$和积分时间常数Ti相同的方法，找到不产生振荡的情况下的30%值作为设定值。

④进行系统的空载和带载联合调试，对PID参数进行微调，直到满足系统要求。$P$、$I$、$D$参数经验数据参照。

温度T：$P=20\%～60\%$，$I=180～600 s$，$D=3～180 s$；

压力P：$P=30\%～70\%$，$I=24～180 s$；

液位L：$P=20\%～80\%$，$I=60～300 s$；

流量L：$P=40\%～100\%$，$I=6～60 s$。

3.过程控制指令PID（FNC88）

FX2N的PID指令的编号为FNC88，指令格式如图4-17所示，是一个16位指令，占9个程序步。（S1）和（S2）分别用来存放给定值SV和当前测量到的反馈值PV，

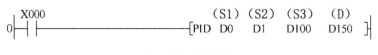

**图4-17　PID指令**

（S3）~（S3）+6用来存放控制参数的值，运算结果MV存放在（D）中。源操作数（S3）占用从（S3）开始的25个数据寄存器。

说明：

（1）图4-17中，源（S1）为设定目标值（SV），源（S2）为测定现在值（PV），源（S3）~（S3）+6用于设置控制参数的值，目标（D）用于存储PID运算后的结果。需要使用一种非断电保持型的数据存储器来存储目标（D）的值。

（2）源（S3）的参数设定值由连续编号的25个数据寄存器组成。这些数据寄存器可以用于不同的目的，如输入数据，内部操作，输出数据。这些数据寄存器的连续编号使得在程序中可以方便地访问和处理这些参数值。具体的寄存器分配可以参考表4-7。

（3）为确保PID运算的准确性，采样时间（TS）S应大于PLC的运行周期。如果TS小于等于PLC的运行周期，将可能导致PID运算错误。通常建议TS取值范围为0.5~1 s，而自动调节系统的TS一般应大于1 s。

（4）可以在程序中多次使用PID指令，但是每次使用时需要选择不同的源（S3）和目标（D）。这是为了避免冲突和混淆。PID指令也可用于定时器中断、子程序步进梯形图、跳转指令中，但要令（S3）+7复位，如图4-18所示。

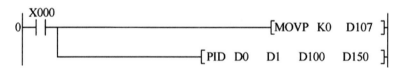

**图4-18　使用定时器中断的PID指令**

（5）为了确定PID控制的比例增益（$KP$）、积分时间（$Ti$）和微分时间（$Td$），请参阅FX2N手册。

（6）为了得到最佳的PID控制效果，建议使用自动调节功能。当（S3）+1的b4为ON时，自动调节开始。通过自动调节，系统会自动调整参数使系统达到最佳状态。当测量值到达目标值的变化量超过总变化量的1/3时，自动调节功能结束。

（7）如果特殊辅助继电器M8067将被置为ON状态，说明用户出现了错误或异常情况。

### 表4-7　寄存器分配

| 参数（S3） | 名称、功能 | 说明 | 数值设置范围 |
|---|---|---|---|
| （S3） | 采样时间T | 读取系统的当前值（S2）的时间间隔 | 1～32767ms |
| （S3）+1 | 动作方向（ACT） | Bit0：（0），正动作；（1），逆动作<br>Bit1：（0），当前值（S2）变化不报警；（1），（S2）变成报警<br>Bit2：（0），输出（D）变化不报警；<br>（1），（D）变化报警<br>Bit3：不可使用<br>Bit4：（0），自动调节不动作；（1）执行自动调节<br>Bit5：（0），无输出值上下限设定；（1）输出值上下限设定<br>Bit6～Bit15：不可使用，（且Bit5与Bit2不能同为ON） | — |
| （S3）+2 | 输入滤波常数a | 改变滤波器效果 | 0～99% |
| （S3）+3 | 比例增益（$K_p$） | 产生一比例输出因子 | 0～32767 |
| （S3）+4 | 积分时间（$T_i$） | 积分校正值达到比例校正值的时间，0为无积分 | 0～32767<br>（*100 ms） |
| （S3）+5 | 微分增益（$K_d$） | 在当前值（S2）变化时，产生一已知比例的微分输出因子 | 0～100% |
| （S3）+6 | 微分时间（$T_d$） | 微分校正值达到比例校正值的时间，0为无积分 | 0～32767<br>（*100 ms） |
| （S3）+7～（S3）+19 | | PID运算内部占用 | |
| （S3）+20 | 当前值上限，报警 | 用户定义的上限，一旦当前值超过此值，报警 | 当（S3）+1的b1=1有效，0～32767 |
| （S3）+21 | 当前值下限，报警 | 用户定义的下限，一旦当前值超过此值，报警 | |
| （S3）+22 | 输出值上限，报警 | 用户定义的上限，一旦当前值超过此值，报警<br>输出上限设定（S3+1的b2=0，b5=1有效），0～32767） | 当（S3）+1的b2=1、b5=0有效 |
| （S3）+23 | 输出值下限，报警 | 用户定义下限，一旦当前值超过此值，报警<br>输出下限设定［（S3+1的b2=0，b5=1有效），0～32767］ | |
| （S3）+24 | 报警输出（只读） | B0=（1），当前值（S2）超过上限；<br>b1=（1），当前值（S2）超过下限；<br>B2=（1），输出值（S2）超过上限；<br>b3=（1），输出值（S2）超过下限 | 当（S3）+1的b1=1、b2=1有效 |

# 第三节　恒压供水系统设计

## 一、设计要求

用一个供水系统当作模拟的被控对象，研究以PLC为控制核心变频器为主要调节工具对供水系统进行优化，使系统获得更好的控制体验。主要设计内容为：每一个电气元器件的选型和线路连接，了解各种供水系统的运行工艺状态，设计出最适合现代的供水控制系统；完成最终的程序编写调试。根据管道压力由PLC自动控制各个水泵之间切换，并根据压力传感器测量得到的实际值和设定值之间偏差进行PID运算，控制变频器的输出频率，调节流量大小，让供水管压力一直处于恒定的状态。各水泵切换遵循先启先停、先停先起原则。

## 二、硬件系统设计

（一）控制系统原理框图

本设计的供水控制系统的主要组成部件有水泵、电机、变频器、传感器、控制面板等。从图4-19中我们可以看出这个系统大概的运行方式：图4-19中用户管网的末端上压力传感器会随时检测管道中的压力，然后将采集到的电压信号（0~5 V）或者电流信号（4~20 mA）送到变频器里面，通过控制面板将在PLC中预先设好的对比数进行比较，再将得到的结果送到切换逻辑单元，由切换逻辑单元传送到电机，对电机的运行速度进行控制，从而实现对水泵运行速度的控制，最后使整个系统的运行达到往复循环的目的。系统原理框图如图4-19所示。

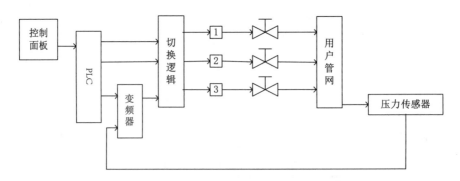

**图4-19　恒压供水系统原理图**

## （二）PLC选型及工作方式

PLC具有计算机大部分的优点，只不过运行的过程与计算机完全不一样。计算机工作过程基本上都是等待命令的形式。PLC是在循环扫描工作，在PLC中，程序按顺序存放，CPU从第一条程序开始运行，一直运行直到最后一条命令结束然后又回到第一条命令。就这样一直不间断地循环下去。这样的运行是在编写好的程序中对比工作的，从第一条开始扫描一直到最后一条扫描结束，不断地检测每一个输入点的情况，然后按设定好的算法，从第一条到最后一条给出两两对应的控制信号。这个工作过程分为五个阶段：一是上电自检；二是通信连接；三是输入采样信号；四是运行程序；五是输出结果刷新。其工作过程框图如图4-20所示。

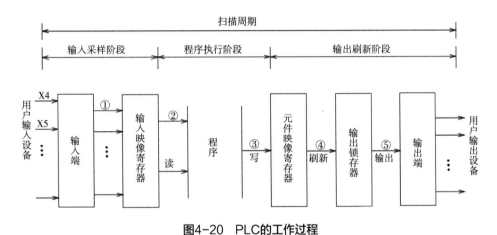

**图4-20　PLC的工作过程**

研究选择西门子S7-200系列CPU226型控制主机，选用EM235扩展模块为扩展模拟量模块，具体I/O口分布如表4-8所示。

**表4-8　I/O口分布表**

| 名称 | | 代码 | 地址编号 |
|---|---|---|---|
| 输入信号 | 供水模式（1-白天，0-夜间） | SA1 | I0.0 |
| | 水池水位上下限信号 | SLHL | I0.1 |
| | 变频器报警信号 | SU | I0.2 |
| | 试灯按钮 | SB7 | I0.3 |
| | 压力变送器输出电压值 | Up | AIW0 |
| 输出信号 | 1#泵工频启动和灯 | KM1、HL1 | Q0.0 |
| | 1#泵变频启动和灯 | KM2、HL2 | Q0.1 |
| | 2#泵工频启动和灯 | KM3、HL3 | Q0.2 |

| 名称 | | 代码 | 地址编号 |
|---|---|---|---|
| 输出信号 | 2#泵变频启动和灯 | KM4、HL4 | Q0.3 |
| | 3#泵工频启动和灯 | KM5、HL5 | Q0.4 |
| | 3#泵变频启动和灯 | KM6、HL6 | Q0.5 |
| | 蓄水池上下限报警灯 | HL7 | Q1.1 |
| | 变频器故障报警灯 | HL8 | Q1.2 |
| | 白天运行灯 | HL9 | Q1.3 |
| | 警铃 | HA | Q1.4 |
| | 变频器复位 | KA | Q1.5 |
| | 变频器输入电压信号 | Uf | AQW0 |

　　PLC是整个变频调速恒压供水控制系统的核心，利用其中的A/D，D/A模块和内置的控制模块来使水泵M（1、2、3）实现变频运行，也可以实现工频运行，需其有I/O口用来输出。因此，本节选择德国的西门子（SIEMENS）公司的S7-200型PLC。西门子S7-200型PLC的结构为紧凑型，操作简单，价格低廉，维护方便，功能和实用性具有很高的性价比，广泛地应用于一些中小型的控制系统里面。

　　结合该PLC型号及扩展模块I/O口地址分配表画出PLC及扩展模块外围接线图，如图4-21所示。

　　图4-21中的CPU和扩展模块5个输入量，其中有4个是数字量有1个是模拟量。压力传感器将测量出来的水路网压力输入PLC的扩展模块，EM235的模拟量输入端口用作信号接收端口；开关SA1是用来控制昼/夜这两种模式之间相互切换的过程，这是作为一个开关量信号输入I0.0；液位传感器把得到的水池水位信号转换成标准电信号后与设定值进行比较，将实际水位和设定水位的上下限对比，超出或低于设定的阈值时，输出高电平1，送入I0.1；变频器的故障输出端与PLC的I0.2相连，用来进行报警处理；SB7接入I0.3当作信号灯，并可手动检测信号指示灯是否工作在正常的状态中。

　　（三）传感器的选型及工作原理
　　根据管网上压力和流量传感器所检测到的信号一直在变化，经过信号转换面板将监测到的压力信号和流量信号转换为4~20 mA或者0~5 V的标准电信号从PLC输入，再经由PLC发出指令进入变频器调整电机运行速度，实现控制水泵的转速，使它达到一直在循环恒压供水的目的。

　　压力传感器选用欧姆龙公司的E8AA-M10型号，其调节简单，准确度高，能够显

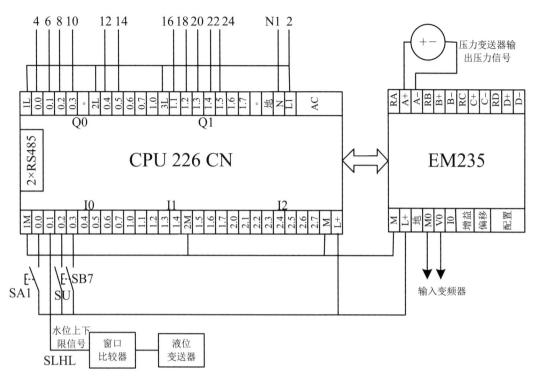

图4-21 PLC扩展模块接线图

示当前管网水压，该种传感器的材料采用SUS316L不锈钢薄片与硅薄膜的双重薄膜技术，可适用于各种液体气体，利用压阻效应原理实现压力测量的压力信号到电信号的转换。应用于流动体压力检测：比如非腐蚀气体、非腐蚀液体、不可燃气体等领域。应用范围广泛，可适用于半导体制造装置的压力监视控制、机器人气压控制、生产线气压控制、压力容器的压力控制。其接线图如图4-22所示。

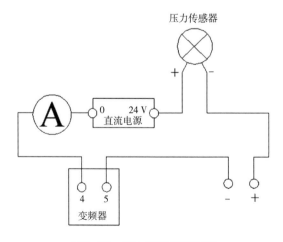

图4-22 压力传感器接线图

型号：E8AA-M10

电源电压：DC12V~DC24 V

压力范围：0~1MPa

响应时间：100 ms以下

线性输出：4~20 mA允许300 Ω以下的负荷电阻

工作温度：工作时−10 ℃/60 ℃

对水池水位作必要的检测和控制是为了避免当水池水量不足时水泵和电机进入空载运行，以减少电机的寿命的情况发生，通过安装在水池里的液位传感器将检测到的水位信息转换成标准电信号（4~20 mA电压信号），与设置好的数值对比，水量不足输出的高电平作为贮水池水位的报警信号，输入PLC。

综合以上因素，系统选择DS26分体式液位变送器。DS26分体式液位变送器是山东淄博丹佛斯公司引进美国的专利技术，选用了灵敏度很高的敏感元件，广泛应用于造纸、冶金、石油、发电、水利、化工、水处理等领域。它具有精度高、稳定性好、体积小重量轻、抗冲击抗震动、反极性保护等特点。部分参数如下。

型号：DS26

量程：0~200 m，适用于水池、深井以及其他各种液位的测量

工作电压：15~30 VDC，大于30 VDC时会损坏

输出信号：两线制4~20 mA

精度等级：0.1%

振动影响：振动频率在20~2000 Hz时，变化量小于0.02%FS

工作温度：−30 ℃/70 ℃

## （四）变频器选型及工作原理

变频器是利用变频技术与电力电子技术通过半导体元件的接通和断开将工频电转换为变频电，利用改变设备工作频率来达到控制的目的。VFD主要由滤波、整流、逆变、制动、驱动、检测、处理等单元构成。通过IGBT调节输出电压和频率、控制电动机的速度以及转矩使其达到调速节能的目的。达到对电动机软启动的功能。VFD还有提高控制精度、修改功率因素、超流/超压/超载保护等功能。

变频器选用ABB公司的产品。ACS510-01-246A-4是ABB一款低压交流传动产品，可以简单地安装和使用，并且能够节省时间和精力。该型号变频器在工业领域应用广泛，各类环境适应性都极高。并且其还重点对风机、水泵应用做了独特的调整，全面地应用于恒压供水系统等。基本参数如下。

型号：ACS510-01-246A-4

额定电压：380~480 V

额定电流：245 A

最大容量：132 kW

启动方式：软启动

环境温度：–15℃/60℃

保护方式：过电流、过电压、过负载、接地

外壳尺寸：700 mm × 302 mm × 400 mm

变频器输入、输出接口接线图如图4-23所示。

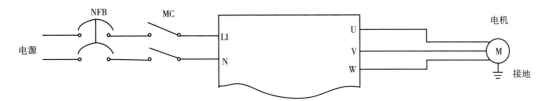

**图4-23　变频器220 V电压接线图**

变频器内置PID控制调节器接线图如图4-24所示。

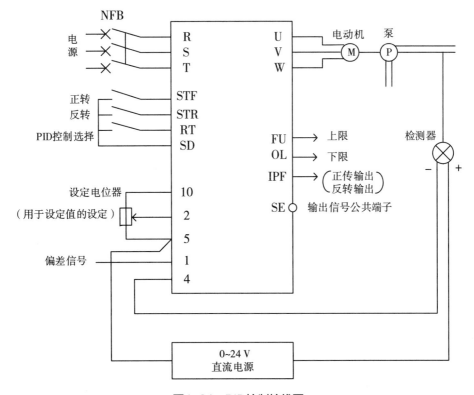

**图4-24　PID控制接线图**

由于PID运算模块集成在变频器的内部，这就不用特地编写PLC存贮和对PID算法的程序，而且PID参数的调试通俗易懂，这不只改变了生产成本，而且相对地提高了生产效率。

根据设计要求，本系统选用ABB公司的ACS510-01-246A-4型变频器，如图4-25所示。

本节根据控制最优原则将选取闭环控制方式，这种控制方式通过压力传感器检测管网水压能实时调整管网压力，既可以保护管网也可以随时保证供水量。

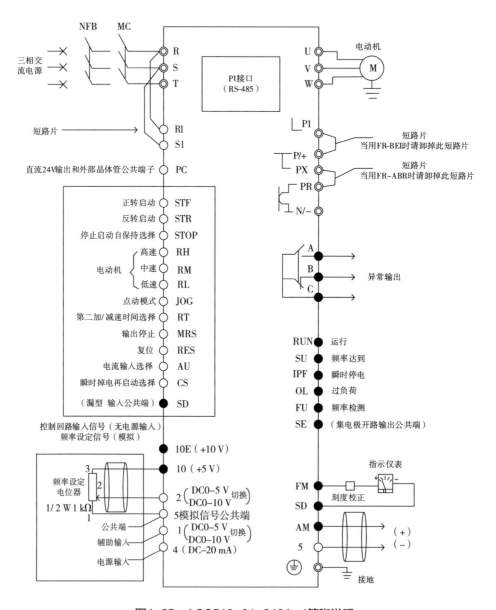

**图4-25　ACS510-01-246A-4管脚说明**

注：端子PR，PX在0.4~7.5 kW中装有。

控制过程：当水管压力减小时，变频器打开1号泵，在变频环境运行一段时间后进入工频状态运行，由压力传感器来探测的压力信号还没有到达设定的值，PLC控制1号泵转换到工频状态运行，然后变频器在发动2号泵时开始变频运行，据压力值的情况随时改变2号泵的运行速度直到工频运行状态，假如压力检测器传来的检测信号仍然没有达到设定的压力值，就会继续变频软启动3号泵来达到恒压供水的目的。当用水量降低，压力增加，3号泵慢慢减速直到停止，压力还高，则PLC控制停掉2号工频泵，由2号泵实施变频恒压供水。至管网压力又低时，当2号泵运行速度为零时，变频器控制1号泵进入变频运行状态，再调整1号泵的速度，保持恒压供水。在用水量最低的时间段，1号泵、2号泵、3号泵只有一个泵在运行状态，当单独运行的水泵运行时间达到设置值的时间自动切换到下一个水泵运行，使1号、2号、3号泵进入循环运行的状态，保证了每一个水泵的运行寿命达到使用最大值。

（五）系统主电路图

如图4-26所示电机有两种工作模式。

工频电下运行：KM1是M1的刀闸开关、KM3是M2的刀闸开关、KM5是M3的刀闸开关。

变频电下运行：KM1是M1变频启动的开关、KM2是M2变频启动的开关、KM4是M3变频启动的开关。

设备上电运行首先经过第一道保护措施，熔断器（FU），QS1吸合电流通过QS1进入变频器，然后根据具体情况决定合上KM2、KM4、KM6，再流入第二道保护设备，热继电器（FR），最后分别对M1、M2、M3进行变频启动。QS2、QS3、QS4是在KM2、KM4、KM6断开变频运行时及KM1、KM3、KM5合上转入工频运行时才会自动吸合，使M1、M2、M3进入工频运行。

（六）系统控制电路图

如图4-27是恒压供水控制系统控制电路图。手自动转换开关的按钮是SA，SA闭合在1是手动控制；合在2的位置为自动控制状态。手动运行时，按下SB1、SB3、SB5控制M1、2、3的接通；按下SB2、SB4、SB6控制M1、2、3停止；自身动作时，系统将在PLC程序下运行。

自动运行指示灯是HL10。只会给变频器提供复位的提示，电流流过中间继电器，KA吸合对变频器进行控制。图中的Q0.0~Q0.5及Q1.1~Q1.5为PLC的输出点，可结合图4-22一起读图。

手动控制：将SB1接通，触点KM2有电，KM1线圈有电常开KM1吸合，完成锁定。

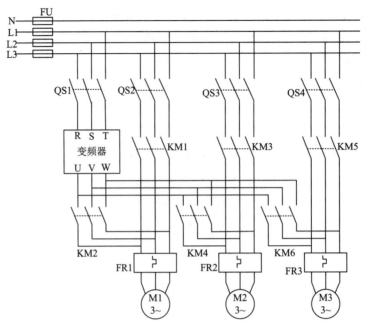

图4-26　主电路图

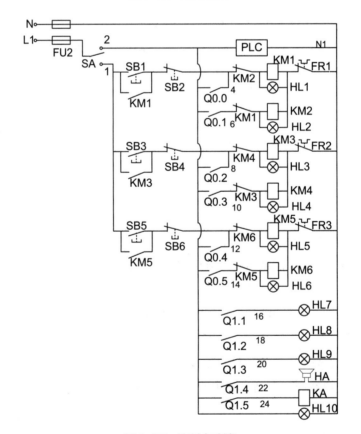

图4-27　控制电路图

M1处于工频环境。按下SB2回路断电，M1停止运行。同理，剩下的两个手动回路也是一样的运行规则，都是用同样的方法控制M2、M3的启/停。

自动控制：自动控制由PLC控制。Q0.0在吸合的时候传递1号泵工频信号，指示灯HL1亮；KM1常闭截断，KM1、KM2互锁；Q0.1吸合的时候给1号泵传递变频信号，指示灯HL2亮；KM2常闭截断，KM2、KM1互锁。同样的操作方式在2号、3号泵上也可以用。Q1.1吸合，HL7灯亮，对水位上下限报警；Q1.2吸合，HL8灯亮，报警灯给变频器故障报警；Q1.3吸合，HL9灯亮，供水在白天进行；Q1.4吸合，供水系统出现故障，报警喇叭（HA）的警铃响；Q1.5吸合，变频器复位；在自动运行的时候，HL10常亮。

## 三、系统软件设计

### （一）系统程序设计

根据系统PLC的结构形式和对工作环境的要求，需要软/硬件有很好的兼容性，没有逻辑冲突的情况。利用相应的编程语言指令写出与实际要求相对应的程序并对程序进行验证。

整个系统以PLC为控制核心，模块中各I/O口负责接收或发射各种信号，通过在RUN运行模式下的主机进行循环扫描来对程序命令进行控制。其中，各I/O口功能如表4-9所示。

表4-9　I/O功能表

| 器件地址 | 功能 | 器件地址 | 功能 |
| --- | --- | --- | --- |
| VD100 | 过程变量值 | VD310 | 变频运行存储器 |
| VD104 | 压力给定值 | T33 | 工频/变频转换 |
| VD108 | PID计算值 | T34 | 工频/变频转换 |
| VD112 | 比例系数Kc | T35 | 工频/变频转换 |
| VD116 | 采样时间Ts | T37 | 工频加泵时间控制 |
| VD120 | 积分时间Ti | T38 | 工频减泵时间控制 |
| VD124 | 微分时间Td | M0.0 | 故障结束信号 |
| VD204 | 变频启动下限 | M0.1 | 变频启动（增泵） |
| VD208 | 变频启动上限 | M0.2 | 变频启动（减泵） |
| VD250 | PID调节、存储 | M0.3 | 倒泵变频启动 |
| VB300 | 变频工作泵编号 | M0.4 | 复位目前变频泵 |
| VB301 | 工频运行泵数 | M0.5 | 目前工频泵运行 |

| 器件地址 | 功能 | 器件地址 | 功能 |
|---|---|---|---|
| M0.6 | 新泵变频启动 | M2.2 | 泵工频/变频转换 |
| M2.0 | 泵工频/变频转换 | M3.0 | 故障信号汇总 |
| M2.1 | 泵工频/变频转换 | M3.1 | 水池水位越限 |

主程序流程图如图4-28所示。其中，水泵的变频和工频运行都以2号泵进行演示。如图4-29和图4-30所示。变频：启动开始，有无需要变频的信号？有。信号是否传输给2号泵的？是。系统有没有运行逻辑问题？没有。有没有变频复位信号？没有。2号泵是否工频运行？否。2号泵变频运行，程序结束。工频：启动开始，有没有工频启动的信号？有。几号泵变频运行？1号泵、3号泵变频运行。工频泵运行数是否大于0？是。工频泵运行数是否大于1？是。2号泵是否变频运行？不是。2号泵工频运行，程序结束。其中1号泵和3号泵都是一样的运行方式。

如图4-28所示，主程序包括以下几部分。程序初始化，设定原始值；确定工频泵运行数，实时增加和减少水泵；确定变频泵号；通过实际情况将工频泵和变频泵相比较；进行报警和故障处理。

### （二）PLC应用程序设计

STEP7是西门子公司一种用于对PLC进行组态和编程的专用系统集成软件，其中STEP7Micro/DOS和STEP7Micro/Win适用于S7-200系列分布式I/O站的简单独立的系统编程、维护和调试，支持LAD（梯形图）、FBD（功能块）和STL（语句表）。

PLC主程序如下。

程序1——主程序

```
LD SM0.0
LPS//入栈
CALL  SBR_0  //调用PID初始化子程序
A  I0.4
CALL  SBR_3  //调用手动处理子程序
LRD
AN I0.4
CALL  SBR_2  //调用自动处理子程序
LPP
CALL  SBR_8  //调用报警子程序
```

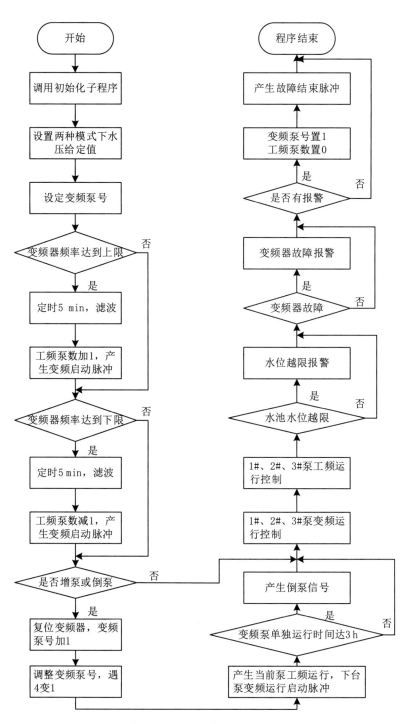

**图4-28　系统主程序流程图**

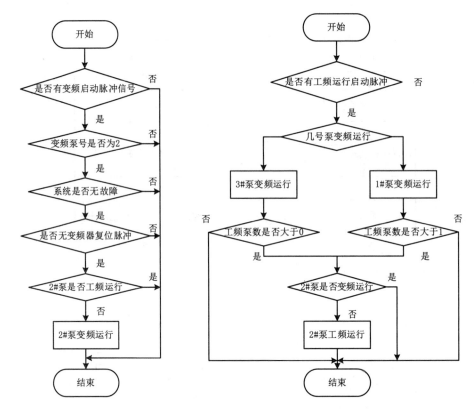

图4-29 水泵变频运行控制流程图　　　图4-30 水泵工频运行控制流程图

程序2——自动运行程序

  LD SM0.0

  LPS

  CALL SBR_9 //调用

  CALL SBR_12 //调用

  AN I0.4

  CALL SBR_11 //手动转成自动时清强制继电器

  LRD

  AN M0.5//无减泵信号

  AN M0.4//无加泵信号

  CALL SBR_0 //运行PID子程序

  LRD

  AN M0.5

  A M0.4//需加泵

  CALL SBR_6 //运行加泵子程序

R T37，1 //复位定时器

LPP

AN M0.4//需减泵

A M0.5//运行减泵子程序

CALL　SBR_7

R T38，1 //复位定时器

程序3——手动运行程序

LD SM0.0

LPS

A I0.6

CALL　SBR_10

LRD //有强制关闭信号，关闭有输入信号的泵

AN I0.6

A I0.5 //只有工频触点有输入信号，强制关闭无信号

CALL　SBR_4　//运行强制工频子程序

LRD

CALL　SBR_5　//运行强制检测子程序

LPP

CALL　SBR_2　//完成手动要求按自动方式运行

程序4——开机检测程序

LD SM0.0

LPS

A I0.0//1号泵有信号

= M0.0//1号做标记

LRD

A I0.1//2号

= M0.1

LRD

A I0.2//3号

= M0.2

LRD

AN I0.0//1号无信号

R M0.0，1 //1号清除标记

LRD

AN I0.1//2号

R M0.1, 1

LRD

AN I0.2//3号

R M0.2, 1

程序5——故障报警程序

LD SM0.0

LPS

A I1.0//没有停止报警信号

AN I0.7//有需要报警信号

= Q1.1//输出报警

LPP

A I0.7//有停止报警信号

AN I1.0//没有需要报警信号

R Q1.1, 1 //停止报警

以上是恒压供水控制系统的软件设计和系统流程图的运行过程。主要介绍了系统主程序里面的自动运行程序、手动运行程序，开机检查程序、故障报警等主要程序。

## 四、系统调试

设计任务的最终目的是需要PLC作为供水控制器在设计好的系统中能够控制每一个设备正常工作。PID计算的时候需要用到传感器采集的模拟量对数据进行处理和修改。

（一）对比参数的设定

变频器的主要参数设置如下。

频率上限：Pr1=50 Hz

频率下限：Pr2=20 Hz

标准频率：Pr3=50 Hz

加速时间：Pr7=15 s

减速时间：Pr8=30 s

过电流保护：Pr9=电动机的额定电流

启动频率：Pr13=10 Hz

多段速度设定：Pr4=20 Hz

智能模式选择为节能模式：Pr60=4

设定端子4/5间的模拟量输入为：4~20 mA，Pr267=0

允许所有参数的读/写：Pr160=0

操作模式选择（外部运行）：Pr79=2

压力传感器主要对比参数设置：

传感器量程：0~1 MPa

报警压力：超过0.5 MPa

精确值：小数点后一位

信号类型：0~5 V（远传压力表）

最低温度：周围环境–10 ℃

最高温度：周围环境60 ℃

最低电压：12 V

最高电压：24 V

液位传感器主要对比参数设置：

传感器量程：0~200 m

低于水位报警：蓄水池最低液位

超过水位报警：蓄水池最高液位

精确值：个位

信号类型：0~5 V

最低温度：周围环境–30 ℃

最高温度：周围环境70 ℃

最低电压：15 V/DC

最高电压：30 V/DC，超过30 V会损坏

（二）系统运行过程分析

参数设定完毕后，开始下载程序。主程序开始初始化，在触摸屏上面显示手/自动参数以及各模拟量采集的数。系统开始执行PID算法，从RS-485总线进行传输相对应的命令到各个对应的子程序进行处理。其运行过程如图4-31所示。

（三）系统运行结果

在系统的监控界面可以对水压的设定值进行设定，可以根据实际情况选择手动或者自动运行。还可以实时地看到1号、2号、3号泵的运转情况，如运行频率、电机转

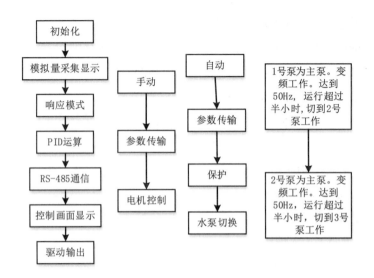

**图4-31 系统运行过程**

速、流量多少、水位高低。也可以对水压系统故障进行警示提醒。系统运行界面如图4-32所示。

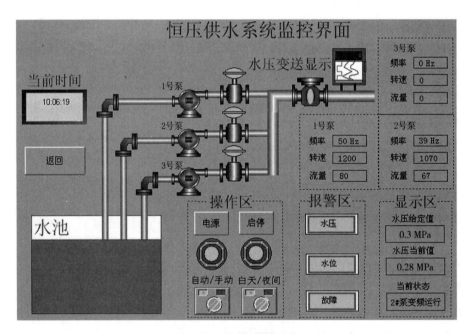

**图4-32 系统运行界面**

以上介绍了系统硬件对比参数设置。系统的运行过程分析，从主程序的运行过程到手动运行的时候和到自动运行的时候以及每一个水泵之间运行时间长短和切换时间。最终得到系统运行仿真结果图。

# 习题

1.恒压供水系统已经经过了几个发展阶段？分别是什么？

2.恒压供水数据采集分几部分？分别是什么？

3.FX2N-4AD模拟量输入模块的作用是什么？

4.传统的供水方式有什么缺点？

5.变频调速恒压供水设备有什么优势？未来的供水方式如何发展？

6.压力监测系统中有必要测量和控制的压力指的是什么压力？

7.信息处理模块包括什么？分别运用什么？

8.抗干扰常采用什么方法？

9.恒压供水系统分为哪几个部分？分别是哪几个部分？由什么构成？

10.FROM和TO指令的作用分别是什么？

11.如何调整FX2N-4DA的I/O特性？

12.PLC工作过程分为哪几个阶段？分别是什么？

# 第五章

## 立体车库控制系统

# 第一节 立体车库技术基础

## 一、立体车库概述

随着我国社会经济可持续发展，各类汽车逐渐成为家庭代步工具，导致停车困难问题在某些城市日益突出。许多车主到达目的地后，需要耗费大量时间寻找停车位，尤其是在商业区等公共场所。

与传统的停车场相比，三维立体车库有以下好处。

（1）对于拥有严格的国内土地使用规定和大量私人汽车的城市，从原始面积来看，充分利用上层空间，改善使用土地，能够有效地解决停车问题。

（2）停车位数量正在最大化，所以当汽车到达停车地点时，寻找停车位的时间就会减少。

（3）减少一些车主在道路两侧停车的现象，以及在平坦的停车场缺乏停车位，导致车辆和车辆相撞的问题。

目前有九类机械三维车库在国内外使用，其中升降横移类、垂直升降类及巷道堆垛式是最广泛使用的。在国内使用较多的是升降横移类型的立体车库，使用起来比较简便，费用也比较适中。

升降横移立体车库的结构设计相对于其他类型来说比较特殊，简单说明其操作过程，就是以三层横向为例，通过升降和横向移动这两种操作来实现对车位的控制。当一楼和二楼没有停车位时，车辆必须将车停在三楼的停车位上。

垂直升降的三维车库也有两种不同的类型：垂直提升和垂直循环。这种三维车库以面积小、智能化程度高、价格昂贵为主要特点。工作原则：车辆到立体车库停车，通过电梯将车辆运送到不同楼层的停车空间，巧妙的将车辆合理停放，取车时根据车主提供的车牌号码，升降机取出车辆，放置在一楼，车主就可以将车取走，这种提升机构的工作原理与电梯相同。

巷道堆垛式车库的主要优势是低能耗、高自动化技术、更高的智能化、更高的安全可靠性等，缺点是等候时间长、进出少、成本高等。在这样的立体车库中，堆垛作为收容车的装置将搬运器上的车辆横向、纵向由巷道堆垛或桥吊移至存车场，通过收容车实现有序收容，主要包括进出口设备、库内搬运设备等五大部分。

## 二、立体车库控制技术基础

三维机械车库对安全性的要求高，重点关注机械框架、升降机构、横移机构和载车板等关键部件。机械框架主要分为主结构支撑和内部结构支撑，前者承担车库本身和停放车辆的重量，后者形成车辆停放区域和分担各部件的重量。载车板作为支撑装置，车主需将车辆停放在上面，通过升降横移电机的驱动，实现车辆在不同层之间的移动。升降机构和横移机构是主要的传动机构，其中升降机构为载车板提供动力。

图5-1是升降机构的结构简图。其中，光电感应器的作用在于检测车辆是否到位，为了防止出现意外，车库在没有检测到车辆时，不会进行下一步的工作。

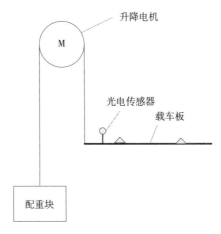

**图5-1 升降机构的结构简图**

横移机构是保证车辆在车库横向移动的动力机构，是重要的机构之一。一层横移机构的简图（俯视图）如图5-2所示。从图中可以看到车位x13在电机和轨道的作用下，从3号位移到了4号位。

安全保护装置是立体停车设备的重中之重，在本文提到的升降横移立体车库中，大量的传感器用于车辆停放时的安全和保障，各传感器的功能如下。

（1）用来探测车辆是否到了安全停放点的光电传感器。

（2）一种内部光电传感器，用于检测是否有人进入，确保人身安全。

（3）在静止时不小心碰到设备时使用安全钩，这样可以减少因载车板滑落而发生事故，大大提高了立体车库的安全性。

三相异步电机作为整个系统的主要电源，是整个系统传动的主要部件。电机的两

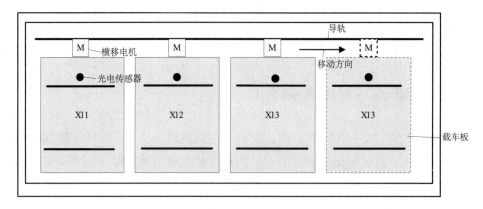

**图5-2　一层横移机构简图（俯视图）**

个基本部件由定子和转子组成，还包机盖和风扇等附件部件。

其工作原理：当三相电机的定子绕组（每个阶段不同的120°）采用三相交流电后，将成立一个旋转磁场与转子绕组感应，磁场线运动将切断磁场中旋转的转子绕组并感应电流，从而产生电磁力，使其在电动机转轴上形成电磁转矩，从而驱动电动机转动方向和磁场方向是同向的，从而实现电动机的正向转动；若电动机反转，则对调三相电源中的任意两相电，则使其反转[3]即可实现。

利用电机的特性，可以将其应用在载车板上，使载车板能够具备相同的转动功能。通过合理设计和控制，实现载车板的升降和横移运动，以实现车辆在不同层之间的停放。

目前立体车库电机主要采用交流异步电机，其表达式：

$$N = n_0(1-S) = \frac{60f_0}{P}(1-S) \qquad (5-1)$$

式中：$N$——电动机的转速；

$n_0$——电动机同步转速；

$f_0$——供电电源频率；

$P$——电动机极对数；

$S$——转差率。

由式（5-1）可知，改变异步电动机的转速由以下方式。

（1）变极调速：改变电机的极对数，以达到调速的目的。

（2）变频调试：通过改变电源频率来达到速度控制的目的，如这两种类型的速度控制的性能达到最大，转差率不变，只是改变同步转速。

（3）它还提供了速度控制的方法，如定子调压、转子串电阻、电磁转差、串级调速等调速方式，所有这些都将改变转差率，以达到速度控制的目的。本文中应用的就是变频调速。

# 第二节 运动控制技术

随着科技的不断进步，PLC逐渐取代了工业环境中的单片机，其功能远远超越了单片机。PLC具有控制，资料的收集、保管和处理，通信、网络方面，人机接口，程序设计，调试等功能。

PLC 以持续循环的扫描模式运行，从 CPU 接收到第一条指令时开始扫描，直到最后一条指令完成扫描，而循环扫描模式则使 PLC 持续扫描程序中的所有指令。图5-3为PLC的工作流程图。

**图5-3 PLC的工作流程图**

在机械工作中，速度和工作精度之间通常存在一种折中关系。当我们试图加快速度以提高机械效率时，可能会面临停车控制的问题。

## 一、定位控制技术

（一）脉冲发生器模块FX2N-1PG

1.概况

三菱PLC的专用扩展功能模块FX2N-1PG被称为脉冲发生单元PGU（pulse generation unit），它可以生成高达100 kHz的脉冲输出频率（或称为pls/s，即每秒脉冲数）。这个模块可以用于精确控制步进电机或伺服电机的位置和速度。通过逻辑控制器FX2N-1PG，我们可以发送指定数量的脉冲给步进电机或伺服电机驱动器，从而实现单轴的定位控制。

FX2N -1PG脉冲发生单元组成的定位控制系统如图5-4所示。

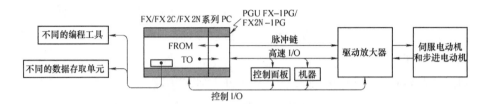

图5-4　FX2N-1PG脉冲发生单元组成的定位控制系统

2.输入/输出端子和控制信号

FX2N-1PG脉冲发生单元的输入/输出端子分配如图5-5所示。

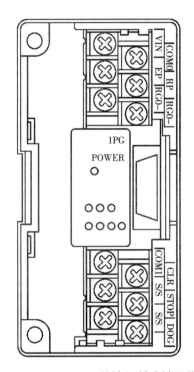

图5-5　FX2N-1PG的输入/输出端子分配

FX2N-1PG脉冲发生单元面板指示灯功能见表5-1。

FX2N-1PG的输入/输出信号及其功能见表5-2。

表5-1　FX2N -1PG脉冲发生单元面板指示灯功能

| LED | 功能 |
| --- | --- |
| POWER | 显示PGU的供电状态，PC提供5V电压时亮 |

续表

| LED | 功能 | |
|---|---|---|
| STOP | 输入STOP命令时亮，由STOP端子或BFM#2561使用时亮 | |
| DOG | 由DOG输入时亮 | |
| PG0 | 输入0点信号时亮 | |
| FP | 输出前向脉冲或脉冲时，闪烁 | 可以使用BFM#3b8调整输出格式 |
| RP | 输出反向脉冲或方向时，闪烁 | |
| CLR | 输出CLR信号时亮 | |
| ERR | 发生错误时闪烁。当发生错误时不接受启示命令 | |

表5-2 FX2N -1PG输入/输出信号功能

| 信号类型及代号 | | 功能 |
|---|---|---|
| 输入信号 | STOP | 减速停止输入，在外部命令操作模式可起到停止命令输入作用 |
| | DOG | 根据操作模式提供以下不同功能：机器原位返回操作；近点DOG输入；中断单速操作；中断输入；外部命令操作；减速停止输入 |
| | S/S | 24 VDC 电源端子，用于STOP输入和 DOG输入，连接到 PLC的传感器电源或外部电源 |
| | PGO+ | 原点信号的电源端子，连接伺服放大器或外部电源（5~24V DC，20 mA或更小） |
| | PGO- | 从驱动单元或伺服放大器输入原点信号，响应脉冲宽度：4 ns或更大 |
| 输出信号 | VIN | 脉冲输出的电源端子（由伺服放大器或外部单元供电），5~24 VDC，35 mA或更少 |
| | FP | 输出正向脉冲或方向的端子，10 Hz~100 kHz，20 mA或更少（5~24DC） |
| | COMO | 脉冲输出的公共端 |
| | RP | 输出反向脉冲或脉冲的端子，10 Hz~100 kHz，20 mA 或更少（5~24DC） |
| | COMI | CLR 输出的公共端 |
| | CLR | 剩余定位脉冲清除。5~15 VDC，20 mA 或更少，输出脉冲宽度：20 ms |

### 3.输入/输出性能规格

FX2N-1PG脉冲发生单元的输入/输出性能规格见表5-3。

表5-3 FX2N -1PG输入/输出信号功能性能规格

| 项目 | 性能规格 | |
|---|---|---|
| 驱动电源 | +24 V（用于输入信号）；<br>+5 V（用于内部控制）；<br>用于脉冲输出； | 24 VDC ±10%，消耗的电流：40 mA或更少，由外部电源或PC的24+输出供电，5 VDC，55 mA，由PC通过扩展电缆供电5 V~24 VDC 消耗的电流：35 mA或更少 |

| 项目 | 性能规格 |
|---|---|
| 占用的I/O点数 | 每一个PGU占用8点输入或输出 |
| 控制轴的数目 | 1个（一个PC可以最多控制8个独立的轴） |
| 脉冲频率 | 10 Hz~100 kHz（指令单位可内部折算，单位可在HZ、cm/min、10deg/min和inch/min中选择） |
| 定位范围 | 0 ~ ±999.999（指令单位可选） |
| 脉冲输出格式 | 可以选择前向（FP）和反向（RP）脉冲或带方向（DIR）的脉冲（PLS）。集电极开路的晶体管输出。5~24VDC，20 mA或更少 |
| 外部I/O | 为每一点提供光耦隔离和LED操作指示<br>3点输入：（STOP/DOG）2VDC，7 mA和（PGO#1）24 VDC，20 mA<br>3点输出（FP/RP/CLR）：5~24 VDC，20 mA或更少 |
| 与PC的通信 | 在PGV中由16位RAM（无备用电池）缓存（BFM）#0~#31<br>使用FROM/TO指令可以执行与PC间的数据通信<br>当两个BFM合在一起可以处理32位数据 |

当电源从PG0+端子流到PG0–端子时，输入一个0点信号PG0。

4.缓冲存储器（BFM）和设定参数说明

PLC使用FROM（读取）、TO（写入）指令设定FX2N –1PG单元的各种参数、读出定位值和运行速度等，这些都是通过读写FX2N –1PG内部的缓冲存储器（BFM）实现的。FX2N –1PG脉冲发生单元内部的缓冲存储器分配及其功能含义见表5-4。

表5-4　FX2N –1PG内部的缓冲存储器分配及其功能含义

| BFM编号 | | 功能含义 | 备注 |
|---|---|---|---|
| 高16位 | 低16位 | | |
| — | #0 | 脉冲速率（每转脉冲数） | 1 ~ 32767PLS/REV，初始值：2 000PLS/REV |
| #2 | #1 | 进给速率（每转对应的移动距离） | 1 ~ 999 999，初始值：1 000PLS/REV |
| — | #3 | 以二进制码输入的基本参数 | 其各位含义详见后面参数说明 |
| #5 | #4 | 最高速度Vmax | 10 ~ 100 000 Hz，初始值：100 000 Hz |
| — | #6 | 基底速度（最低速度）Vbia | 0 ~ 1 000 Hz，初始值：0 Hz |
| #8 | #7 | 手动速度VJOG | 10 ~ 10 000 Hz，初始值：10 000 Hz |
| #10 | #9 | 原点返回速度（高速）VRT | 10 ~ 10 000 Hz，初始值：50 000 Hz |
| — | #11 | 原点返回速度（爬行速度）VCR | 10 ~ 1 000 Hz，初始值：1000 Hz |
| — | #12 | 用于原点返回的零点计数脉冲数N | 0 ~ 32767PLS，初始值：10PLS |

| BFM编号 | | 功能含义 | 备注 |
|---|---|---|---|
| 高16位 | 低16位 | | |
| #14 | #13 | 原点位置定义HP | 电动机系统, 0 ~ 999 999PLS; 机器系统/复合系统, 0 ~ ±999 999, 初始值: 0 |
| — | #15 | 加减速时间Ta | 50 ~ 5 000ms, 初始值: 100ms |
| — | #16 | 内部保留 | — |
| #18 | #17 | 定位位置（Ⅰ）定位点1的位置设定P（Ⅰ） | 0 ~ ±999 999, 初始值: 0 |
| #20 | #19 | 定位速度（Ⅰ）定位点1的运行速度设定V（Ⅰ） | 10 ~ 10 000 Hz, 初始值: 10 Hz |
| #22 | #21 | 定位位置（Ⅱ）定位点2的位置设定P（Ⅱ） | 0 ~ ±999 999, 初始值0 |
| #24 | #23 | 定位位置（Ⅱ）定位点2的运行速度设定V（Ⅱ） | 10 ~ 10 000 Hz, 初始值10 Hz |
| — | #25 | 以二进制码输入的控制命令信号 | 其各位含义详见后面参数说明 |
| #27 | #26 | 当前位置 | 自动写入–2 147 483 648 ~ 2 147 483 647 |
| — | #28 | 以二进制码输入的内部状态信号 | 其各位含义详见后面参数说明 |
| — | #29 | 错误代码 | 当错误发生时, 错误代码被自动写入 |
| — | #30 | 模块ID号 | ID号"5110"被自动写入 |
| — | #31 | 内部保留 | — |

5.各种操作模式简介

FX2N–1PG模块的定位控制模式有手动、回原点、单速定位、中断单速定位、双速定位、变速定位和外部控制定位七种操作模式。下面简要介绍各种操作模式与需要设定的BFM参数（基本参数和控制命令信号）的关系。

（1）手动（JOG，或称为寸动）操作。手动操作是FX2N–1PG最常用、最基本的操作方式。为了实现手动操作，需要设定BFM基本参数和相关控制信号。

设定参数包括：

BFM#5，BFM#4：最高运行速度。

BFM#6：基底速度。

BFM#8，BFM#7：手动运行速度。

BFM#15：加减速时间。

控制命令信号包括：

BFM#25中的bit4：正向手动启动信号。

BFM#25中的bit5：反向手动启动信号。

手动操作模式下的运行过程如图5-6所示。

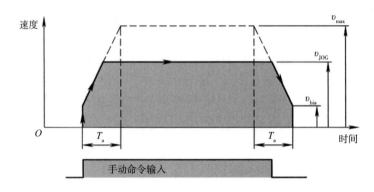

图5-6　手动操作模式下的运行过程

（2）回原点操作。回原点操作为FX2N-1PG的常用操作模式之一。与回原点有关的BFM基本参数和相关控制信号如下。

设定参数包括：

BFM#10，BFM#9：回原点高速。

BFM#11：回原点爬行速度。

BFM#12：回原点零点信号脉冲计数。

BFM#14，BFM#13：原点位置设定。

BFM#3中的bit12：DOG信号极性设定。

控制命令信号包括：

BFM#3中的bit10：回原点方向设定。

BFM#25中的bit6：回原点启动信号。

另外与原点有关的外部输入信号还有DOG（原点检测近点信号）、PG0（零点脉冲计数信号）等。

例如，要求当减速开关DOG放开后进行PG0计数，零点脉冲计数信号为1次，回原点方向为增加方向（正向），则需要设定的参数如下：

BFM#3中的bit13="1"；

BFM#12="1"；BFM#3中的bit10="1"。

回原点操作模式下的运行过程如图5-7所示。

当回原点启动信号BFM#25中的bit6="1"（上升沿有效）时，运动轴启动并以（BFM#10，BFM#9）中定义的回原点高速正向运行。

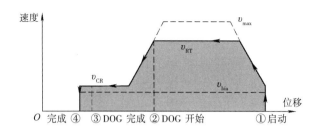

图5-7 回原点操作模式下的运行过程

在运动过程中，如果外部减速开关DOG被打开（DOG信号为ON），则根据BFM#3中的bit12的设置情况，DOG信号的有效极性将有所不同。当满足条件时，运动轴将立即减速到BFM#11设定的回原点爬行速度，并开始搜索原点位置。这样设计可以确保运动轴能够安全、准确地找到原点。

当外部减速开关DOG处于"放开"状态（DOG信号为OFF）时，系统开始计算输入的PG0零点脉冲数量。当PG0零点脉冲计数值达到BFM#12所定义的设定值时，系统将该时刻对应的位置视为原点位置。通过这种方式，可以确定步进电机或伺服电机的原点位置，并进行后续的运动控制。这种方法可以降低机器的运动误差，确保精确的定位。

需要注意的是，当设置了BFM#3中的bit3为"0"时，外部减速开关DOG被打开时系统会开始计算输入PG0的零点计数脉冲数量。当PG0的脉冲计数数值达到BFM#12所设定的数值时，系统将该PG0脉冲对应的位置作为原点位置。这样设计能够确保机器在找到原点位置后进行准确的运动控制，请注意，这样的设置可以帮助降低运动误差，提高定位的精度。

运动轴到达原点后，模块立即停止输出脉冲，并将当前位置的计数值自动变为（BFM#14，BFM#13）中设定的数值。同时，BFM#28中的bit2即回原点结束信号自动设置为"1"，并输出计数清除信号CLR。

（3）单速定位操作。与单速定位操作有关的BFM基本参数和相关控制信号如下。

①设定参数包括：BFM#18，BFM#17：定位位置设定1；BFM#20，BFM#19：定位运行速度1；BFM#25中的bit7：位置给定形式。

②控制命令信号包括BFM#25中的bit8：单速定位启动信号；BFM#25中的bit9：单速定位中断信号。

单速定位操作模式下的运行过程如图5-8所示。

单速定位的位置给定形式可以通过BFM#25中的bit7（位置给定形式）进行选择。其中，"绝对位置形式"表示目标位置相对于坐标原点（通过回原点操作自动设定）的固定坐标点进行指定，与定位起点位置无关；而"增量位置形式"表示目标位置以实际运

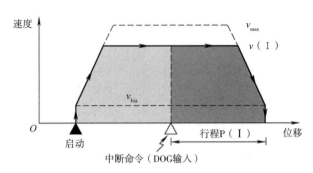

图5-8 单速定位操作模式下的运行过程

动距离的形式进行指定，即目标位置相对于当前位置的运动距离数值，具体的目标位置取决于定位起点位置。通过设置BFM#25中的bit7，我们可以选择适合需求的位置给定形式，以实现精确的定位控制。

通过控制信号BFM#25中的BIT9（单速定位中断）或STOP（Stop）信号，可以使单速定位停止。当单速定位被STOP信号中止后，可再次通过BFM#25中的BIT8（单速定位起动信号）进行启动。而最后的剩余行程是否继续完成，则要看BFM#3中BIT15的设定（剩余行程处理设定在停止后）。也就是说，根据bit15的设置，可以决定在重新启动后是否继续完成上次剩余的行程。

（4）中断单速定位操作。与中断单速定位操作有关的BFM基本参数和相关控制信号如下。

①设定参数包括：BFM#20，BFM#19：定位运行速度1；BFM#18，BFM#17：定位位置设定1；BFM#25中的bit7：位置值的给定形式。

②控制命令信号是BFM#3中的bit13，即单速定位中断信号。

中断单速定位操作模式下的运行过程如图5-9所示。

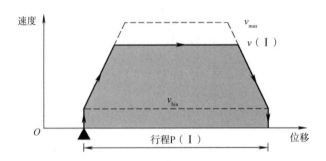

图5-9 中断单速定位操作模式下的运行过程

当启动条件由OFF变成ON时，电动机以定位运行速度1（BFM#20，BFM#19）开始运转，在中断条件变为ON后，继续移动目标到由定位位置设定1（BFM#18，BFM#17）

设定的移动距离（只可指定相对位置形式）。

当启动是当前位置计数器将被清为0，直到中断条件变为ON后，当前位置计数器才会变化，当停止时当前位置与定位位置设定1的内容将会相同。

当与绝对位置形式指定动作一起使用时，应当特别注意轴实际运动的距离和方向。

中断信号是通过检测DOG信号输入信号的变化产生的（DOG信号由OFF变为ON或者由ON变为OFF）。

（5）双速定位操作。与双速定位操作有关的BFM基本参数和相关控制信号如下。

①设定参数包括：BFM#18，BFM#17：定位位置1设定；BFM#20，BFM#19：定位运行速度1设定；BFM#22，BFM#21：定位位置2设定；BFM#24，BFM#23：定位运行速度2设定；BFM#25中的bit7：位置值的给定形式。

②双速定位的位置给定形式也可以通过控制信号BFM#25中的bit7进行选择，可选项包括"绝对位置形式"和"增量位置形式"。在双速定位完成后，模块会发出定位完成信号，即BFM#28中的bit8会自动置为"1"。

③控制命令信号BFM#25中的bit10，即双速定位启动信号。双速定位操控模式下的运行过程如图5-10所示。

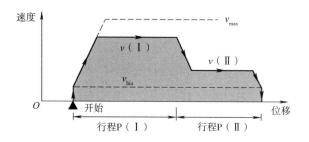

**图5-10 双速定位操作模式下的运行过程**

（6）变速定位操作。变速定位操作是一种不进行模块位置控制的定位模式。

在变速运动中，需要设定参数定位速度1，即（BFM#20，BFM#19）中的数值。然后，通过相关控制信号"变速定位启动信号"，即BFM#25中的bit12，来启动变速定位。当BFM#25中的bit12变为"1"时，运动轴将以（BFM#20，BFM#19）中定义的速度进行运动。在运动过程中，可以通过不断改写（BFM#20，BFM#19）中的数值来实现速度的改变。整个变速定位操作模式的运动过程如图5-11所示。

在变速运动中，需要特别注意变速运动方向的改变与单速或双速定位是不同的。在单速或双速定位中，运动方向取决于给定的位置值，模块会根据当前位置与目标位置的关系来确定运动方向。

然而，在变速运动中，要改变运动方向，需要在（BFM#20，BFM#19）中给定一

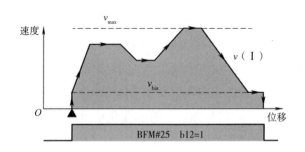

图5-11 变速定位操作模式下的运行过程

个负的速度值，并且在改变方向前需先停止当前的变速定位动作，即将BFM#25中的bit12设为"0"。

（7）外部定位操作。外部定位操作是一种模块不进行位置控制，而由外部信号决定定位点的双速定位模式。

当外部定位启动信号BFM#25中的bit11为"1"时，运动轴以（BFM#20，BFM#19）给定的速度运动。

在运动过程中，如果外部减速信号DOG有效，运动轴减速到（BFM#24，BFM#23）定义的速度继续运动。

停止外部定位操作需要通过模块的STOP信号进行控制。在外部定位运动中，旋转方向的改变与变速运动方向的改变相同，都需要在（BFM#20， BFM#19）中给定负的速度值。此外，在外部定位中，减速速度（BFM#24， BFM#23）的数值始终为绝对值，并且其运动方向与（BFM#20， BFM#19）中定义的方向保持一致。

外部定位需要设定的参数包括。BFM#20，BFM#19：定位速度；BFM#24，BFM#23：减速速度。

有关的控制信号是BFM#25中的bit11（外部定位启动信号）和外部输入信号DOG和STOP等。

外部定位操作模式下的运动过程如图5-12所示。

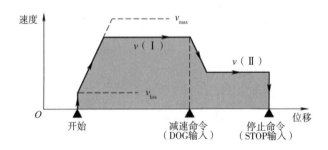

图5-12 外部定位操作模式下的运行过程

外部定位的启动由BFM#25中的bit11进行控制，而减速和停止操作只能通过外部输入的DOG和STOP信号进行控制。

6.编程示例

（1）定位控制要求。某定位系统由FX2N基本单元扩展FX2N-1PG、驱动伺服驱动器MR-J2S实现工作台的单速定位功能。该定位系统设有回原点、手动、单速定位三种操作模式，具体要求如下。

①回原点操作。按下"回原点"操作按钮时启动回原点操作，电动机运行，带动工作台回到机器的原点位置。

②手动操作。当按下并且保持"正向手动"或"反向手动"（JOG+或JOG-）按钮时，电动机带动工作台执行"正向"或"反向"的手动运动。

③定位操作。按下自动运行按钮，电动机带动工作台以正向增量位置形式前进10 000 mm，到达指定位置指示灯点亮，暂停2S后再后退10 000 mm。

（2）各操作模式驱动示意图。各种运行模式说明如下。

①回原点操作。回原点操作过程如图5-13所示。

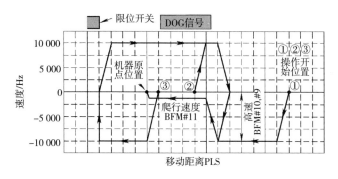

**图5-13 回原点操作过程**

回原点运行时，按照电动机拖动运动部件所在位置的不同则运动路径也不同。

第一，电动机拖动的运动部件在通过DOG开关之前DOG近点信号为OFF状态，此时运动路径为图5-13中①指示的路径。在运动部件启动或按照回原点高速（BFM#10，BFM#9）运行，压下DOG开关后转换为爬行速度（BFM#11），在接收到指定的零点技术脉冲后即认为当前位置为原点位置。

第二，电动机拖动的运动部件已经压下了DOG开关使DOG近点信号为ON，此时的运动路径为图5-13中②指示的路径。运动部件首先要向右（计数器增大方向）运动使DOG释放为OFF，然后再向左（计数器减少方向）高速运行，压下DOG开关转为爬行速度，在接收到指定的零点计数脉冲后即认为当前位置为原点位置。

第三、电动机拖动的运动部件在通过DOG开关后DOG近点信号为OFF状态，此时的运动路径为图5-13中③指示的路径。运动部件首先向左（计数器减少方向）运行撞压限位开关，然后向右运行DOG开关使DOG信号变为OFF后，再马上向左高速运行，压下DOG开关转为爬行速度，在接收到指定的零点计数脉冲后即认为当前位置为原点位置。

②手动操作。手动操作过程如图5-14所示。

③单速定位操作。单速定位操作过程如图5-15所示。

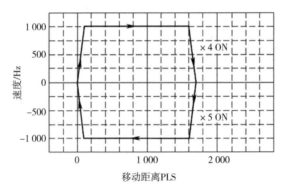

图5-14　手动操作过程

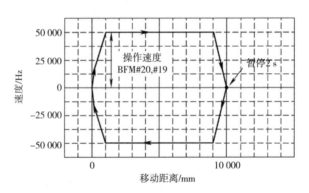

图5-15　单速定位操作过程

（3）系统I/O地址的分配。PLC的I/O分配说明如下。

①FX2N系列PLC的I/O地址如下。X0：错误复位信号，X0为"1"则进行1PG模块的错误复位；X1：外部停止输入；X2：正向脉冲停止输入（正向限位，常闭信号）；X3：反向脉冲停止输入（反向限位，常闭信号）；X4：手动正向（JOG+）运动按钮输入；X5：手动反向（JOG-）运动按钮输入；X6：回原点启动信号按钮输入；X7：自动启动按钮（单速定位操作）；Y0：到位指示灯显示。

②FX2N-1PG的I/O地址如下。DOG：回原点近点减速开关；STOP：减速停止信号开关；PG0：来自伺服驱动器编码器的零点脉冲；FP：前向脉冲信号，输出至伺服放大器的PP端子；RP：反向脉冲信号，输出至伺服放大器的NP端子；CLR：清除滞留脉

冲计数器的输出信号，输出至伺服放大器的CR端子。

（4）定位系统硬件接线 定位系统硬件接线如图5-16所示。

（5）BFM设置 脉冲发生单元FX2N-1PG内部需设置的BFM单元如下。

①BFM#0：设为8192，即脉冲速率为8192PLS/r（这里是以MR-J2为例，该数值随连接的伺服驱动器型号不同而有所不同）。

②BFM#2，BFM#1：设为1 000，仅给速率为1 000 mm/r。

③BFM#3中的b1（即bit1）和b0（即bit0）：分别设为1和0，将系统单位设为复合系统，其中的速度单位为PLS，位置单位为0.001 mm。

④BFM#3中的b5和b4：分别为1和1，即位置数据倍数为103。

⑤BFM#3中的b8：设为0，即前向脉冲。

⑥BFM#3中的b9：设为0，即计数方向为使当前计数器值增大。

⑦BFM#3中的b10：即回原点方向为使当前计数器值减小。

⑧BFM#3中的b12：设为0，即DOG开关信号（原点减速开关）输入极性为"1"有效（为"1"时进行减速）。

⑨BFM#3中的b13：设为1，即零点计数开始点为DOG开关信号输入放开后。

⑩BFM#3中的b14：设为0，STOP输入极性因为接通而停止。

⑪BFM#3中的15：设为0，STOP输入模式为重启后剩余距离驱动模式。

⑫BFM#5，BFM#4：设为50 000，即轴的最高速度为50 000 cm/min。

⑬BFM#6：设为0，即轴的基底速度（最低速度）为0。

⑭BFM#8，BFM#7：设为10 000，即手动运动速度为10 000 cm/min。

⑮BFM#10，BFM#9：设为10 000，即回原点高速为10 000 cm/min。

⑯BFM#11：回原点爬行速度为1 500 cm/min。

⑰BFM#12：设为10，即原点位置为DOG近点减速信号放开后接收到第10个PG0信号的位置。

⑱BFM#14，BFM#13：设为0，即原点到达后位置值为0。

⑲BFM#15：设为100，即加减速时间为100 ms。

⑳BFM#18，BFM#17：设为10 000，即定位位置1的移动距离为10 000 mm。

㉑BFM#20，BFM#19：设为50 000，即定位速度1的运动速度为50 000 Hz。

㉒BFM#25中的bit：设为1，位置形式为相对位置。

（6）定位控制程序。该单速定位系统的定位控制程序如图5-17所示。

定位控制程序说明如下：

①模块基本参数写入部分。首先通过TO指令利用初始化脉冲M8002向1PG写入模块的基本参数，即向BFM#3中赋制定的参数值。

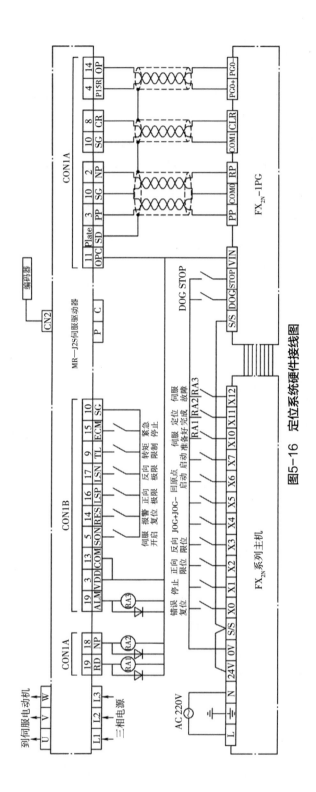

图5-16 定位系统硬件接线图

图5-17 单速定位控制程序

②模块控制命令信号写入部分。为了以单字形式集中地写入模块控制信号，可以通过以下步骤进行操作。PLC的输入信号X经过内部辅助继电器M进行中间存储。将辅助继电器M0～M15中的16个位信号转换成与模块的基本参数控制字BFM#25中一一对应的二进制位信号，并将它们写入模块。这意味着辅助继电器M0对应BFM#25中的第1位信号，M1对应第2位信号，以此类推，直到M15对应第16位信号。

③模块信息读取和自动定位控制部分。为了将模块缓冲存储器中的当前位置和状态信息读取到指定的数据寄存器中，可以使用FROM指令。具体而言，使用FROM指令可以将模块缓冲存储器中的当前位置值放入数据寄存器D10和D11，将模块ID号放入D12，将模块错误代码放入D13。此外，M20～M31中的12个二进制位信号与模块状态字BFM#26中的对应位信号一一对应（实际只用到BFM#26中的9个位）。

在程序的最后，使用两条DCMP指令来比较当前位置与定位终点和原点位置。比较结果会被存放在中间存储位M32、M33和M34（用于定位终点位置比较结果）以及M35、M36和M37（用于定位原点位置比较结果）中。

具体而言，当执行第一条比较指令DCMP时，如果当前位置为10 000 mm（定位终点），则辅助继电器M33会被设置为1。如果当前位置为0（定位原点），则辅助继电器M36会被设置为1。因此，可以根据M33为1时电动机轴应变为反向旋转，带动工作台运动距离为-10 000 mm；而根据M36为1时电动机轴应变为正向旋转，带动工作台运动距离为10 000 mm。

需要注意的是，在以上描述中，DFROM指令用于读取模块，DCMP指令用于比较，且这些指令均为32位的模块读取和比较指令。

而且，当电动机轴带动工作台处于终点且定位完成，则BFM#28中的bit8（定位完成标志位）将变为"1"，程序段中的最后一行通过内部辅助继电器M28的敞开触点接通，驱动定位终点指示灯Y0亮，经定时器T0延时2 s后，再次启动单速定位开始信号，即单速定位启动信号M8的线圈是由单速定位自动开始按钮信号X7的常开触点和M8的常开触点并联后驱动的。

（二）定位控制单元FX2N—20GM

1.三菱FX系列定位控制模块简介

（1）概述。

①利用1台FX2N-10GM可以控制1轴，FX2N-20GM可以控制独立的2轴或者同时实现2轴的直线插补、圆弧插补。

②应用定位专用指令（cod指令）和顺序控制指令，定位模块可以和FX2N系列PLC总线连接配合使用，也可以单独运转。

③定位程序可用专用手提式示教编程板（E-20TP）编写。

④如果将FX-10GM、FX-20GM安装在FX2N系列PLC上，需要和FX2N-CNV-IF一起使用。

（2）定位模块输入/输出规格。FX2N-10GM、FX-20GM定位控制模块的输入/输出规格见表5-5。

表5-5　FX2N-10GM和FX2N-20GM 定位控制模块的输入/输出规格

| 项目 | 内容 | |
|---|---|---|
| | FX2N-10GM | FX2N-20GM/FXE-20GM |
| 控制轴数 | 1轴 | 最大Z轴或独立2轴 |
| 输出点占有数 | 每一台模块占用PLC的8个输入/输出点 | |

续表

| 项目 | 内容 | |
|---|---|---|
| | FX2N-10GM | FX2N-20GM/FXE-20GM |
| 脉冲输出形式 | 开式连接器晶体输出 DC5~24 V | |
| 控制输入 | 操作系统：MANU、FWD、RVS、ZRN、START、STOP、手摇脉冲发生器、步进运转输入 机械系统：DOG、LSF、LSR、中断7点 伺服系统：SVRDY、SVEND、PGO | |
| | 通用：X0~X3 | 通用：基本单元 X0~X7，利用扩展模块可输入 X10~X67 |
| 控制输出 | 伺服系统：FR、RP、CLR | |
| | 通用：Y0~Y5 | 通用：基本单元Y0~Y7，利用扩展模块可输出 Y10~Y67 |

**2.定位控制模块FX2N-10GM**

FX2N-10GM是三菱FX系列的专用单轴定位控制模块，可与FX2N或FX2NC系列PLC连接。该模块可被视为一种简易的数控单元，适用于需要简易定位的数控机床等应用场景。

FX2N-10GM模块通过脉冲形式输出位置值，并且提供了两种输出方式：定位脉冲+方向和正/反运动脉冲。它支持最高200 kHz的脉冲输出频率，最低频率可以达到1 Hz。

每个FX2N系列PLC可以连接最多8个FX2N-10GM模块，而FX2NC系列PLC最多可以连接4个FX2N-10GM模块。

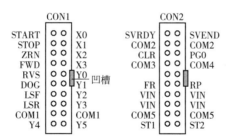

图5-18 FX2N-10GM的I/O连接器信号端子

（1）I/O连接器信号分配及功能。FX2N-10GM的I/O连接器信号端子如图5-18所示。FX2N-10GM的I/O连接器信号端子分配及功能见表5-6。

表5-6 FX2N-10GM的I/O连接器信号端子分配及功能

| 信号类型及连接器针脚号 | | 代号 | 功能说明 |
|---|---|---|---|
| 控制输入信号 | CON1：1脚 | START | 自动操作开始输入。在自动模式的准备状态（当脉冲无输出时）下，当START信号从ON变为OFF时，开始命令被置位且运行开始，此信号被停止命令m00或m02复位 |

| 信号类型及连接器针脚号 | | 代号 | 功能说明 |
|---|---|---|---|
| 控制输入信号 | CON1：2脚 | STOP | 停止输入。当停止信号从OFF变为ON时，停止命令被置位且操作停止，STOP信号的优先级高于START，FID和RVS信号停止操作，根据参数23的设置（0~7）不同而不同 |
| | CON1：3脚 | ZRN | 机械回零点（原点）开始输入手动。当ZRN信号从OFF变为ON时，回零点命令被置位，机械开始回到零点。当回零结束或发出停止命令时，ZRN信号被复位 |
| | CON1：4脚 | FWD | 正向旋转输入（手动）。当FWD信号变为ON时，定位单元发出一个最小命令单位的前向脉冲。当FWD信号保持ON状态0.1 s以上时，定位单元将发出持续的正向脉冲 |
| | CON1：5脚 | RVS | 反向旋转输入（手动）。当FWD信号变为ON时，定位单元发出一个最小命令单位的反向脉冲。当RVS信号保持ON状态0.1 s以上时，定位单元将发出持续的反向脉冲 |
| | CON1：6脚 | DOG | DOG近点信号输入 |
| | CON1：7脚 | LSF | 正向行程限位 |
| | CON1：8脚 | LSR | 反向行程限位 |
| | CON1：9，19脚 | COM1 | 公共端 |
| 通用输入信号 | CON1：11脚 | X0 | 通用输入。通过设定参数，这些针脚可被分配给数字开关的输入 m 代码 OFF 命令、手摇 |
| | CON1：12脚 | X1 | 脉冲发生器、绝对位置ABS检测数据、步进模式等。当被一个参数设置的STEP输入打开时就选择了步进模式程序的执行，根据开始命令的OFF或ON继续到下一行，直到当前行命令结束，步进操作才无效 |
| | CON1：13脚 | X2 | |
| | CON1：14脚 | X3 | |
| 驱动器输入和脉冲输出信号 | CON2：1脚 | SVRDY | 从伺服放大器接收到的READY信号，这表明伺服放大器已经准备好 |
| | CON2：2，12脚 | COM2 | SVRDY和SVEND信号X轴的公共端 |
| | CON2：3脚 | CLR | 输出偏差计数器清除信号 |
| | CON2：4脚 | COM3 | CLR信号（X轴）公共端 |
| | CON2：6脚 | FP | 正向脉冲输出 |
| | CON2：7，8，17，18脚 | VIN | FP 和RP 的电源输入（DC5~24 V，20 mA） |
| | CON2：9，19脚 | COM5 | FP 和 FR 的信号（X轴）公共端 |
| | CON2：10脚 | STI | 当连接到 PGO 为 DC5V 电源时，应短路 ST1 和 ST2 |
| | CON2：11脚 | SVEND | 从伺服放大器接收到的INP信号，表明定位完成 |
| | CON2：13脚 | PGO | 零点接收信号 |
| | CON2：14脚 | COM4 | FGO（X轴）公共端 |
| | CON2：16脚 | RP | 反向脉冲输入 |
| | CON2：20脚 | ST2 | 当连接到 PGO 为 DC5 V 电源时，应短路 ST1 和 ST2 |

| 信号类型及连接器针脚号 | | 代号 | 功能说明 |
|---|---|---|---|
| 通用输出信号 | CON2：10脚 | Y0 | 通用输出。通过设定参数，这些针脚可被分配到数字开关、数字变换的输出、准备信号、m代码、绝对位置（ABS）检测控制信号等 |
| | CON2：15脚 | Y1 | |
| | CON1：16脚 | Y2 | |
| | CON1：17脚 | Y3 | |
| | CON1：18脚 | Y4 | |
| | CON1：20脚 | Y5 | |

（2）FX2N-10GM（FX2N-20GM）的主要参数。FX2N-10GM内部使用的参数较多，主要分为定位参数、I/O控制参数和系统参数三种、因为FX2N-10GM的内部参数与FX2N-20GM的基本相同，所以这里对它们的内部参数一并进行介绍和说明，有关FX2N-20GM的具体使用方法和编程方法后面还会介绍。

在FX2N-10GM模块中，每个内部参数都有自己独立的存储区和参数编号。这些参数与PLC传输所需的缓冲存储器（BFM）的地址和内容是不同的，但它们之间存在着密切的对应关系。可以将模块中的BFM视为特殊功能模块与PLC主机进行数据交互的专用存储区。

FX2N-10GM模块与之前的FX2N-1PG等脉冲发生单元有明显的区别，主要在于内部参数和BFM的处理方式上。

（3）为了实现FX2N-10GM和FX2N-20GM定位控制模块与PLC之间的协调运作，通常不使用模块的外部输入控制信号。在这种情况下，模块的控制信号、参数等需要通过PLC的写入（TO）指令传输到指定的缓冲存储器（BFM）中；同时，PLC可以通过读出（FROM）指令从缓冲存储器（BFM）中读取定位模块的内部参数和工作状态信息。

定位模块的控制信号和状态信号与定位模块内部的特殊辅助继电器一一对应。请注意，缓冲存储器（BFM）的地址和存储内容与定位模块内部存储器的参数地址和设定有区别，需要特别注意它们之间的区别。

3.定位控制模块FX2N-20GM

（1）FX2N -20GM的基本性能及特点。FXFX2N-20GM定位控制模块配备电源，运行系统输入，CPU，机械系统输出和I/O驱动单元等，可以独立运行，不与PLC基本单元相连。该单元模块（NC单元）作为通用I/O有8个输入点和8个输出点，可以对外连接I/O装置，如果20GM的I/O点不足，FX系列PLC的扩展模块可作为20GM的扩展模块与其连接；20GM还可以与FX系列PLC基本单元一起配合使用，此时，20GM定位控制模块作为PLC一个专用的特殊功能模块。一个FX系列PLC可连接至多8个特殊功能模块（包括高速计数器模块、模拟量输入/输出模块和20GM等）。

20GM定位模块的LED能够显示模块的工作状态。它包含7个LED灯，可分别表示电源、X轴准备、Y轴准备、X轴错误、Y轴错误、电池电压低、CPU-E的状态。通过不同LED灯的状态，用户便可判断该模块的工作状态。

FX2N-20GM的特点主要包括以下几个方面：

①20GM能够同时进行执行两轴控制，且可执行直线插补和圆弧插补的连续轮廓轨迹控制。

②20GM既可以不连接到PLC进行独立操作，另外也可以多个定位控制模块连接到一个PLC进行多轴定位操作。

③20GM定位控制模块（可看作简易数控单元），其具有一种专用的定位语言（cod代码）和顺序控制指令（包括基本指令及应用指令）。此外，通过使用带有流程图的编程软件，可以可视化程序开发。

④最大脉冲串输出频率可达200 kHz。

⑤该设备配有绝对位置检测和手摇脉冲发生器连接两种功能。

⑥具有高速启动时间（10 ms）和8个中断输入点，能实现多个高速、多个位置的定位。

（2）I/O分配和I/O扩展连接器。当独立使用FX2N-20GM时，除了FX2N-20GM内部的16个I/O点（8个输入点和8个输出点外），还可增加48个I/O点，也就是总共可以有64个输入/输出点。扩展输入和扩展输出点独立地从距离FX2N-20GM单元最近的地方分配。当FX2N-20GM连接到PLC的基本单元时，FX2N-20GM单元可被看作PLC的功能模块，从离PLC最近的位置算起功能模块的编号0~7将自动分配给需要连接的功能模块。该功能模块编号通过使用FROM/TO指令中FX2N-20GM中的通用I/O点与PLC中的I/O点隔离并且于FX2N-10GM中的I/O点一样占用一台PLC的8个I/O点，其I/O的分配细节参见FX2N/FX2NC系列硬件手册。

FX2N-20G可于FX2N系列扩展模块（不包括继电器输出型）连接，以扩展通用I/O点。FX2N-20GM通过FX2N-CNV-IF可连接到FX2N晶体管或三端双向晶闸输出型的扩展模块上来扩展通用I/O点，扩展点数最大为48点。同步ON比例为50%或更小。

从FX2N-20GM右侧移去扩展连接器盖板，拉起挂钩把扩展模块上的卡爪塞进FX2N-20GM上的装配孔中来进行连接，然后，拉下挂钩以固定扩展模块。用同样的方式把两个扩展模块连在一起。

（3）输入/输出控制信号。FX2N-20GM的主要控制输入讯号有：FWD（手动正转），RVS（手动反转），ZRN（机械零点回转），STOP（停止），START（自动开始），DOG（回原点近点信号），LSR（反向旋转极限），LSF（正向旋转极限），SVRDY（伺服准备），PG0（零点信号），SVEND（伺服结束）等；控制输出的讯号有RP（反向回转脉冲）、FR（正回转脉冲）、CLR（偏差讯号清除计数器）等。

定位控制模块有4个信号连接端口，分别为CON1~CON4。每个端口功能如下：CON1为I/O指定的连接口，16点输入/输出接口；CON2也是I/O指定的连接口，进行外部开关信号及启动/停止信号等的连接；CON3为X轴驱动器接口，进行X轴控制信号的连接；CON4为Y轴驱动器接口，进行Y轴控制信号的连接。

（4）定位模块内部参数。在20GM的定位控制模块，内部参数可以分成三大类：定位参数、I/O控制参数和系统参数。该定位模块共有12种系统参数设置、27种定位参数设置及19种110个控制参数设置，程序设置可以由专用数据寄存器进行更改（系统设置除外）。在参数设置中，为了实现独立的两轴操作，两轴（X轴或Y轴）的定位参数和I/O控制参数必须单独设置。20GM定位控制模块系统中较为常用和重要的内部参数有几十个，他们与10GM定位模块的内部参数基本相同。

4.定位控制模块的使用和编程。

（1）定位模块通信过程和内部软元件。

①定位模块与PLC之间的通信过程：通过使用定位控制模块10GM和20GM中的缓冲存储器（BFM），能够利用PLC的应用指令FROM和TO来实现定位模块与PLC之间的通信交互，PLC和定位控制模块（10GM及20GM）之间的通信过程如图5-19所示。

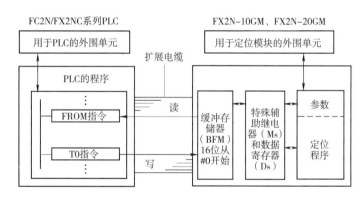

**图5-19　PLC与定位控制模块之间的通信过程**

②20GM定位模块的内部软组件：类似于PLC，20GM定位组件内部配有辅助继电器（M）以及一个数据寄存器（D）。其中，M0至M511为通用辅助继电器，M9 000~M9 175为特殊辅助继电器；D4 000~D6 999为文件数据寄存器，D9 000~D9 599为特殊数据寄存器；D0~D3 999为通用数据寄存器，从M9 000开始的专用辅助继电器为特殊辅助继电器（Ms）；从D 9000开始的专用数据寄存器为特殊数据寄存器（Ds）。它们被用作专用软元件（位元件和字元件），这些部件主要用于状态信息、储存命令、参数设置值等。

每个特殊的Ms和特殊的Ds均分配有对应的缓冲存储器（BFM）。缓冲存储器用"#"加编号来表示的。例如，缓冲存储器BFM#20由16位的数据构成的，特殊辅助继电器为位元件，从M9 000开始，每16位被分配给BFM编号为BFM#20开始的一个缓冲存储器中，且该缓冲存储器中每一位都有其特定的含义。而对于字元件的特殊数据寄存器，每个寄存器都配给具有编号相同的BFM，例如被分配给BFM#9 000的特殊数据寄存器D9 000，一个缓冲存储器就是一个未按位操作的二进制16位字数据。

应用指令FROM（特殊功能模块读出）指令将缓冲存储器（BFM）中的内容读入PLC中，而T0（特殊功能模块写入）指令把PLC的内容写入BFM中。当执行顺序控制程序中的FROM或T0指令时，PLC和定位控制之间就会进行通信。这是由于定时控制模块可能处于MANU（手动）模式或AUTO（自动）模式中。

20GM内的Ms与Ds可经由PLC程序FROM和T0指令来读写，用以发送命令、读取状态信息、设定系统参数等。但是，需要注意的是，在执行读取、写入操作时，操作是在20GM中的缓冲存储器（BFM）上执行，而不是直接对特殊Ms和特殊Ds上执行。但是，在20GM中缓冲存储器（BFM）与定位控制模块中的特殊辅助继电器（Ms）和特殊数据寄存器（Ds）进行互锁联动，如果缓冲存储器中（BFM）的内容发生了变化，特殊辅助继电器（Ms）和特殊数据寄存器（Ds）中的内容也会发生相应的变化，定位控制模块自动在他们之间传输数据。PLC通过这两条应用指令来控制20GM。

（2）定位指令和顺序控制指令。20GM数据单元为一种专用的定位指令（cod代码）和顺序控制指令（包括基本顺序指令及应用指令）。在开发20GM模块定位程序中，有三种不同的指令：定位控制指令、顺序控制指令、应用指令。

①定位控制指令：cod代码和m代码。定位模块的cod代码与计算机数控系统（CNC）标准准备功能G代码和M代码较为相似，此外，模块定位程序中的m代码指令能够实现定位操作的辅助功能，能够用它们来驱动定位操作之外的一些辅助操作或者对20GM以外的其他设备进行操作。m代码有m00~m99共计100条指令。此外有一些特殊的m代码指令规定了专门用途，如m02为主任务结束用，m102为子任务结束用（它是每个程序的END指令），其余都是通过通用的m代码指令。

FX2N-20GM定位控制指令cod代码、m代码的指令代码、助记符和功能含义见表5-7。

表5-7　FX2N-20GM（FX2N-10GM）定位控制指令表

| 指令代码 | 助记符 | 功能含义 | 备注 |
| --- | --- | --- | --- |
| cod00 | DRV | 高速定位 | — |
| cod01 | LIN | 直线插补定位 | 仅20GM模块具有该指令，10GM模块无该指令 |
| cod02 | CW | 顺时针圆弧插补定位 | 仅20GM模块具有该指令，10GM模块无该指令 |

续表

| 指令代码 | 助记符 | 功能含义 | 备注 |
|---|---|---|---|
| cod03 | CCW | 逆时针圆弧插补定位 | 仅20GM模块具有该指令，10GM模块无该指令 |
| cod04 | TIM | 可以指定时间的程序暂停 | — |
| cod09 | CHK | 伺服定位结束检查 | — |
| cod28 | DRVZ | 返回机械原点位置 | — |
| cod29 | SETR | 设置电气原点位置 | — |
| cod30 | DRVR | 返回电气原点位置 | — |
| cod31 | INT | 中断停止忽略剩下距离 | — |
| cod71 | SINT | 指定中断停止距离的中断1 | 以1种速度中断停止 |
| cod72 | DINT | 指定中断停止距离的中断2 | 以2种速度中断停止 |
| cod73 | MOVC | 位置偏移补偿 | — |
| cod74 | CNTC | 中心位置补偿 | — |
| cod75 | RADC | 半径补偿 | — |
| cod76 | CANC | 取消补偿 | — |
| cod90 | ABS | 指定绝对坐标方式编程 | — |
| cod91 | INC | 指定增量坐标方式编程 | — |
| cod92 | SET | 设定当前位置值 | — |
| m00 | WAIT | 主程序暂停 | — |
| m02 | END | 定位程序（主任务）结束 | — |
| m100 | WAIT | 子任务暂停 | — |
| m102 | END | 子任务结束 | — |

②顺序控制指令：定位控制模块的顺序控制指令中的基本顺序指令与三菱FX系列PLC中的基本逻辑指令十分相似，但模块的应用指令和三菱FX系列PLC的应用指令却有些不同，在使用时要特别留意。FX2N-10GM（FX2N-20GM）的基本顺序控制指令见表5-8。

表5-8 FX2N-10GM（FX2N-20GM）基本顺序控制指令表

| 指令代码 | 助记符 | 功能指令 | 备注 |
|---|---|---|---|
| — | ANI | 常闭触点串联连接 | — |
| — | OR | 常开触点并联连接 | — |
| — | ORI | 常闭触点并联连接 | — |

续表

| 指令代码 | 助记符 | 功能指令 | 备注 |
|---|---|---|---|
| – | ANB | 电路块串联连接 | — |
| – | ORB | 电路块并联连接 | — |
| – | SET | 置位，驱动目标软元件自保持 | — |
| – | RST | 复位，目标软元件自保持解除 | — |
| – | NOP | 空操作指令 | — |
| FNC00 | CJ | 条件转换 | — |
| FNC01 | CJN | 否定条件转移 | — |
| FNC02 | CALL | 子程序调用 | — |
| FNC03 | RET | 子程序返回 | — |
| FNC04 | JMP | 无条件跳转转移 | — |
| FNC05 | BRET | 返回母线 | — |
| FNC08 | RPT | 循环开始 | — |
| FNC09 | RPE | 循环结束 | — |
| FNC10 | CMP | 比较 | — |
| FNC11 | ZCP | 区间比较 | — |
| FNC 12 | MOV | 16位数据传送 | — |
| FNC13 | MMOV | 带符号扩展的16~32位传送 | 其中bit31~bit16的内容与bit15中的内容相同 |
| FNC14 | RMOV | 带符号锁定缩小32~16位传送 | 其中bit30~bit16的内容被忽略，bit内容传送到bit15 |
| FNC18 | BCD | 二进制转换为BCD码 | — |
| FNC19 | BIN | BCD码转换为二进制 | — |
| FNC20 | ADD | 二进制加法运算 | — |
| FNC21 | SUB | 二进制减法运算 | — |
| FNC22 | MUL | 二进制乘法运算 | — |
| FNC23 | DIV | 二进制除法运算 | — |
| FNC24 | INC | 二进制加1运算 | — |
| FNC25 | DEC | 二进制减1运算 | — |
| FNC26 | WAND | 字逻辑与运算 | — |
| FNC27 | WOR | 字逻辑或运算 | — |
| FNC28 | WXOR | 字逻辑异或运算 | — |
| FNC29 | NEG | 求补运算 | — |

续表

| 指令代码 | 助记符 | 功能指令 | 备注 |
|---|---|---|---|
| FNC72 | EXT | 分时读取数字开关 | — |
| FNC74 | SEGL | 带锁存的7段显示 | — |
| FNC90 | OUT | 驱动输出 | — |
| FNC92 | XAB | X轴绝对位置检测 | — |
| FNC93 | YAB | Y轴绝对位置检测 | — |

③应用指令（或功能指令），如条件跳转、算术运算、数值转换指令等，用顺序控制指令编写的程序称为顺序控制程序或子程序、子任务。

5.定位程序的组成和指令代码格式

习惯上基于专用指令的cod代码为主编写的定位程序被直接称为"定位程序"或"主任务"，而基于基本顺序控制指令和应用指令为主编写的程序，则称为"顺序控制程序"或者"子任务"。每个FX–10GM定位模块（包括FX2N–20GM定位模块）都可以使用具有不同程序编号的多个定位程序（或主任务），但只可以使用一个顺序控制程序（子任务）。

（1）定位程序（主任务）。定位模块定位程序表达形式包括行号、程序号和具体定位程序。

程序号

↓

Ox10

行号

↓

N0000 cod28（DRVZ）;

N0001 m00（WAIT）;

N0002 cod00（DRV）x100 f500;

N0003 m00（WAIT）;

…

N0100 m02（END）

程序结束标记为其定位程序的最后1行"m02（END）"，这表示定位程序（主任务）O00至O99、Ox00至Ox99、Oy00至Oy99结束。

从以上这段定位程序可以看出：程序中间部分的每一行称为一个"程序段"，代表具体定位要求与控制动作。程序段是整个程序的主体部分，程序段的数量受定位模块内部存储器容量所决定。

程序段开始部分中的N□□□□（□表示数字0~9）称为"行号"或"程序段号"。行号仅仅是用作程序段起始的标记，并不占用存储器空间。行号编排可以随意排列，而且相同的编号可以被不同的定位程序重复使用。

程序段的结束应以表示段结束"；"标记来作为结束。当单步模式运行定位程序时，每次只运行一个程序段。

其中，程序段的cod□□、m□□字符为指令代码，而括号里的大写英文字母（如DRV）为指令助记符。

指令代码其后面的x□□□□、f□□□□字符为指令所需的定位位置、移动速度等操作数。

为了区别与其内部的输入继电器X、输出继电器Y，以及辅助继电器M等软元件，要求在定位程序中的英文字符（指令助记符除外）都要以小写形式出现。

编程定位程序时有以下注意事项：

关于行号说明。

①按指令分配行号，从N0~N9 999，这样就可以很方便地划分指令代码。首行号从外部单元输入，每次输入分隔符时下一行号将会自动赋给下一条指令，通过使用行号来读入指令。

②4位或以下的数值都可作为首行号来使用，同一行号可分配给程序不同的其他程序当中，首行号不必为N000。

③程序的容量是由步数控制所决定的。每一行所用的步数会因不同指令代码而发生变化，行号不包括在步数内。

程序号被分配给各定位程序操作，执行目的不同的程序所分配的程序号也不相同。程序号最前带有"O"符号。程序号的格式分为2轴同步操作（用于FX2N-20GM）、2轴独立操作（用在FX2N-10GM上时为1轴操作）和子任务格式这三种格式，如图5-20所示：

| 2轴同步运行 | 2轴独立运行 | | 子任务 |
| --- | --- | --- | --- |
| | X轴 | Y轴 | |
| O00 | Ox00 | Oy00 | O100 |
| ⋯ | ⋯ | ⋯ | ⋯ |
| m02（END） | m02（END） | m02（END） | m102（END） |

图5-20　程序号的格式

① 在FX2N-10GM中只能给X轴和子任务分配程序编号。

② 每个程序的结尾都需要有END指令来进行结束。2轴同步操作、X轴运行和Y轴运行是m02代码，子任务则是m102代码。

③ 程序号00~99（共计100个）可以按照下面方式使用，如O00~O99或者Ox00~Ox99或者Oy00~Oy99，而O100仅用于子任务。

④ 应当注意的是，在FX2N-20GM中2轴同步运行程序和2轴独立运行程序不能混用，仅能使用其中一个。如果同时存在两种类型的程序，则会出现程序错误（错误代码3010）。

⑤ 根据定位模块内部参数30程序编号指定方法的设定值的不同，可以通过一个数字开关或者PLC来指定需要执行的程序号。

关于定位程序的说明和编写。当输入启动时，制定程序编号所代表的程序会从头开始一步一步地执行指定程序。按照程序编制号的顺序执行。一个命令完成后，下一个命令将被执行。例如：

Ox20（Ox20为X轴程序编号）

N0000　cod28（DRVZ）；

N0001　cod00（DRV）；

x1000f1000；

N0002　cod04（TIM）；

K100；

N0003　m02（END）；

在上述的定位程序中：N0001行表示当X轴方向移到"1 000"定位单位的位置时，会执行下一行指令；N0002行表示当定时器到达定时时间后，执行下一行指令。

（2）顺序控制程序（子任务）。主要是用来处理PLC的程序。主任务是一个由O、Ox、Oy表示的定位程序，其任务是在2轴同步模式和2轴独立模式下执行定位操作，在FX2N-10GM中只能使用Ox。子任务是一个主要由顺序指令组成，并不执行定位控制的程序。当主程序有2个以上时，可以用参数30程序编号指定来选择要执行的程序。子任务只能创建一个，这时选定的主任务和子任务会同步执行。

在编制顺序控制程序的过程中，需要注意以下几点。

①任何一个子任务的程序号都是O100，该程序号必须包含在程序的第一行中。在程序的最后增加"m102（END）"，用m100（WAIT）暂停程序的执行。m102和m100在子程序都是固定用法，应注意在子程序中结束和暂停不能使用"m02""m00"。

②子任务可在定位单元程序区（第0~3799步或第0~7799步）任一位置内创建。但是为了容易识别，推荐在定位程序的后面创建子任务。

③子任务开始、停止和单步不操作等操作是由相应定位模块内部参数设定的。子任务有其自己专用的特殊辅助继电器（Ms）和特殊数据寄存器（Ds）。

④顺序控制程序（子任务）的执行与定位程序（主任务）的执行方式是不同的，但同样的是每次执行一行指令。当输入START（启动）信号后，从第一行程序开始执行，子任务直到遇到指令m102（END）后结束，然后等待下一个START信号。

例如，如果要实现循环操作，可使用一条向下面程序所示的FNC04（JMP）跳转指令。但是，需要注意的是不能从子任务中直接跳转到定位程序（主程序）中。如果子任务需要重复执行，建议程序的行数应限制在100行以内，以免运行时间过长。

O100、N0；

P0；

LD X00；

ANDX01；

SETY0；

FNC04（JMP）P0；

M102

⑤在子任务的内部，所有顺序指令、应用指令和像cod04（TIM）暂停某个时间、cod73（MOVC）位偏移补偿、cod74（CNTC）中点位置补偿、cod75（RADC）半径补偿、cod76（CANC）取消补偿和cod92（SET）设置当前位置等这些cod代码指令时是可以使用的。

但是，不能使用m代码进行输出控制，只有m100（WAIT）和m102（END）这两条特殊的m代码可以在子任务中使用。

（3）子任务变成示例。下面是两个子任务程序编程的例子。应注意，如果一个程序在定位程序和除了定位控制以外其他控制中的执行需要较长时间，那么最好将该程序编成子任务程序来处理。

①获取数字开关数据。O100、N0。

N00P255。

N01FNC 74（【D】SEGL）。

D9004 Y00 K4 K0。

N02 FNC 04（JMP）P225。

N03 m102（END）。

这个例子，显示了X轴当前位置的低4位。同样，任何定位操作没有直接联系的代码都可以放到子任务程序中进行处理。

②实现错误检测输出。

O100、N0。

N00 P255。

N01　LDI　M9050，//M9050为X轴错误检测信号、即BFM#23中的bit2。

N02　ANI　M9082，//M9082为Y轴错误检测信号、即BFM#25中的bit2。

N03　FNC　90（OUT）Y00，//当X轴和Y轴都没有错误时、会驱动Y0输出。

N04　FNC　04（JMP）P255，//无条件跳转到标号P255处、因为有跳转指令、END指令并不会被执行。

N05　M102　（END）。

在这个例子中，当检测到有X轴或Y轴的错误时，程序会禁止正常输出Y0。

（4）在程序中，以两种方式驱动 m代码，并以不同的指令书写格式表达。

AFTER模式m码从另起一行开始，在前面的定位控制指令完成之后，再执行m码指令。

例如：

N0000 cod01（LIN）x100 y200 f500；　//直线插补执行。

N0001 m10；//之后、m10被驱动、m代码开启信号打开。

在上述过程的任一情况下，在驱动m代码时m代码开启信号会随之打开，并且m代码编号被存入特殊的数据寄存器（Ds）中。m代码关闭信号未打开之前，m代码开启信号会始终保持"ON"的状态。m代码的分配见表5-9。

表5-9　m代码的分配

| m代码类型 | X轴 | | Y轴 | |
| --- | --- | --- | --- | --- |
| | 特殊Ms/Ds | 缓冲存储器（BFM） | 特殊Ms/Ds | 缓冲存储器（BFM） |
| m代码开启信号 | M9051 | #23的bit3 | M9083 | #25的bit3 |
| m代码关闭命令 | M9003 | #20的bit3 | M9019 | #21的bit3 |
| m代码编号 | M9003 | #9003 | D9013 | #9013 |

在FX2N-20GM或FX2N-10GM定位控制模块中，可以利用其内部缓冲存储器（BFM）通过FX2N/ FX2C系列PLC使用读出或写入来传输m代码。可以使用内部参数36~38将与m代码有关的信号输出至外部单元。在连续使用m代码时应该延长m代码开启信号的关闭时间，使它比PLC的扫描周期更长一些。

（三）定位控制编程示例

1.FX2N-10GM定位模块编程示例

（1）系统控制要求采用FX2N-10GM定位控制模块，来实现简易定位控制，并将其作为PLC基本单元扩展的特殊功能模块来使用，具体控制要求如下：

①在控制系统启动后，首次单击"启动"键，系统会自动返回原点，原点位置值

设为0。

②当系统的原点返回结束时，再点击"启动"键，就会自动执行下面的动作循环。

X轴快速运动到300mm处停止；在300mm处，会执行特定的第一个顺序控制动作（如钻孔）；第1动作执行后，X轴会迅速运动到800mm处然后停止；在位置800mm处，将会执行特定的第二个顺序控制动作（如裁断）；第2动作完成后，X轴会迅速返回原点处然后停止。

③上述动作均可由操作面板上的"停止"键来暂停。

（2）定位控制系统配置和实现方法。

①定位系统的启动和停止由PLC基本单元进行控制。

②PLC与定位模块之间的动作协调是由传输m代码来控制。在300mm位置处的特定的第一顺序控制动作，会由定位模块输出m10代码执行启动控制；在800mm位置处的特定的第二顺序控制动作，会由定位模块输出m11代码执行启动控制，并由PLC基本单元的输出点作为外部动作的启动信号。

③定位控制模块定位程序的编写。系统归原点、原点设置、自动定位控制可以由FX2N-10GM模块的定位控制指令，通过cod28（DRVZ，返回机械原点）、cod29（SETR，设定电气原点）、cod00（DRV，快速定位）实现。④当完成特定的第一、二顺序控制动作后，通过PLC的输入点返回完成信号，并执行下一步任务。

通过上述分析，可确定PLC基本单元的输入/输出点（I/O点）、内部辅助继电器（M）和数据寄存器（D）的地址分配，见表5-10。

表5-10 10GM编程示例中的PLC地址分配

| 地址 | | 功能含义 |
| --- | --- | --- |
| I点 | X1 | 定位启动按钮 |
| | X2 | 定位停止按钮 |
| | X3 | 在300mm位置处第1数序控制动作完成输入信号 |
| | X4 | 在800mm位置处第2数序控制动作完成输入信号 |
| O点 | Y0 | 在300mm位置处第1数序控制动作完成输入信号 |
| | Y1 | 在800mm位置处第2数序控制动作完成输入信号 |
| M和D | M1 | 定位控制模块定位启动信号 |
| | M2 | 定位控制模块停止启动信号 |
| | M3 | 第1、第2顺序控制动作完成信号 |
| | M51 | 第1、第2顺序控制动作启动信号 |
| | M210 | m10代码输出 |
| | M211 | m11代码输出 |
| | D0 | m代码编号储存单元 |

为了实现上面的控制动作（包括定位模块进行定位控制和PLC基本单元进行顺序控制动作），需对定位模块和PLC分别编写两种不同的控制程序。在PLC中主要执行输入、输出的运算逻辑与定位控制模块之间的信息交互控制；定位控制模块主要是对定位功能的控制。

同时，需要对定位模块进行设置适当的控制参数。定位控制模块10GM的参数比较多，在进行参数设置的时候只需要将T0指令写入定位控制模块的缓冲存储器（BFM）中即可，写入方法与前面介绍的FX2N-1PG/FX2N-10PG参数的写入方法基本相似，在下面的控制程序中不再给出PLC程序的运行说明。

2.FX2N-20GM定位模块编程实例

（1）控制要求：采用基于FX2N-20GM定位控制模块组成的PLC数控机床系统，加工一个梅花图形，如图5-21所示。

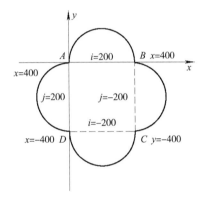

图5-21　20GM模块加工梅花图形

从图上的位置 *A*起，对四个半圆进行切削，形成一个梅花形，然后在图案中央钻一个洞。在图中标出了相应的坐标，在20GM的控制下，需要$x$、$z$两轴的联动和PLC由基本单元控制的Y轴进行伺服系统的进刀、退刀配合完成切削。其处理过程包括以下几个环节：

PLC控制Y轴进刀后，启动20GM加工。

20GM的切削程序以A点为起点，通过同步控制2个轴使用顺圆弧插补连续路径从而对4个半圆进行加工处理，返回*A*点。

在PLC的控制下Y轴退刀并换刀，然后20GM模块控制X轴快速走刀到图形中心。

PLC首先控制Y向进刀口钻削，钻削完毕后，再通过20GM的控制高速回到电气原点。

（2）定位控制系统配置和实现方法。

①定位系统的启动和停止输入信号由PLC基本单元进行控制。

②FX2N-20GM定位模块运行定位程序完成梅花图形的加工，通过传送m代码来对PLC与定位模块之间的动作协调进行控制。顺圆弧加工完成梅花图形后，由FX2N-

20GM定位模块定位输出m10代码进行退刀和换刀；之后高速定位至梅花图形的中心，再由FX2N-20GM定位模块输出m11代码进行退刀和钻孔，通过PLC基本单元的输出点完成退刀、换刀、进刀和钻孔等动作。

③定位控制模块定位程序的编写。系统归原点、圆点设定、顺圆弧加工、自动定位控制以及回电气原点动作，都可通过FX2N-20GM模块的定位控制命令来完成，如cod29（SETR，设定电气原点）、cod28（DRVZ，返回机械原点）、cod02（CW，顺圆弧插补）、cod00（DRV，快速定位）和cod30（DRVR，回电气原点）等动作实现。

通过上述分析，可以确定PLC基本单元的输入/输出点（I/O点）、内部辅助继电器（M）和数据寄存器（D）的地址分配，见表5-11。

表5-11　PLC地址分配

| 地址 | | 功能含义 | 备注 |
|---|---|---|---|
| I点 | X1 | 定位启动按钮 | — |
| | X2 | 定位停止按钮 | — |
| | X10 | 退刀完成接近开关输入信号 | — |
| | X11 | 换刀完成接近开关输入信号 | — |
| | X12 | 进刀完成接近开关输入信号 | — |
| | X13 | 钻孔完成接近开关输入信号 | — |
| O点 | Y0 | 退刀输出信号 | — |
| | Y1 | 换刀输出信号 | — |
| | Y2 | 进刀输出信号 | — |
| | Y3 | 钻孔输出信号 | — |
| M和D | M1 | 定位控制模块定位启动信号 | PLC→10GM |
| | M2 | 定位控制模块停止启动信号 | PLC→10GM |
| | M3 | m代码关闭控制信号 | PLC→10GM |
| | M121 | 退刀换刀完成记忆位 | — |
| | M122 | 进刀钻孔完成记忆位 | — |
| | M123 | 退刀换刀输出记忆位 | — |
| | M124 | 进刀换刀输出记忆位 | — |
| | M51 | m代码开启控制信号 | 10GM→PLC |
| | M210 | m10代码输出 | 10GM→PLC |
| | M211 | m11代码输出 | 10GM→PLC |
| | D100 | m代码编号存储单元 | 10GM→PLC |

（3）控制程序　程序的编制说明如下。

①定位控制模块定位程序。利用 VPS可视化软件建立20GM双轴加工定位程序，使用流程符号Flow Symbols中的Program in Text编写出的定位程序如下所示：

O01，N1//定义程序编号为O01

N00 LD M9057；//读取回原点到达标志位M9057

N01 FNC00（CJ） P0；//如已经回到原点（M9057=1）则跳转到P0标号处

N02 cod28（DRVZ）；//回机械原点指令

N03 COD29（SETR）；//设置电气原点

N04 P0；//N01程序行跳转目的地

N05 COD02（CW） x400 y0 i200 j0 f 300；//顺圆弧插补加工第1个半圆

N06 COD02（CW） x0 y−400 i0 j−200 f 300；//顺圆弧插补加工第2个半圆

N07 COD02（CW） x−400 y0 i−200 j0 f 300；//顺圆弧插补加工第3个半圆

N08 COD02（CW） x0 y400 i0 j200 f300；//顺圆弧插补加工第4个半圆

N09 m10；//顺圆弧加工完梅花图形后输出m10代码

N10 COD00（DRV） x200000 y−200000；//高速定位至梅花图形的中心

N11 m11；//输出m11代码进行换刀和钻孔

N12 cod30（DRVR）；//返回电气原点处

N13 m02（END）；//定位程序结束

在上面的定位程序中20GM定位模块定位程序先控制数控系统机械回原点，然后应用顺圆弧插补指令加工图形。用od02（CW）连续加工出梅花的4个半圆形后，驱动编号为m10的m代码，随后将控制权转移到PLC基本单元，这时20GM定位模块此时处于等待状态。PLC在获得编号m10代码的开启状态信号后，PLC对Y轴回刀进行控制，并发出一个m10码断开命令。20GM的定位模块，在收到了m11的指令之后，立刻以极快的速度向图像中心移动，然后驱动m11并等待。当PLC获得编号为m11代码开启信号后，就会控制Y轴钻孔，钻孔后退刀并发送m代码关闭指令。20GM定位模块接在收到m代码关闭命令后，高速回零结束整个加工工序。在cod02（CW）顺圆弧插补指令中，x、y为2轴的终点坐标，i、j为圆心坐标，f为进给速度。注意，定位程序的编写采用以原点（加工坐标的起点）为坐标基准的增量方式（相对坐标方式）编程。

②PLC基本单元控制程序。20GM编程示例的PLC控制程序如图5-22所示。

在PLC控制程序中，20GM定位控制模块启动信号为X1，停止信号为X2，退刀换刀操作完成信号辅助记忆位为M121，进刀钻孔操作完成信号辅助记忆位为M122，退刀和换刀操作辅助记忆位为M123，进刀和钻孔操作辅助记忆位为M124。PLC使用指令中的两条FROM指令，实时读取m代码开启信号并读取当前m代码的编号。定位模块

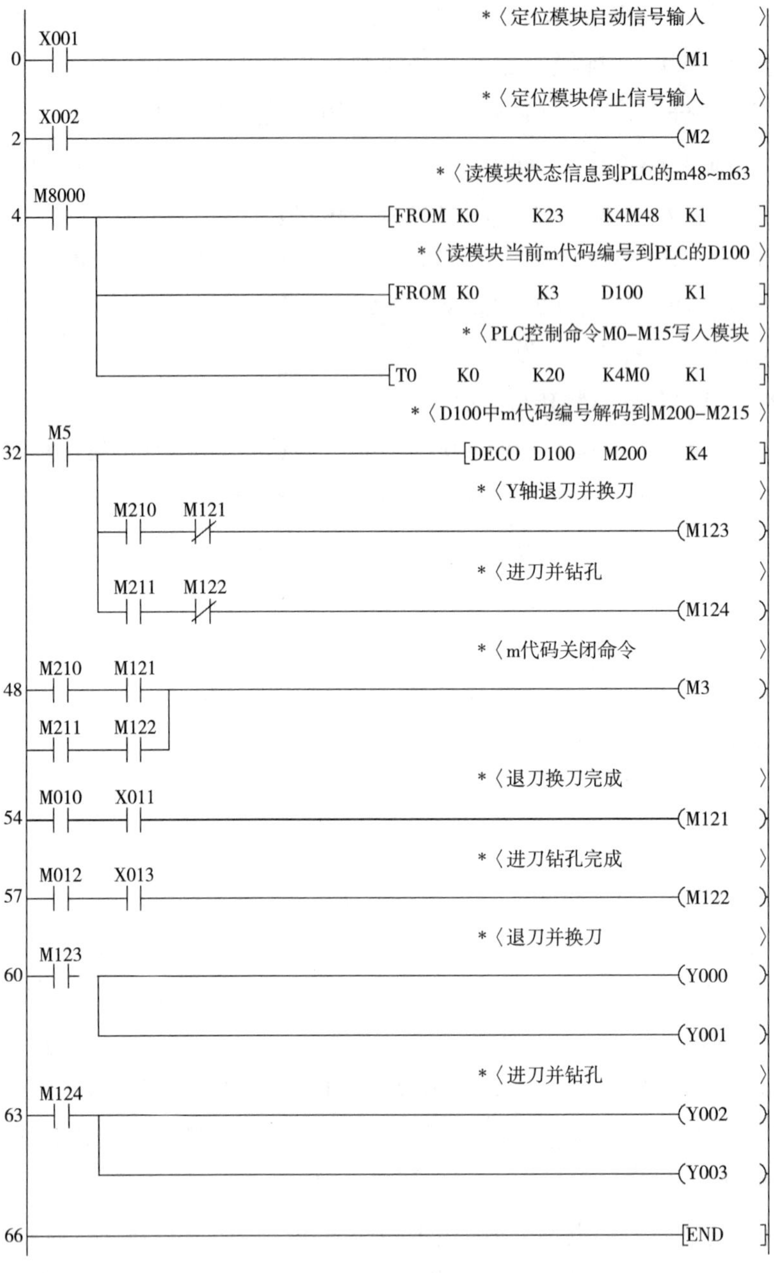

图5-22  FX2n-20GM基本单元控制程序

状态信号（含m代码开启信号）从BFM#23中被读到PLC的M48至M63中，因此与m代码开启信号对应的特殊辅助继电器M9051中状态的被读到PLC的M51当中。m代码编号从BFM#3（即定位模块的D9003或BFM# 9003）中读到PLC的数据寄存器D100。当m代码驱动后，PLC立刻读到m代码开启信号和m代码的编号，从而使M51接通。在PLC程序中应用解码指令（DECO）对读到m代码编号进行解码，定位模块的m10代码驱动时经解码后可使PLC的M210接通，可驱动M123控制退刀并换刀。定位模块的m11代码驱动时，经解码后可使PLC的M211接通，可驱动M124控制进刀和钻孔。程序中的"DECO D100 M200 K4"这一行对D100中的二进制数值进行解码，可使连续16位目标原件M200~M215中的某一点接通。

由上面的PLC控制程序可知，退刀和换刀动作结束后M121将接通，会驱动M3输出。钻孔和换刀过程结束后M122将接通，也会驱动M3输出，M3信号是用来关闭m代码，通过PLC的TO指令写入到20GM定位模块的BFM#20的bit3位（即M9003），实现了m代码的关闭。实际上TO指令传送了M0~M15，在该程序中用到了M1、M2和M3传送定位模块执行启动命令、停止命令和m代码关闭命令。

## 二、高速处理技术

随着技术的不断进步，PLC在工业环境中逐渐取代了单片机，其功能远远超过单片机的功能。PLC具备以下功能：控制，数据采集、储存和处理，通信、联网，人机界面，编程、调试等。

### （一）PLC高速处理

PLC是以连续循环的顺序扫描方式而工作，在CPU接收到第一个指令开始扫描，一直到最后一个指令进而结束任务，从而完成一次扫描，循环的扫描方式使得PLC不断且循环往复地扫描程序内部的所有指令。图5-23为PLC的工作流程图。

**图5-23　PLC的工作流程图**

（1）当在PLC的运行过程中要求最新的输入信息并且希望立即输出运算结果时，则需使用输入输出刷新指令REF（FNC50）。

输入刷新指令的梯形图如图5-24所示。输出刷新指令梯形图如图5-25所示。

图5-24　输入刷新指令梯形图　　　　图5-25　输出刷新指令梯形图

输入刷新指令的目标操作数[D]只能为输入继电器X选择，输出刷新指令的目标操作数[D]只能被输出继电器Y所选择。$n$是指立即刷新的继电器X或继电器Y的数目，$n$必须是8的倍数。

在X1闭合的情况下，输入刷新指令REF被执行，PLC中的CPU将立即由来自输入继电器X20至X27（$n=8$）的指令指定的总共八种输入状态读取到输入映像寄存器中。当X2闭合时，输出刷新指令REF被执行，立即将总共16个（$n=16$）输出继电器Y10~Y27（Y10~Y17、Y20~Y27）输出端子接收对应，并将与（$n=16$）继电器Y对应的输出锁存器的数据传输到对应的输出端子作为其输出触点。

（2）刷新和滤波时间调整指令REFF（FNC51）在FX2N系列PLC的输入电路中使用数字滤波器，REFF指令的梯形图如图5-26所示。X0至X17使用了数字滤波器，并且可以使用REFF指令修改滤波时间常数。数字滤波器的时间常数设定值为$n$（单位为ms，取值范围为0~60）。当$n=0$时，理论上的滤波时间常数为0，而实际值上为50$\mu s$。X0和X1为20$\mu s$。

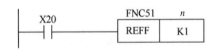

图5-26　REFF指令的梯形图

在X20闭合的情况下，将从X0至X17的16个输入通道的滤波时间常数设置为1ms（$n=1$），并且X0至X17的状态被读取到输入映像寄存器内。

在X20断开的情况下，不执行REFF指令，X0至X17的输入滤波时间常数为10ms。

（3）矩阵输入指令MTR（FNC52）的功能是对PLC的输入端进行扩展，其梯形图格式如图5-27所示。

源操作数[S]只能用开关量来输入进继电器X。图5-27中的[S]是X20，目标操作数[D1]只可以选输出继电器Y，而且必须选Y0、Y10、Y20……来作为首地址。目标操作数[D2]可以选用Y、M、S这三个，在该例子中，首地址选M20。$n$取2~8，表示有$n$行。

图5-27 矩形输入MTR指令的梯形图

MTR指令仅适用于晶体管输出式的PLC，并且仅可使用一次。

X20作为源操作数[S]，表示该矩阵输入为X20~X27，*n*=3表示矩阵有3行，[D1]为Y10，其中Y10、Y11、Y12分别为3行的选通输出端。[D2]为M20，表示在M20~M27、M30~M37和M40~M47中分别存储了矩阵中8×3=24个状态。

该矩阵输入的硬件接线及相关波形如图5-28所示。

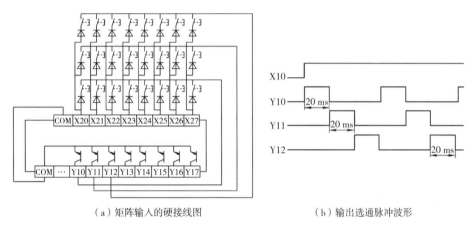

（a）矩阵输入的硬接线图　　　　　　　（b）输出选通脉冲波形

图5-28 矩阵输入的硬件接线与相关波形图

当X10闭合时，Y10、Y11、Y12轮流接通20 ms。当Y10为1时，CPU使用中断方式将矩阵中第一行中的8个开关量状态最后一段期间（即20 ms中最后的*n*=3 ms）读取到M20~M27中。同样，在Y11为"1"的最后一段期间内，CPU使用中断方式将矩阵中第二行的8个开关量状态读取到M30~M37中完成一次对整个矩阵状态的读取后，CPU将标志位M8029设置为"1"。显然，利用MTR指令，我们可以通过8个开关量输入和8个开关量输出多达64点的开关量输入，并且仅占用8个输入端口。

（4）FX2N系列的PLC内置高速计数器编号为C235~C255，这些计数器的设定值和当前值都是32位二进制数。而PLC的型号应为晶体管输出型（继电器输出型由于对高速动作相应的滞后，会造成执行的混乱）。

C235~C255的每个计数器都有自己指定的输入（X）地址和不同的功能。其中：C235~C245为1相1计数输入；C246~C250为1相2计数输入；2相（A相与B相）2计数输入。

高速计数器（1相1计数）输入地址和功能如表5-12所示。

表5-12　高速计数器（1相1计数）输入地址和功能

| 输入（X）地址 | 计数器 | | | | | | | | | | |
|---|---|---|---|---|---|---|---|---|---|---|---|
| | C235 | C236 | C237 | C238 | C239 | C240 | C241 | C242 | C243 | C244 | C245 |
| X0 | U/D | | | | | | U/D | | | U/D | |
| X1 | | U/D | | | | | R | | | R | |
| X2 | | | U/D | | | | | U/D | | | U/D |
| X3 | | | | U/D | | | | R | U/D | | R |
| X4 | | | | | U/D | | | | R | | |
| X5 | | | | | | U/D | | | | | |
| X6 | | | | | | | | | | S | |
| X7 | | | | | | | | | | | S |

注：U为增计数输入，D为减计数输入，R为复位输入，S为启动输入。

　　表中只介绍了1相1计数的高速计数器的输入地址和功能（其他高速计数器使用时请查看使用手册）。若使用C244作高速计数，其高速脉冲指定在X0输入，X1作C244的复位，X6作C244的启动。而X0、X1和X6就不能作其他输入。C235~C245即可作为增计数（U），又可作为减计数（D），必须使用特殊辅助继电器进行切换，如表5-13所示。

表5-13　C235~C245的增/减计数（U/D）切换所指定的特辅继电器

| 计数器编号 | U/D切换指定的M | 计数器编号 | U/D切换指定的M | 计数器编号 | U/D切换指定的M |
|---|---|---|---|---|---|
| C235 | M8235 | C236 | M8236 | C237 | M8237 |
| C238 | M8238 | C239 | M8239 | C240 | M8240 |
| C241 | M8241 | C242 | M8242 | C243 | M8243 |
| C244 | M8244 | C245 | M8245 | C246 | M8246 |

　　（5）高速计数器置位指令HSCS（FNC53）该指令的梯形图如图5-29所示。

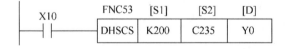

图5-29　HSCS指令的梯形图

当X10闭合时，计数器开始计数，计数器C235的当前值会与常数K200进行比较，一旦相等，将会立即采用中断方式触发将Y0置为"1"，Y0的输出端采用I/O立即刷新的方式接通，保持为ON状态。无论C235当前值如何变化，即使C235被复位或其控制线路断开，Y0始终为ON状态，只有通过Y0复位或使用高速计数器复位指令HSCR，才能将Y0复位置"0"，即Y0为OFF状态。

（6）高速计数器复位指令HSCR（FNC54）该指令的梯形图如图5-30所示。

图5-30　HSCR指令的梯形图

PLC送电后，M8000为常ON继电器，其常开触点闭合，高速计数器C235计数过程中，其当前值始终都在与常数K300比较，当计数值的数值等于300时，PLC立即通过中断方式将Y0置为"0"，并使用I/O立即刷新的方式切断Y0的输出，即Y0为OFF。

（7）高速计数器区间比较指令（FNC55）。当计数器的值位于指定的区间时，HSZ指令可以触发中断。HSZ指令的梯形图如图5-31所示。

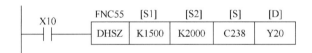

图5-31　HSZ指令的梯形图

目标操作数[D]由Y20、Y21和Y22组成。根据不同的条件，进行比较。

逻辑如下：

①如果C238的当前值小于1 500，则使用中断方式将Y20置为1，并通过I/O立即刷新方式接通Y20的输出端。

②如果C238的当前值介于1500和2 000之间（包括1 500和2 000），则使用中断方式将Y21置为1，并通过I/O立即刷新方式接通Y21的输出端。

③如果C238的当前值大于等于2 000，则使用中断方式将Y22置为1，并通过/O立即刷新方式接通Y22的输出端。

需要注意的是，当X10断开时，不会执行以上指令。

通过降低重复率，实现了在特定条件下根据C238的当前值设置相应的输出。这样可以灵活地控制目标操作数[D]的状态。

（8）转速测量指令SPD（FNC56）该指令的梯形图如图5-32所示。

X10
FNC56
[S1]
[S2]
[D]
SPD
X0
K100
D10

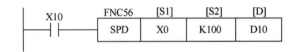

图5-32　转速测量指令SPD的梯形图

[S1]为高速计数输入端X0；[S2]为常数K100（ms），表示测量周期T；[D]是由D10、D11、D12这三个数据寄存器所组成，脉冲发生器在每个周期T会产生$n$个脉冲。

当X10闭合时，则将执行SPD指令，从X0输入的脉冲个数测出并存储在D10内在规定的测量周期（$T$=100 ms）内；D11是正在进行的测量周期内已输入的脉冲数；D12是正在进行的测量周期内还剩余的时间。当该测量周期的计时时间到，D11中的数被发送到D10，然后D11清零，而对输入脉冲数目的存储将在下一个测量循环中重新开始，D10中存储的数与转速$N$成正比，即

$$N=\frac{60\times \mathrm{D10}}{nT}\times 10^{3} \qquad (5\text{-}2)$$

（9）脉冲输出指令PLSY（FNC57） PLSY指令的梯形图如图5-33所示。

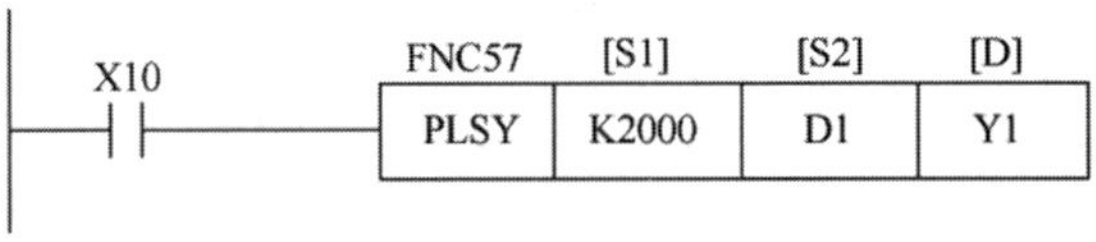

X10
FNC57
[S1]
[S2]
[D]
PLSY
K2000
D1
Y1

图5-33　PLSY指令的梯形图

[S1]表示输出脉冲的频率，频率在2至20 000 Hz范围，[S2]是指脉冲输出的数量。在这个命令执行的过程中，可以通过改变[S1]中的数来改变输出脉冲的频率，PLSY以中断方式输出脉冲，与扫描无关。当X10闭合时，扫描到该梯形图程序时，将会立即中断，输出频率为2 000 Hz、占空比为50%的脉冲Y1；当输出脉冲达到[S2]，也就是[D1]所设定的数值时，脉冲输出立即停止。

（10）脉宽调制指令PWM（FNC58）执行脉宽调制指令PWM可产生的脉冲宽度和周期是可控的。该指令的梯形图与波形图如图5-34所示。

目的操作数[D]只能选取输出继电器Y。源操作数[S1]表示输出脉冲的宽度$t$，取值范围为0~32 767，单位为ms。源操作数[S2]表示输出的脉冲周期$T$，取值范围为0~32 767，单位为ms。目的操作数[D]规定脉冲是从哪个输出端输出，其脉冲输出的频率$f$如下式：

$$f=\frac{1}{T}\times 10^{3} \qquad (5\text{-}3)$$

输出脉冲的占空比为$\frac{t}{T}$，改变$t$，使其在0~$T$的范围内变化，则脉冲的占空比就可在0~100%范围内变化。

在图5-34（a）中，当X10断开时，没有脉冲输出，输出Y1始终为“0”；当X10

闭合时，其频率 $f = \dfrac{1}{200} \times 10^3$，改变数据存储器D0内的数，使其在0~200范围内变化，就会使输出脉冲的占空比变化在0%~100%之间，相关的波形图如图5-34（b）所示。PWM指令的输出与扫描周期无关，而是以中断的形式进行，并且在一个程序中只能使用一次。

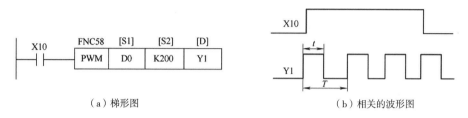

（a）梯形图 （b）相关的波形图

图5-34 PWM指令的梯形图及相关波形图

（11）带加减速脉冲输出指令PLSR（FNC59这个指令有加减速功能，可设定传送数量的脉冲输出指令。按照指定的最高频率来设定加速，在达到指定的输出脉冲数之后，执行一定的减速。其梯形图与速度时间曲线原理图如图5-35所示。PLSR指令包含1个目标操作数和3个源操作数。

（a）梯形图

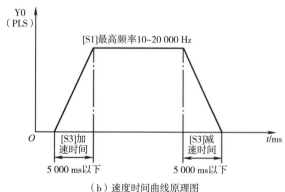

（b）速度时间曲线原理图

图5-35 PLSR指令的梯形图和速度时间曲线原理图

[S1]是输出脉冲的最高频率（Hz），可设定10~20 000 Hz范围。

[S2]是可以设定范围的总输出脉冲数（PLS）：16位运算，110~32767（PLS）；32位运算时，110~2 147 483 647（PLS）。

[S]是加速度时间和减速度时间（ms），可以将其设定时间范围在5 000 ms以下。

[D]是脉冲输出元件，只可以指定Y0或Y1。

PLSR指令仅适用晶体管输出型PLC，其输出控制不会受扫描周期的影响，而会被其进行中断处理。

### （二）邮件分拣系统的PLC应用设计

#### 1.邮件分拣机

邮件分拣机是邮政系统用于快速分拣发送到各个地方的邮件的设备，它主要由邮件编码识别传感器、邮件传送带、拖动电动机同轴的旋转脉冲发生器、传送带的拖动电动机、邮件分拣装置与邮件收信箱组成。该系统利用传感器识别不同地方的邮政编码，并用传送带将每个邮件运送到各地的邮件收集箱进行分拣。传送带由电机带动，通过与电机同轴的旋转式编码器产生的脉冲数来确定不同地点的传输距离。在运输到位后，邮件由分拣装置将邮件分拣到邮件收集箱。由于该系统采用旋转编码器发出的脉冲进行传送距离的定位，因此可以准确地将邮件运送到位。邮件分拣系统示意图如图5-36所示。

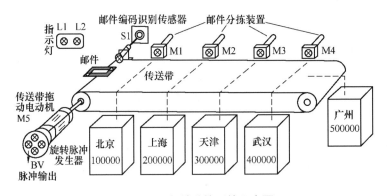

图5-36　邮件分拣系统示意图

#### 2.旋转脉冲发生器

旋转脉冲发生器工作原理示意图，如图5-37所示。

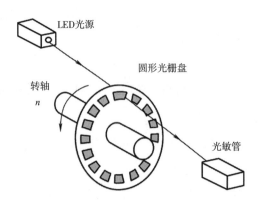

图5-37　旋转脉冲发生器工作原理示意图

旋转脉冲发生器主要由一个圆盘（其圆周开了很多小孔，即为光栅）和光电传感器（LED管与光敏晶体管）组成，圆盘与电动机同轴转动，LED管发出的光线不断穿过小孔从而让光敏管接收到，从而使光敏管产生脉冲。如果旋转圆盘有100个小孔，即电动机转动一周光敏管就会产生100个脉冲，如果电动机转动一周带动传送带移动0.6 m，则两个脉冲间所产生的传送带直线移动距离就是0.006 m，这样就可以通过产生的脉冲总数来确定传送带直线移动的距离，如400个脉冲就是2.4 m。

现代工业用的旋转编码器实质就是旋转脉冲发生器，旋转编码器型号很多，不同的旋转编码器每圈的脉冲数不同，从100~10 000都有，可根据控制要求来选择。旋转编码器除了可用脉冲数来确定位移距离外，还可根据两组脉冲的相位确定转动的方向以及运动原点的位置等。

3.邮件分拣机的控制要求

现选用的邮件分拣机是模拟控制系统，其系统的控制要求如下：

（1）现采用按钮SB1和SB2作启动与停止控制，启动后，绿灯（L2）发光；各元件应处于复位状态，此时可用拨码开关设定不同地方的邮政编码。

（2）采用按钮S1发出的信号来确定邮件已被检测，按下S1后（表示邮件已检测），传送电动机运转，旋转脉冲发生器（BV）发出高速脉冲，此时绿灯（L2）熄灭，红灯（L1）发光，表示邮件正在传送，暂停检测。

（3）用BV发出的高速脉冲数量来确定邮件传送的距离，高速脉冲数量应按不同的邮政编码设定，以保证将邮件传送到指定的分拣位置。邮件传送到指定位置后，该位置的分拣装置指示灯发光进而起到提示作用。

（4）设定邮件分拣时间为3 s，完成分拣后红灯（L1）熄灭，绿灯（L2）发光，等待邮件检测。

（5）当检测到不符合指定邮政编码的数值时，红灯（L1）闪烁，表示邮编有错，L1红灯闪烁6s熄灭。

4.邮件分拣PLC系统I/O分配

邮件分拣PLC系统的I/O分配如表5-14所示。

表5-14　邮件分拣PLC系统的I/O分配

| 输入端（I） | | 输出端（O） | |
|---|---|---|---|
| 外接元件 | 输入继电器地址 | 外接元件 | 输出继电器地址 |
| BV（输入高速脉冲） | X0 | 绿灯（L2） | — |
| SB1（启动按钮） | X1 | 红灯（L1） | — |
| SB2（停止按钮） | X2 | 传送带电动机M5 | — |

续表

| 输入端（I） | | 输出端（O） | |
| --- | --- | --- | --- |
| 外接元件 | 输入继电器地址 | 外接元件 | 输出继电器地址 |
| S1（邮件编码检测按钮） | X3 | 分拣北京邮件M1 | — |
| 1位拨码开关 1 | X20 | 分拣上海邮件M2 | Y11 |
| 2 | X21 | 分拣天津邮件M3 | Y12 |
| 4 | X22 | 分拣武汉邮件M4 | Y13 |
| 8 | X23 | — | — |
| C0 | COM | — | — |

5.PLC程序的编写

由于被检测的邮件编码是没有规律的，所以邮件传送到哪个分拣位置是不确定的，因此邮件分拣系统是一个随机控制系统，不宜使用顺序控制的步进程序来编写。

根据控制要求，主要应该完成高速脉冲的计数处理，通过控制脉冲数量来实现传送带对邮件的定位传送，在编程时应注意如下几点：

（1）由于邮编是用1位拨码开关设定的，因此，对应北京（邮编100000）、上海（邮编200000）、天津（邮编300000）、武汉（邮编430000）和广州（邮编510000）可设定北京为1、上海为2、天津为3、武汉为4、广州为5。

（2）设定北京邮件传送到位的脉冲总数为100、上海邮件传送到位的脉冲总数为200、天津邮件传送到位的脉冲总数为300、武汉邮件传送到位的脉冲总数为430、广州邮件传送到位的脉冲总数为510。考虑到广州邮件是直传，没有到位指示灯的显示。

（3）采用触点比较指令来控制传送的执行，例如天津的邮件，当检测到的数值为3时就执行脉冲数为300的定位传送。各地邮件的传送控制依此类推，这样编写的程序就会简洁、明确。

下列功能介绍如图5-38所示。用拨码开关设定邮编数值（1~5），按下启动按钮SB1，绿灯（L2）发光，点动邮编输入按钮S1，绿灯（L2）熄灭，红灯（L1）发光，表示已有邮件正在传送分拣中。若拨码开关设定的邮编数值为"1"，则高速计数器C235累计100个脉冲时，M1位置灯发光，电动机M5（传送带）停止，表示已将邮件传送到北京邮件收集箱位置，此时红灯（L1）熄灭，而绿灯（L2）重新发光。M1位置灯发光3s后自动熄灭，表示已完成邮件分拣。其他地方的邮件传送与分拣控制过程与邮编为"1"时相同。按下停止按钮SB2，重新组件，零数据，并按SB1可重新开始操作。

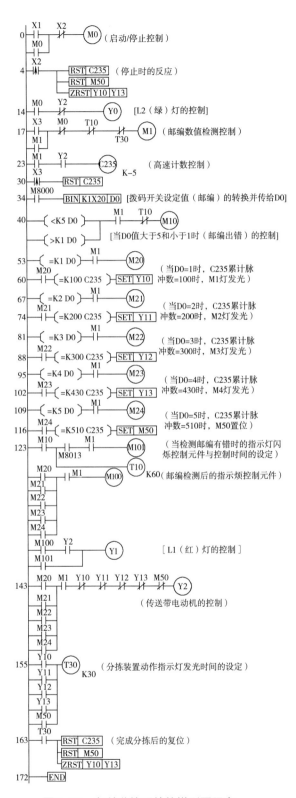

**图5-38　邮件分拣系统的梯形图程序**

（三）自动化仓库系统的PLC控制

**1.自动化仓库**

自动化仓库是现代物流系统的常用设备。它可以将货物自动分仓存储，会集货物标签识别、货物分类进仓、货物出仓、货物传送等子系统，采用PLC控制，并通过工业通信网络形成一个功能齐全的大型自动化储运系统。

自动化仓库系统的组成如图5-39所示。它主要是由步进电动机、电磁阀和6个带传感器的仓位等元件组成。其功能是实现货物的自动装载。自动化仓库系统各组成部分的作用说明如下：

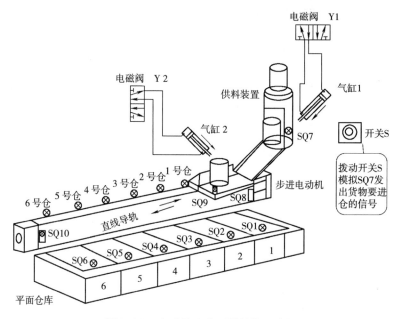

图5-39　自动化仓库系统结构示意图

（1）气动装置由电磁阀Y1和电磁阀Y2组成，它们的主要作用说明如下：

①电磁阀Y1：推动气缸的载物台将货物推到气缸的下方。

②电磁阀Y2：推动气缸将平台上的货物推进缸内。

（2）电缸装置由步进电动机、载货平台及电缸限位传感器等元件组成，其作用说明如下：

①步进电动机与驱动器：步进电动机由专用的驱动器来驱动。步进电动机通过驱动电缸中的精密螺杆来带动载货平台移动。

②载货平台：当平台上检测货物到位的传感器SQ9动作，检测到货物到位时，平台将货物运至各货仓，并通过平台上的气缸将货物推下货仓。

③电缸限位传感器：电缸两头安装有限位传感器SQ8和SQ10，主要防止电缸的货

载平台过位移动造成电缸损坏或货物损失。

（3）货仓装置系统中的货仓一共有6个（1~6号），每个货仓都装有货物到位检测传感器（SQ1~SQ6）。

（4）开关S：系统中的开关S作为自动化仓库的启动装置。

2.步进电动机

步进电动机是一种旋转电机，它是由输入的脉冲信号驱动产生相应的角位移，也称脉冲电动机。步进电动机通过高精度的角度控制来实现位移。步进电动机一般是由专用的驱动器来驱动。其控制方式如图5-40所示。

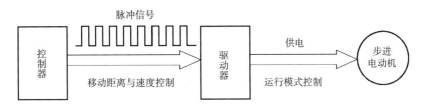

**图5-40  步进电动机控制方式示意图**

步进电动机正常运行所转动的角度与脉冲的个数成正比。脉冲与转动角度成1∶1。如果连续输入脉冲，步进电动机就能连续转动。每一步的转角越小，精度越高。这样，在机器上使用步进电动机，就能使移动构件在指定的目标位置高精度定位。

步进电动机运行有两个要素：一是根据运行距离确定需要的脉冲总数；二是根据运行速度确定驱动脉冲的频率。例如，用一台步进角为0.72°步进电动机直接带动滚珠丝杆上的工作台移动，其示意图如图5-41所示。已知工作台水平移动10 mm（滚珠丝杆转一圈），要求实现工作台用0.5 s移动40 mm的目标。确定其脉冲数和运行频率如下。

脉冲总数为：$\dfrac{360}{0.72} \times 4 = 2\,000$ 个

运行频率为：$\dfrac{2\,000}{0.5} = 4\,000$ Hz（未考虑电动机加速度过程的时间）

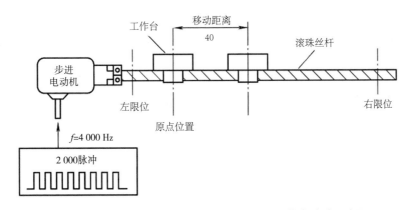

**图5-41  步进电动机直接带动滚珠丝杆上的工作台移动示意图**

### 3.电磁阀对直线气缸动作换向的控制

在自动化仓库系统中，采用了电磁阀控制气缸将货物推出。气缸的活塞杆由高压气体驱动伸出或缩回，气缸的进排气方向由电磁阀控制。气缸作为执行器之一，控制简单方便，应用比较普遍。

控制气缸气路的电磁阀一般用二位五通单线圈控制电磁换向阀，它们的控制工作原理如图5-42所示。当电磁阀线圈通电时，电磁阀气路如图5-42（a）所示，高压气体进入气缸左边将气缸活塞杆推出（推货）；当电磁阀线圈断电时，电气阀气路转变为如图5-42（b）所示，高压气体进入气缸的右边，使气缸活塞杆缩回。

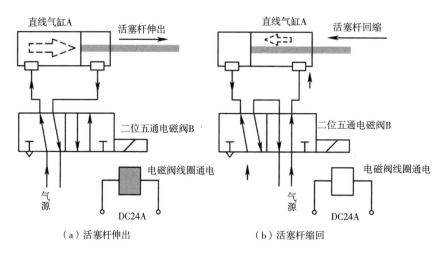

图5-42　电磁阀对气缸动作换向的控制

### 4.自动化仓库的控制要求

（1）自动化仓库工作流程接通开关S，传感器SQ7发光，表示有货进仓，此时电磁阀Y1动作，将货物推至电缸的载货平台。货物落到载货平台后，传感器SQ9移动，表示平台上有货物，步进电动机启动，将平台上货物送至1号仓位采购位置。平台移动后，电磁阀Y2被激活，气缸将货物推入1号货舱。1号货仓传感器SQ1动作，表示该货仓已有货物。载货平台出货后，平台会自动返回原点位置。停止后，若有货物将再次启动。

（2）货物转移、分流和控制货物传送由步进电动机驱动电缸执行。货物运送到各仓位的步数（脉冲数）分别设定为：到1号仓位为1 000步（脉冲）；到2号仓位为2 000步；到3号仓位为3 000步；到4号仓位为4 000步；到5号仓位为5 000步；到6号仓位为6 000步。货物进仓的顺序规定为：1号仓→2号仓→3号仓→4号仓→5号仓→6号仓。全部仓位都有货后停止再运送货物。

（3）货物到位与进仓控制货物到位过程：接通开关S，SQ7指示灯亮，SQ9指示灯亮，表示货物已放到载货平台。开关S可以断开后，货物进入仓库，平台回到右侧限位位置（SQ8指示灯亮），可以重新打开开关S。如果开关S一直开着，那么进货、运输和进入仓库的过程将重复进行，直到六个仓库都装满为止。货物进仓控制过程：货物运送到位后，电磁阀Y2通电，气缸将货物推进仓（仓库检测传感器指示灯亮），货物进仓后，电磁阀Y2关闭，气缸复位，步进电动机回到原点，右限位指示灯（SQ8）亮。

（4）系统启动与停止控制用按钮SB1控制系统启动，进货后，系统启动，货物开始出货，直到满仓后停止操作。在系统运行中，用SB2按钮作停止控制，系统停下后，需要用按钮SB3使系统回到原点，才能重新启动继续运行，直到满仓为止。

5.自动化仓库PLC控制系统的I/O分配

自动化PLC控制系统的I/O分配如表5-15所示。

表5-15 自动化仓库PLC控制系统的I/O分配

| 输入端（I） | | 输出端（O） | |
| --- | --- | --- | --- |
| 外接元件 | 输入继电器地址 | 外接元件 | 输出继电器地址 |
| 启动常开按钮SB1 | X0 | CP（步进驱动器脉冲输出） | Y0 |
| 停止常开按钮SB2 | X1 | DIR（步进驱动器方向控制） | — |
| 复位常开按钮SB3 | X2 | 电磁阀Y1 | — |
| SQ7（进货口货物检测传感器）（系统内置开关控制） | X3 | 电磁阀Y2 | — |
| SQ8（电缸右限位传感器） | X5 | 步进电动机驱动器接线说明：CP：脉冲输出通道 DIR：脉冲输出方向控制 OPTO：公共点（+24 V） FREE：脱机电平（可悬空） | |
| SQ9（平台货物检测传感器） | X6 | | |
| SQ10（电缸左限位传感器） | X7 | | |
| SQ1（1号仓货物检测传感器） | X10 | — | |
| SQ2（2号仓货物检测传感器） | X11 | | |
| SQ3（3号仓货物检测传感器） | X12 | | |
| SQ4（4号仓货物检测传感器） | X13 | | |
| SQ5（5号仓货物检测传感器） | X14 | | |
| SQ6（6号仓货物检测传感器） | X15 | | |

6.PLC程序的编写

（1）设定系统的工作起点（原点）送料平台在原位（右限位传感器SQ8指示灯亮）；电磁阀Y1和Y2复位，指示灯熄灭；步进电动机脉冲数清零。

（2）运用脉冲输出指令PLSY（FNC57）驱动步进电动机设定脉冲频率为1 000 Hz，脉冲数量由各仓位的位置确定，脉冲输出地址设为Y0。由于平台卸货后要回到右限位，所以步进电动机要作方向控制，驱动器DIR接点断开时反转（右移），接通时正转（左移），实现货台的往复操作。

指令PLSY（FNC57）输出的脉冲数存储在以下专用数据记录器中。

D8140（低位）、D8141（高位）：保存Y0输出的脉冲总数。

D8142（低位）、D8143（高位）：保存Y1输出的脉冲总数。

D8136（低位）、D8137（高位）：保存Y0与Y1输出的脉冲总数。

指令PLSY（FNC57）脉冲输完后，指令执行标识M8029=ON。

（3）设定到各仓位的行程所需驱动的脉冲数设定为：位置1是1 000个脉冲，位置2是2 000个脉冲，位置3是3 000个脉冲，位置4是4 000个脉冲，位置5是5 000个脉冲，位置6是6 000个脉冲。

（4）货物进仓顺序由于系统内部已经设定了不能自主选仓，所以货物进仓按1、2、3、4、5、6的顺序进行，各仓全部装货后系统就会停止运行。待系统断电空仓后重新送电才可再次启动进货。

（5）程序编写根据自动化仓库系统的控制要求编写的梯形图程序如图5-43所示。

系统运行过程如下：

①连续运货，系统通电后，右限位传感器（SQ8）指示灯亮，将进货开关S接通，SQ7指示灯亮，表示有货物。此时按下启动按钮SB1，电磁阀Y1指示灯亮，表示将货物推下电缸的运货平台，平台检测货物传感器SQ9指示灯亮，表示运货平台已有货物。然后步进电动机正转运行，到1号仓位停下，电磁阀Y2指示灯亮，表示将货物推下仓库。接着运货平台SQ9指示灯熄灭，表示货物已推入1号仓库，步进电动机反转运行到右限位。此时，若进货开关保持接通（SQ7指示灯亮），系统就会重复上述过程将货物逐一送进2~6号仓库。

②单个运货，如果在货物推下运货平台后将开关断开（SQ7指示灯熄灭），则步进电动机就完成一次运货进仓，回到右限位后（SQ8指示灯亮）就会停止运行，等待进货开关重新接通，再继续运货。

③停止与返回原点控制，在系统运行中按下停止按钮SB2，系统停止运行，已经亮的指示灯会保持。按下返原点按钮SB3，步进电动机会立刻反转运行返回原点停止，重新启动可按SB1。若停止时运货平台传感器（SQ9）指示灯仍亮，表示平台上有货，按

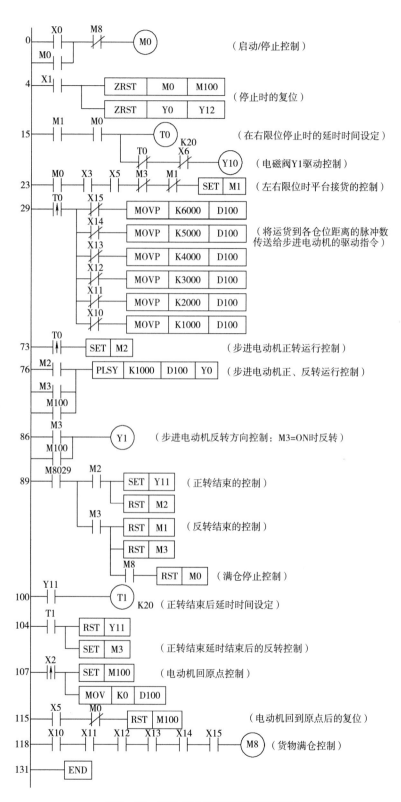

**图5-43 自动化仓库系统梯形图程序**

下SB1重新启动后的两种情况：第一种情况是货已进仓后停止（SQ9指示灯已熄灭），重新启动时电磁阀Y1动作指示灯亮，表示将货物已推下平台，系统在停止状态上恢复运行。第二种情况是货未进仓时停止（SQ9指示灯仍亮），重新启动时电磁阀Y1不动作，电磁阀Y1的指示灯不会亮，系统在停止的状态下恢复运行。

# 第三节　恒压供水系统设计

## 一、设计要求

主要以实验室立体车库为模型，进一步研究立体车库的控制系统，包括升降、横移等功能。三层10个停车位的控制系统将具有升降和横向运动类型的立体车库。所以在车库里存放车辆需要10块载板，7个起重马达，6个横移马达，提供一个电力链接的载板。图5-44显示了该系统的整体框架。

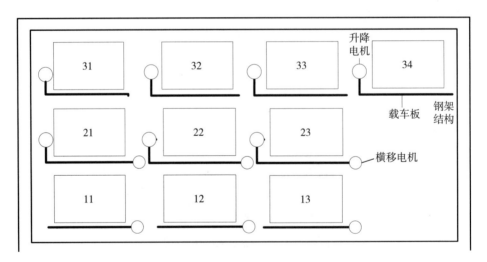

**图5-44　系统的整体框架**

控制面板主要由多个按钮和指示灯组成，用于手动操作车位和显示车库状态。面板上的按钮为输入量，控制车库手动操作；指示灯是输出量，显示车库的运行状态（图5-45）。

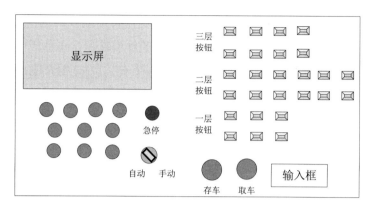

图5-45 控制面板示意图

# 二、硬件系统设计

在系统初始状态下，各部分划分为原点位置。在正常工作条件下，PLC循环扫描检测部分（传感器）输出的信号，PLC将检测到的信号传给三相异步电动机，电动机转动（或换向），带动车板上下（或左右）运动。如果在系统运行过程中有人或物进入系统，系统将立即停止运行，系统结构框图如图5-46所示。

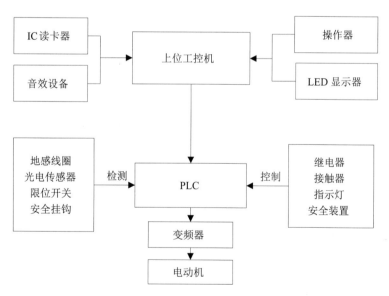

图5-46 系统结构框图

## （一）原理电路及I/O分配

联合实验室车库模型，进一步分析了三层10车位立体车库起落移动控制模式。集成PLC控制的车库，PLC控制端包含车辆停车信号、限位加载板到位、运转时报警信号征集等，由这些反馈信号构成的控制输入端;PLC的输出端包含车载板的起落、灯的亮灭。I/O分配完成后，满足了控制系统的基本控制要求。I/O分配及输出地址分配如表5-16、表5-17所示。

表5-16　I/O分配表

| 符号 | 地址 | 功能说明 | 符号 | 地址 | 功能说明 |
|---|---|---|---|---|---|
| SP0 | I0.0 | x31停车信号 | SP17 | I1.6 | x21上升到位 |
| SP1 | I0.1 | x32停车信号 | SP18 | I1.7 | x21左到位 |
| SP2 | I0.2 | x33停车信号 | SP19 | I2.0 | x21右到位 |
| SP3 | I2.1 | x22上升到位 | SP20 | I2.4 | x23右到位 |
| SP4 | I2.2 | x22右到位 | SP21 | I2.5 | x1下降到位 |
| SP5 | I2.3 | x23上升到位 | SP22 | I2.6 | x11左到位 |
| SP6 | I0.3 | x34停车信号 | SP23 | I2.7 | x11右到位 |
| SP7 | I0.4 | x21停车信号 | SP24 | I3.0 | x2下降到位 |
| SP8 | I0.5 | x22停车信号 | SP25 | I3.1 | x22右到位 |
| SP9 | I0.6 | x23停车信号 | SP26 | I3.2 | x3下降到位 |
| SP10 | I0.7 | x11停车信号 | SP27 | I3.3 | x13右到位 |
| SP11 | I1.0 | x12停车信号 | SP28 | I3.4 | x4下降到位 |
| SP12 | I1.1 | x13停车信号 | SP29 | I3.5 | 报警信号（误入） |
| SP13 | I1.2 | x31上升到位 | SA | I3.6 | 手动/自动 |
| SP14 | I1.3 | x32上升到位 | SB1 | I3.7 | 一层按键 |
| SP15 | I1.4 | x33上升到位 | SB2 | I4.0 | 二层按键 |
| SP16 | I1.5 | x34上升到位 | SB3 | I4.1 | 三层按键 |

表5-17　输出地址分配表

| 符号 | 地址 | 功能说明 | 符号 | 地址 | 功能说明 |
|---|---|---|---|---|---|
| KM1 | Q0.0 | x31下降 | KM6 | Q0.5 | x33上升 |
| KM2 | Q0.1 | x31上升 | KM7 | Q0.6 | x34下降 |
| KM3 | Q0.2 | x32下降 | KM8 | Q1.7 | x22右行 |
| KM4 | Q0.3 | x32上升 | KM9 | Q2.0 | x23下降 |
| KM5 | Q0.4 | x33下降 | KM10 | Q2.1 | x23上升 |

续表

| 符号 | 地址 | 功能说明 | 符号 | 地址 | 功能说明 |
|------|------|----------|------|------|----------|
| KM11 | Q2.2 | x23左行 | KM21 | Q1.5 | x22上升 |
| KM12 | Q2.3 | x23右行 | KM22 | Q1.6 | x22左行 |
| KM13 | Q2.4 | x11左行 | KM23 | Q2.6 | x12左行 |
| KM14 | Q2.5 | x11右行 | KM24 | Q2.7 | x12右行 |
| KM15 | Q0.7 | x34上升 | KM25 | Q3.0 | x13左行 |
| KM16 | Q1.0 | x21下降 | KM26 | Q3.1 | x13右行 |
| KM17 | Q1.1 | x21上升 | HL1 | Q3.2 | 存车指示 |
| KM18 | Q1.2 | x21左行 | HL2 | Q3.3 | 取车指示 |
| KM19 | Q1.3 | x21右行 | P | Q3.4 | 显示输出 |
| KM20 | Q1.4 | x22下降 | | | |

PLC外部硬件电路的设计需要三部分：输入模块、输出模块和电源模块。输入模块中，将征集到的信号传送给可编程控制器，可编程控制器根据采集到的信息进行判断，然后传送给传动元件，以实现PLC的输入模块、输出模块和电气部件的连接，从而控制车板的移动和停止。由于CPU226型PLC只有24个输入口和16个输出口，而PLC则需要输入34个输入点和25个输出点，所以我们需要扩张一个EM223来对本控制系统进行控制。它有16个输入口，能满足我们的需求。PLC内部工作电压为24 V直流，而正常的电源为220 V交流，所以220 V的电压通过开关电源转换为24 V直流。

如图5-47所示为PLC与扩展模块EM 223 I/O接线图。

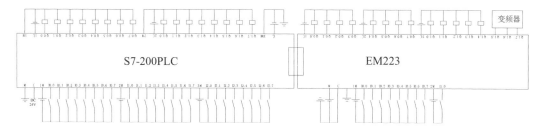

**图5-47 PLC与扩展模块EM223I/O接线图**

### （二）三相异步电动机工作原理及控制电路

按照电机的工作原理，联合系统中车板的运动要求，我们对电机的控制电路进行连接，来完成立体车库控制系统的主电路设计，在本文描述的控制系统中，10个车位，有7个电机用于起落运动，6个电机用来横向运动，这样就需要13个电机来控制载板的运转。在立体车库的控制系统中，首要采纳三相异步电动机，根据要求来完成。控制如图5-48所示。

其控制原理是：在PLC接到传感器反馈的信号时，PLC相对应的常开触电闭合，触电闭合后带动相对应的交流接触器线圈得电，驱动电动机正转（或反转），从而实现对各车位载车板的运动轨迹控制。

### （三）变频参数设置

用来调节三相异步电动机运转速率的三维车库控制系统采纳西门子MM440变频器。MM440变频器有很多型号。恒转矩支配方配的额定功率范围为120 W~200 kW，变转矩控制方式最高可达250 kW。MM440系列变频器有8个规格：$A \leq F$，FX和GX[4]。根据车库控制系统的控制要求和安装要求，对变频器进行优化选型，结合所有要求，我们可以选用MM440系列的变频器，它包含PROFIBUS模块接口。电压输入为三相交流输入，输出为三相交流输出，输入最高电压为480 V，最低电压为380 V，两种电压之间的三相交流输入电压，最大输出功率为22 kW。MM440可以与主控PLC控制系统之间完成通信，通过接口完成实现。PLC调节电机速度来源于总线，达到变频调试的目的。其设置如表5-18所示。

表5-18 变频器参数设置

| 功能代码 | 名称 | 设定数据 | 默认数据 | 说明 |
|---|---|---|---|---|
| P0300 | 电动机类型 | 1 | 1 | 异步电动机 |
| P1120 | 斜坡上升时间 | 10 | 0 | 从静止状态到达最高频率状态 |
| P1121 | 斜坡下降时间 | 10 | 0 | 从最高频率状态到达静止状态 |
| P1080 | 第一速度频率 | 10 | 0 | 第一频率为10 HZ |
| P1081 | 第二速度频率 | 20 | 25 | 第二频率为20 HZ |
| P1082 | 第三速度频率 | 50 | 50 | 第三频率为50 HZ |

## 三、系统软件设计

在控制系统中，硬件建设完成后，接着完成软件建设，软件是整个控制系统的核心控制部分，本章将讲解软件的总体流程设计一些程序。

### （一）系统总体流程设计

根据PLC立体车库的控制流程，做以下说明：电动自检后，车位返回到原点位置，

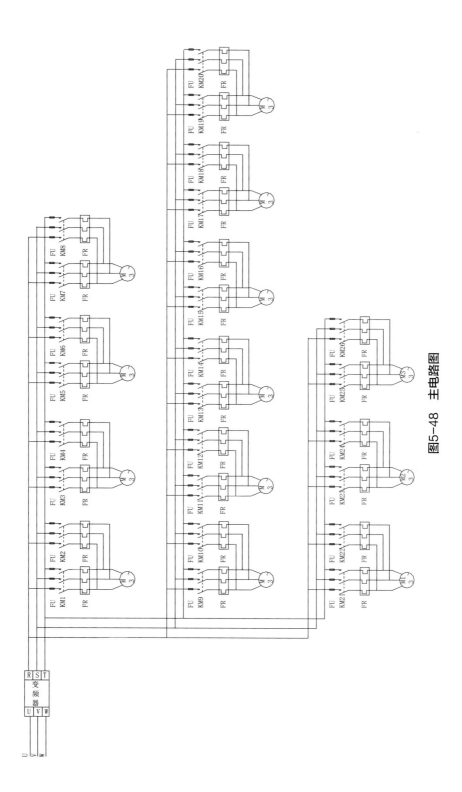

图5-48 主电路图

有信号入库（或取车）时，先锁定信号，再执行车位选择（或车位确定）操作，完成存/取车。存/取车机械运动过程由PLC来控制。其流程图如图5-49所示。

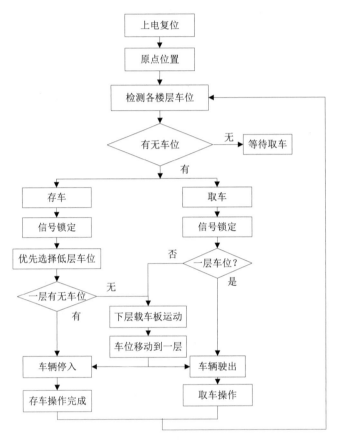

图5-49 控制系统总体流程图

## （二）梯形图设计

### 1.上电复位

当系统第一次上电时，必须完成PLC内部寄存器的定位/复位。最后一个内部寄存器复位后，整个复位操作完成，上电复位程序终止。上电复位梯形图如图5-50所示。

### 2.车位复位

完成车位回归的操作，需要进行复位顺序控制。因为在初始状态下，车位的位置可能是随机的，需要进行车位的复位，完成车位回归原点的操作。车位复位梯形图如图5-51所示。

### 3.车位有无与存车信号锁存

在仓库存放车辆时，需要判断是否有停车位，如果没有停车位，它停止存放，等

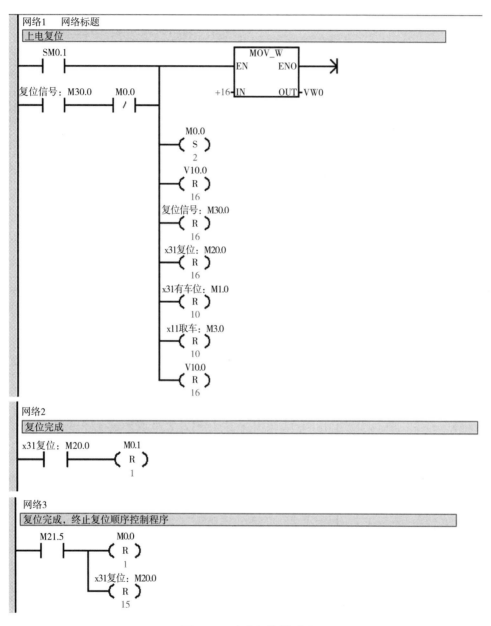

图5-50 上电复位梯形图

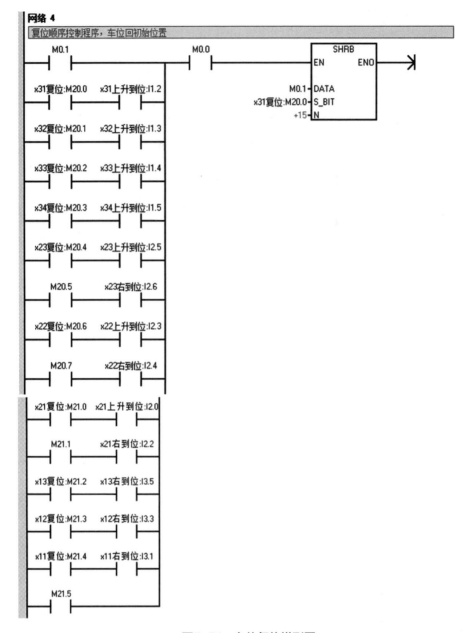

图5-51 车位复位梯形图

待取车；在有车位的情况下，先锁定存储信号，只有锁定信号后，才能计算出存储位置，并应找到空闲空间进行停车。图5-52是位置信号锁存梯形图。

4.取车信号锁存

驱车和存车的原理与存储的原理是一样的。如果有信号要先锁定，当有拾取信号时，在计时器开始完成计时（延迟0.1 s后），复位取号。取车信号锁存梯形图如图5-53所示。

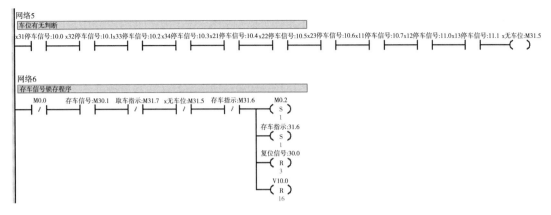

图5-52　位置信号锁存梯形图

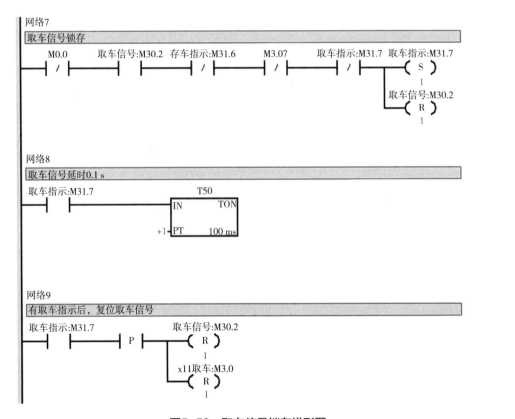

图5-53　取车信号锁存梯形图

### 5.车位分配分析

在车库的设计中，首先要考虑优先访问问题。在本文所提到的控制系统中，通过软件设计实现了自动分配功能。系统中有10个停车位，可以在系统内部建立数据库，对数据库的置位来实现车位的分配。车位分配流程图如图5-54所示。

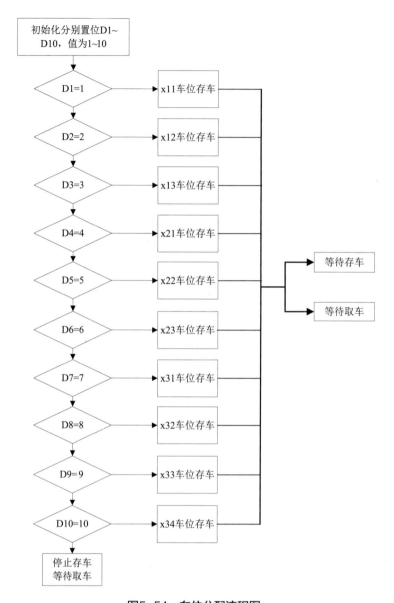

图5-54 车位分配流程图

10个车位分别表示为x11、x12、x13、x21、x22、x23、x31、x32、x33、x34，PLC内部的数据寄存器为D1~D10。当数据寄存器等于1时，这表示对应车是没有车位的；如数据寄存器等于0时，就表示现在车位上是有车的。为了实现其优先级，将D1~D10控制系统初始化被赋予一个数值，分别是1~10，当前的存储器在每完成一次存储后被放置在1，相对应的车位在取车后被放置。在进来比较程序确定下次拾取哪个载车板，载车板就不复返回原来的位置，而是等候取车作业的进行。

（三）系统调试

针对实时监控，我们采纳MCGS组态来进行监控一些仿真和运行的状况。

MCGS为英文"monitorand control generated system"的缩写，译为中文为"通用监控系统"，主要用于实时监控，是具有完善系统、操作简单、界面直观、系统维护性强的通用计算机系统软件。这些特点使得MCGS系统在工业监控上有一定的优势。

组态环境是一个可以根据自己的想法进行设计的工具软件，也是一套比较齐全的软件；按照组态环境中的装置，也就是运行环境，它是相对的系统，以完成用户目标来完成各种处理。上面两个环境就是MCGS的两大主要组成部分。MCGS系统可以生成用户所需要的应用系统，主要有五部分组成：主控窗口、用户窗口、设备窗口、实时数据库和运行战略，其组态环境结构图如图5-55所示。

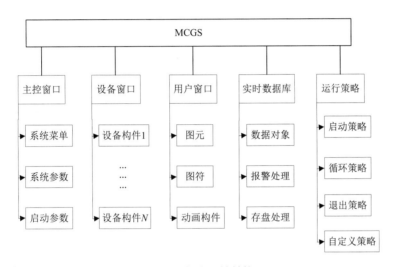

**图5-55  组态环境结构图**

通过对设备运行状态和总体结构的分析，完成调试内容，并对其功能进行了分类，完成了工程配置工作。设置了其设备属性、设备调试和数据处理等相关参数的基本属性，参数设置图如图5-56所示。

参数设置完成后，配置监控页面进行屏幕设置。在元件库内选择相应元件放置在界面内，将各元件放置在指定位置，最后将各元件组合在一起，完成监控页面的设定。其页面设定情况如图5-57所示。

图5-56　参数设置图

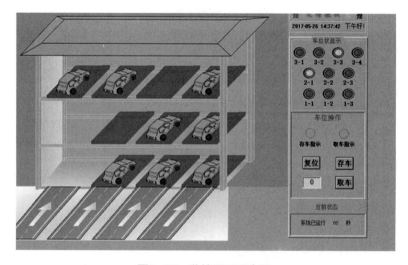

图5-57　监控界面设定图

# 习题

1.什么是立体车库？

2.立体车库的主要优点是什么？

3.立体车库的主要缺点是什么？

4.在设计立体车库时需要考虑哪些因素？

5.立体车库的结构类型有哪些？

6.立体车库中使用的机械设备有哪些？

7.立体车库的安全措施有哪些？

8.立体车库的操作流程是什么？

9.与传统的停车场相比，三维立体车库有哪些优点？

10.立体车库的控制器是什么？

11.什么是升降平移式立体车库？

12.什么是机械式托盘式立体车库？

# 第六章

# 火灾报警联动系统

# 第一节　火灾报警联动系统基础

## 一、火灾报警联动系统的概述

火灾自动报警系统（automatic fire alarm system）是探测火灾早期特征、发出火灾报警信号，为人员疏散、防止火灾蔓延和启动自动灭火设备提供控制与指示的消防系统。

消防联动控制系统（automatic control system for fire protection）接收火灾报警控制器发出的火灾报警信号，按预设逻辑完成各项消防功能的控制系统。通常由消防联动控制器、模块、气体灭火控制器、消防电气控制装置、消防设备应急电源、消防应急广播设备、消防电话、传输设备、消防控制室图形显示装置、消防电动装置、消火栓按钮等全部或部分设备组成。

火灾报警联动系统是以上两种系统合并成一个系统的简称。它是一种用于监测火灾和及时采取应急措施的安全系统。它由火灾探测器、报警设备、联动控制系统以及其他相关设备组成，旨在提供火灾预警、报警通知、联动控制等功能，最大限度地保护人员和财产安全。

在火灾报警联动系统中，火灾探测器负责实时监测环境中的温度、烟雾、火焰等火灾特征，并将检测到的异常信号传输给主控平台。主控平台根据接收到的信号，通过报警设备如声光报警器、显示屏等发出警报信号，以通知现场人员或相关部门，并启动相应的联动控制系统。

联动控制系统可以与其他安全设备进行互联，如自动喷水灭火系统、疏散门禁系统、通风设备等，以实现自动化的火灾应急响应。例如，在探测到火灾信号后，系统可以自动切断电源、启动喷水系统、打开疏散门等，从而迅速减少火灾的扩散并确保人员的安全疏散。

火灾报警联动系统的概述包括系统的组成部分、工作原理、功能特点等。通过提供实时的火灾预警和快速的响应措施，火灾报警联动系统大大提高了发现和处理火灾的效率，保护人员生命和财产安全。火灾报警联动系统是基于现代通信技术、传感器技术和控制技术的一种智能化安全系统。它的主要目标是及时发现火灾并采取相应的措施，最大限度地减少火灾造成的人员伤亡和财产损失。

火灾报警联动系统的主要特点和功能包括。

实时监测和检测：系统通过火灾探测器实时监测环境中的火灾特征，包括温度变化、烟雾浓度、火焰光照等，以快速准确地发现火灾隐患。

快速报警和通知：一旦火灾信号被探测到，系统会立即通过声光报警器、显示屏、手机短信等方式发出警报，及时通知现场人员和相关部门。

联动控制与自动化：火灾报警联动系统可以与其他安全设备进行联动，实现自动化的应急控制。例如，系统可以自动关闭电源、启动喷水灭火系统、控制疏散门禁等，最大限度地降低火灾影响。

远程监控和管理：通过网络连接，系统可以远程监控和管理多个火灾报警联动系统，实现对各个设备的集中监控、配置和控制。

数据记录和分析：系统可以对火灾报警事件进行记录，包括报警时间、位置、类型等信息，以便分析和处理后续的事件。

火灾报警联动系统在商业建筑、住宅小区、工业厂房等各种场所应用广泛。通过及时、准确地发现火灾隐患并采取相应措施，它能够提高火灾应急响应的效率，最大限度地保护人员的生命安全和财产利益。同时，系统还可以通过数据分析和优化，提升火灾预防和管理的水平，降低火灾风险。

除了以上提到的基本功能和特点，火灾报警联动系统还具有以下补充功能和特点。

可视化监控：系统可以通过监控摄像头来实现对火灾场景的实时视频监控，提供更直观的信息。这可以帮助应急人员更准确地判断火灾情况，并采取适当的措施。

智能分区监测：系统可以将建筑物划分为不同的区域，并对每个区域进行独立的监测和报警。这样可以更精确地确定火灾发生的位置，提高火灾处理的效率。

多层次报警处理：系统可以设置多个级别的报警条件和响应措施。根据火灾的严重程度，系统可以触发不同级别的报警和联动控制，以适应不同类型和规模的火灾应急需求。

智能诊断与故障排除：系统能够自动进行故障诊断，检测设备的状态和异常，提供自动化的故障排除建议，这有助于减少故障处理时间和维护成本。

数据统计和分析：系统可以对火灾报警事件和设备运行状态进行数据统计和分析，生成报表和趋势图，为管理者提供决策参考和预防措施改进的依据。

智能联动策略：系统可以根据不同的火灾情况和应急需求，灵活制定联动策略。例如，在特定时间段或特定区域内，可以设置不同的联动措施和优先级，以应对不同的紧急情况。

火灾报警联动系统通过多种高科技手段和智能化功能，提供了快速、准确的火灾监测和应急响应能力。它可以有效减少火灾造成的人员伤亡和财产损失，并为管理者提供全面的安全管理和决策支持。

## 二、系统需求分析

（一）安全性需求

火灾报警联动系统的安全性需求是为了确保系统的信息和功能受到保护，防止未经授权的访问、篡改、破坏和数据泄露。以下是一些常见的火灾报警联动系统安全性需求：

1.访问控制

系统应该有一个严格的访问控制机制，仅允许授权用户进行登录和操作。用户应该有不同的权限级别，以限制对系统各个功能的访问。

2.数据加密

系统应该使用安全的加密协议，对数据进行加密传输，以防止数据被截获和解密。这包括传输中的实时数据和存储在系统中的敏感信息。

3.安全认证

系统应该支持用户身份验证机制，如用户名和密码、双因素认证等，确保只有授权用户才能登录和使用系统。

4.安全审计

系统应该记录用户操作日志和事件日志，包括登录日志、操作记录、报警事件等，以便进行安全审计和追踪。

5.防止物理入侵

系统的硬件设备应该采取防护措施，如防火、防水、防尘等，以确保设备的稳定性和应对恶劣环境的能力。

6.网络安全

系统应该在网络层面上采取安全措施，如防火墙、入侵检测系统等，以保护系统免受网络攻击和恶意入侵的威胁。

7.系统备份和恢复

系统应该具备数据备份和紧急恢复机制，以应对系统故障、数据丢失和灾难恢复等情况，确保系统的可靠性和可用性。

8.安全培训和意识

系统使用的管理员和操作人员应该接受相关的安全培训，了解系统的安全性需求和操作规范，以确保系统的正确使用和管理。

火灾报警联动系统的安全性需求包括访问控制、数据加密、安全认证、安全审计、防止物理入侵、网络安全、系统备份和恢复，以及安全培训和意识。在系统设计和实施中，应考虑这些需求，并采取适当的措施来保护系统的安全性。

（二）可靠性需求

火灾报警联动系统的可靠性需求是确保系统能够持续稳定地工作，并及时准确地检测和响应火灾事件。以下是一些常见的火灾报警联动系统可靠性需求：

1.传感器可靠性

系统使用的火灾传感器需要具备高可靠性和准确性，能够及时检测火灾风险，减少误报和漏报的可能性。

2.警报设备可靠性

系统中的警报设备，如声光报警器、呼叫系统等，需要具备高可靠性，确保在发生火灾时能够及时发出警报信号，并引起人们的注意和反应。

3.数据传输可靠性

系统使用的数据传输通道需要具备高可靠性，确保传输的数据不会丢失或损坏，采用冗余传输通道和错误校验机制可以提高数据传输的可靠性。

4.系统响应时间

系统应能够在最短的时间内响应火灾事件，迅速发出警报和采取相应的措施，较短的响应时间可以减少火灾的扩散和损害。

5.系统冗余和容错性

为提高系统的可靠性，可以使用冗余的硬件和设备，以防单点故障。系统还应具备容错机制，能够自动检测和修复故障，保持系统的正常运行。

6.持续监控和维护

系统需要进行定期的监控和维护，确保设备的正常运行。定期检查传感器、警报设备和通信设备的工作状态，及时更换和修复有故障的设备。

7.系统可扩展性

系统应具备可扩展性，能够根据实际需要扩展设备和功能。例如，可以添加更多的传感器、监控摄像头或接入其他安全设备。

8.备份和恢复机制

系统应具备数据备份和紧急恢复机制，以防止数据丢失和系统故障。定期备份系统数据，确保数据的安全和完整性。

综上所述，火灾报警联动系统的可靠性需求包括传感器和警报设备的可靠性、数据传输可靠性、系统响应时间、系统冗余和容错性、持续监控和维护，系统可扩展性，以及备份和恢复机制。在系统设计和实施中，应考虑这些需求，并采取适当的措施来提高系统的可靠性。

另外，还应考虑一些额外的因素：

1.环境适应性

火灾报警联动系统需要适应各种环境条件，包括室内、室外、高温、低温、潮湿等。系统组件和设备应具备防水、防尘、耐高温等特性，以确保在各种环境下的可靠运行。

2.电力供应可靠性

火灾报警系统依赖于稳定的电力供应。因此，系统应具备电力备份机制，如备用电源或电池，以防止断电情况下系统无法正常工作。

3.防止误报

火灾报警系统应具备抗干扰能力，以防止误报情况的发生。该系统应设计具有智能算法和优化设置，以尽可能减少虚假报警且不影响及时准确地检测真实火警的能力。

4.安全更新和维护

系统应支持安全的软件更新和维护流程，以确保系统能够及时更新和修复潜在的安全漏洞，保持系统的安全性和可靠性。

5.健壮性和可恢复性

系统应具备健壮性和可恢复性。它应该能够自动识别故障、修复故障组件，并在出现故障时能够自动切换到备用组件，提供持续稳定的功能。

火灾报警联动系统的可靠性需求包括环境适应性、电力供应可靠性、防止误报、安全更新和维护，以及系统的健壮性和可恢复性。在系统设计和部署过程中，这些需求应被充分考虑，并采取适当的措施来确保系统的高可靠性和稳定性。

除了之前提到的可靠性需求外，火灾报警联动系统还有以下一些补充性求：

1.系统监测和自诊断

火灾报警联动系统应具备自我监测和自诊断的能力，能够检测和报告系统中的故障和异常状态。这样可以提前发现问题并采取相应的修复措施，减少系统故障和中断的可能性。

2.系统容量和性能

火灾报警联动系统应具备足够大的容量和性能以应对实际需求。系统应能够处理大规模的传感器数据、实时视频流和大量的用户请求，而不影响系统的响应时间和准确性。

3.系统兼容性

火灾报警联动系统应与现有的安全设备和基础设施兼容，并提供适当的接口和集成能力。这样可以实现系统的无缝集成和互操作性，确保整个安全系统的可靠性和一致性。

4.灾难恢复

火灾报警联动系统应具备灾难恢复的能力，以保证系统在灾难事件（如火灾、自然灾害等）发生后能够快速恢复，并继续提供可靠的服务。这可能涉及备份数据的存储和保护、紧急响应计划的制订等。

5.更新和升级

火灾报警联动系统需要定期进行软件和硬件的更新和升级，以修复漏洞、改进性能和功能，并确保系统的可靠性得以持续提升。

6.培训和支持

针对系统操作人员和管理人员，提供培训和支持是确保系统正常运行的关键。培训人员应熟悉系统的操作和维护，了解故障排除和应急处理的步骤，以便及时解决问题并确保长期的可靠运行。

火灾报警联动系统的可靠性需求还包括系统监测和自诊断、系统容量和性能、系统兼容性、灾难恢复、更新和升级，以及培训和支持。通过满足这些需求，可以提高火灾报警联动系统的可靠性，并确保其在任何情况下能够可靠地运行和提供有效的保护。

（三）功能性需求

当涉及火灾报警联动系统的功能性需求时，以下是一些更具体的细化需求：

1.火灾检测和报警

能够及时识别烟雾、温度变化、气体浓度等火灾迹象，并准确触发报警。提供不同级别的警报，以便根据火灾程度进行不同方式的应对并在报警时发出可听见的声音和可见的光亮，引起人们的注意。

2.实时数据采集和监测

实时采集各种传感器的数据，包括烟雾、温度、$CO/CO_2$浓度等。实时监测传感器的状态，当传感器出现故障或失效时，能够发出警报和通知。

3.可视化监控和控制

提供直观的可视化界面，显示各个传感器的状态和监测数据。允许用户通过界面控制警报设备、火灾报警系统和其他相关设备的操作，实时显示警报触发情况和执行的联动措施。

4.联动报警和通知

能够与其他安全设备和系统实现自动联动，如自动关闭门窗、关闭电源等。在火灾发生时，能够通过短信、电话、邮件等方式及时通知相关人员和机构。

**5.烟雾和热源识别**

能够准确识别真实火灾的烟雾和热源，同时降低误报率。采用先进的算法和技术，提高火灾识别的准确性和可靠性。

**6.事件记录和分析**

记录火灾事件的发生时间、位置、触发的警报、联动措施等关键信息。支持对事件记录的查询、统计分析和报表生成，用于后续的事件溯源、风险评估和决策支持。

**7.用户权限管理**

提供不同级别的用户角色和权限管理，以确保安全和保护系统免受未经授权的访问。允许管理员设置和管理用户账号、权限和访问级别。

**8.远程监控和管理**

支持远程访问和管理火灾报警联动系统，无论用户身在何处均可随时监控系统状态。通过互联网连接，提供远程控制警报设备、联动设备和设置参数的能力。

**9.报表和数据导出**

提供生成报表和导出数据的功能，以便用户进行统计分析、趋势掌握和决策管理。支持以多种格式导出数据，如Excel、CSV等。

**10.实时警报推送**

在火灾发生时，能够通过手机应用程序、电子邮件、手机短信等方式向相关用户发送实时警报信息。允许用户自定义警报推送方式和接收人员。这些细化的功能性需求将有助于确保火灾报警联动系统能够提供准确、实用和高效的功能，以增强火灾预防和管理的能力。根据具体的用户需求和环境条件，可以定制和扩展这些需求，以更好地满足实际应用场景中的要求。

# 第二节　火灾报警联动系统设计

## 一、系统结构设计

火灾报警联动系统的系统结构设计是指系统的组成部分、数据流和通信方式等方面的设计。火灾自动报警系统框图如图6-1所示。

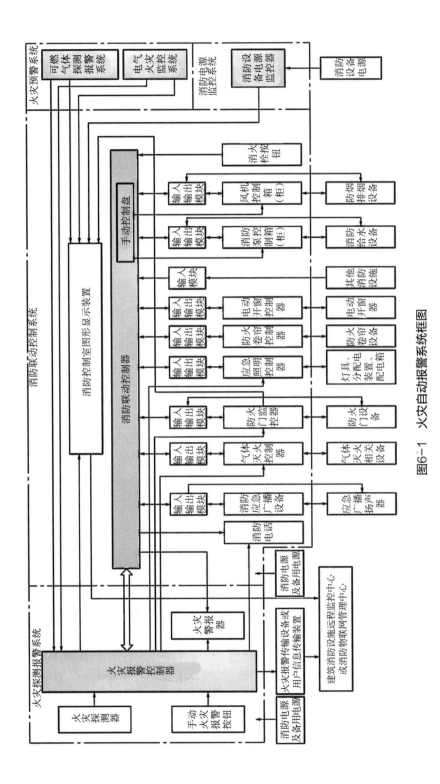

图6-1　火灾自动报警系统框图

## （一）火灾报警联动系统系统结构示例

### 1.传感器部分

烟雾传感器：用于检测烟雾浓度和烟雾颗粒，发现火灾迹象。

温度传感器：用于监测环境温度的变化，判断是否有火灾风险。

$CO/CO_2$ 传感器：用于检测一氧化碳和二氧化碳浓度，判断火灾燃烧程度。

### 2.中央控制部分

控制主机：负责接收传感器数据、判断是否有火灾发生，并触发相应的联动措施和警报。

系统管理界面：供管理员和操作员使用的界面，用于设置参数、管理用户权限、监控系统状态等。

### 3.联动设备部分

警报器：包括声光警报器、警报灯、喷水系统等，用于发出警报通知人们发生火灾。

防火门、通风设备等其他关联设备：当火灾发生时，自动关闭或开启，用于隔离和控制火势。

### 4.数据传输与通信部分

无线或有线网络：用于传输传感器数据、接收控制指令以及系统管理信息。

云平台或服务器：用于存储传感器数据、事件记录，并支持远程访问、管理和监控系统。

### 5.远程监控和报警通知部分

手机应用程序：用户通过手机应用程序可以实时监控系统状态、接收警报通知，并远程控制相关设备。

电子邮件、短信等方式：向相关用户发送警报信息，以提醒他们采取相应的应对措施。在火灾报警联动系统的系统结构设计中，还需要考虑灵活的扩展性和可靠性，系统应支持多个传感器和联动设备的集成，以满足不同场所的需求。同时，系统应具备故障自动恢复和备份等可靠性机制，确保系统的稳定性和持久性。此外，根据具体场景和需求，可能还有其他附加组件和特定功能的添加，如视频监控、远程控制门禁系统等，以提供更全面的火灾预防和管理方案。

综上所述，火灾报警联动系统的系统结构设计包括传感器部分、中央控制部分、联动设备部分、数据传输与通信部分，远程监控和报警通知部分。这个设计可以确保系统可靠地监测和检测火灾风险，并及时触发警报和联动措施，以提供有效的火灾预警和管理功能。

（二）主控平台设计

火灾报警联动系统的主控平台设计是指系统中负责集中管理和控制的主控平台的设计。下面是火灾报警联动系统主控平台设计的一些建议：

1.用户界面设计

提供直观、易用的用户界面，让用户能够方便地操作和管理系统。设计清晰的菜单和功能布局，使用户能够快速定位所需的功能。采用可自定义的仪表盘和报表功能，以便用户根据自己的需求和偏好进行个性化设置。

2.设备管理和监控

提供设备注册和设备管理功能，包括添加、删除、配置和监控传感器、联动设备等。实时监控传感器状态、联动设备状态和联动控制的执行情况，并及时报警和通知管理人员。

3.规则和策略设置

允许管理员根据实际需求设置和调整火灾检测规则和联动策略。提供灵活的参数设置，如烟雾灵敏度、温度阈值、联动条件等，以便根据特定环境进行自定义配置。

4.事件记录和报警管理

记录和管理火灾事件的发生、处理过程和结果，包括报警记录、警报推送情况、联动措施的执行情况等。支持对事件记录的查询、统计分析和报表生成，以供后续的事件溯源、风险评估和决策支持。

5.用户权限和安全性管理

提供用户角色和权限管理功能，以确保系统的安全性和数据的保密性。允许管理员设置和管理不同用户的访问权限，限制其对系统的操作范围和敏感数据的访问权限。

6.远程访问和管理

支持通过互联网远程访问和管理主控平台，以便用户可以随时随地监控和管理火灾报警联动系统。采用安全的网络通信协议和加密机制，保障远程访问的安全性和可靠性。

7.报警通知和应急响应

提供多种报警通知方式，如手机应用程序、电子邮件、短信等，及时通知相关人员和机构。支持应急响应计划的设置和执行，包括自动联动措施的触发、对预定义的紧急联系人的通知等。

8.数据分析和系统优化

支持对系统数据进行实时分析和监测，包括传感器数据、报警记录、联动控制执行情况等。提供数据趋势分析和报表功能，以便用户进行性能评估、故障排除和系统优化。以上建议可以作为设计火灾报警联动系统主控平台的参考。具体的设计应根据实际需求进行调整和扩展，以确保主控平台能够满足用户的功能需求和使用体验。

### （三）子系统设计

火灾报警联动系统的子系统设计是指系统内部各个相关子系统的设计。这些子系统通常相互独立，但又相互协作，共同实现系统的功能。以下是火灾报警联动系统中常见的子系统设计示例。

1.火灾检测子系统

烟雾传感器子系统：负责监测烟雾浓度和颗粒，以及时发现火灾迹象。

温度传感器子系统：监测环境温度变化，判断是否有火灾风险。

$CO/CO_2$传感器子系统：检测CO和$CO_2$浓度，判断火灾烧毁程度。

2.联动控制子系统

警报器子系统：负责触发声光警报器、警报灯等联动设备，发出警报通知。

防火门子系统：监控火灾发生时的门禁系统，实现自动开关门控制。

喷水系统子系统：根据火灾监测结果，自动启动喷水系统进行灭火。

3.主控与通信子系统

控制主机子系统：负责接收传感器数据并进行处理，判断是否有火灾发生，触发警报和联动控制。

数据中心子系统：存储和管理传感器数据、事件记录、报警日志等信息。

通信子系统：负责与外部系统进行数据交换和通信，如手机应用、监控中心等。

4.用户界面子系统

前端界面子系统：提供直观、易用的用户界面，供用户进行系统操作和监控。

移动应用子系统：为用户提供手机应用程序，使其可以远程监控和管理火灾报警联动系统。

Web界面子系统：通过Web页面，用户可以使用浏览器访问系统，并查看状态、事件记录等。

5.安全管理子系统

用户权限子系统：管理用户角色和权限，控制用户对系统的访问和操作权限。

日志和审计子系统：记录系统的操作日志、事件处理过程和报警记录，用于溯源和审计。

6.报警通知子系统

报警推送子系统：根据火灾报警情况，通过手机应用、短信、电子邮件等方式发送实时警报通知。

外部接口子系统：与相关机构或监控中心进行集成，实现报警信息的传输和通知。

这些子系统的设计应该根据具体需求和系统规模来确定，以满足火灾报警联动系统的功能和性能要求，并提供高可靠性和可扩展性。同时，子系统之间应具备良好的通信和协作能力，保证各子系统之间的数据传输和业务流程的协同运行。综合考虑子系统的设计，可以确保火灾报警联动系统能够提供准确、可靠的火灾预警和应急处理能力。

## 二、火灾探测器的选择与布置

火灾探测器的选择与布置指的是在建筑物或场所中选择合适的火灾探测器类型，并将其安装在适当的位置，以提前探测和报警火灾，从而及时采取适当的措施来减少火灾对财产和人员的伤害。

火灾探测器地选择涉及选择适合特定环境和场所探测的器类型，如烟雾探测器、温度探测器、光纤探测器或气体探测器等。不同类型的火灾探测器有不同的工作原理和特点，适用于不同类型的火灾。火灾探测器的布置包括将探测器安装在建筑物内的特定位置，以覆盖潜在的火灾风险区域。布置原则包括根据火灾风险等级将区域划分、合理选择探测器数量和密度、避免形成盲区、避开可能影响探测器正常工作的因素等。

通过正确地选择和布置火灾探测器，可以提高火灾检测的准确性和响应速度，及时发出报警信号，帮助人们采取必要的应对措施，从而保护生命财产安全。

（一）不同类型火灾探测器的特点与应用

1.光电烟雾探测器

特点：利用光散射原理，主要有两个部分，光源和光敏元件。当烟雾进入探测器时，烟雾中的微小颗粒会散射光线，光敏元件会侦测到光线变弱或被阻挡，并触发报警信号。

应用：适用于慢速燃烧或产生大量烟雾的火灾，如烟雾较长时间积聚型火灾。常见的应用场所包括住宅、办公室、商场、酒店、学校等。

2.离子烟雾探测器

特点：离子探测器包含一个放射性源和两个电极。当烟雾进入探测器时，烟雾中的离子会干扰放射性源和电极之间的电流流动，从而触发报警。

应用：适用于快速燃烧或产生大量烟雾的火灾，如明火或火灾发展较快的场所。常见的应用场所包括电力设备间、车库、工业厂房、仓库等。

3.热感烟雾探测器

特点：这种探测器结合了烟雾检测和温度检测两个元素。它可以通过烟雾或温度的变化来触发报警。

应用：适用于需要快速响应和准确探测的场所，如厨房、车间、电气设备间等。由于具备温度监测功能，它还可以用于预测火势发展速度，以提前发现火灾蔓延的风险。

感烟火灾探测器、感温火灾探测器的安装间距，应根据探测器的保护面积$A$和保护半径$R$确定，并不应超过本规范附录E探测器安装间距的极限曲线D1～D11（含D′9）规定的范围，如图6-2所示。

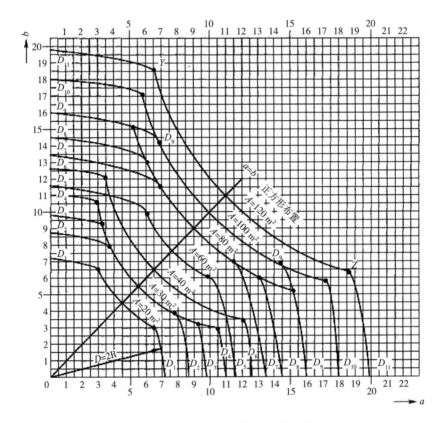

**图6-2　探测器安装间距的极限曲线**

$A$为探测器的保护面积（m²）；$a$、$b$为探测器的安装间距（m）；

D1～D11（含D′9）为在不同保护面积$A$和保护半径下确定探测器安装间距$a$、$b$的极限曲线；Y、Z为极限曲线的端点（在Y和Z两点间的曲线范围内，保护面积可得到充分利用）。

4.气体探测器

特点：这种探测器通过检测特定气体的浓度变化来触发报警，常见的有CO和$CH_4$等气体。

应用：适用于燃气设备房间、厨房、车间等可能发生燃气泄漏或一氧化碳中毒的场所。气体探测器可以预警危险气体的泄露，以及时采取应急措施，保障人员安全。

选择正确类型的火灾探测器并根据实际需求进行布置，可提高火灾检测的准确性和响应速度，有效防止火灾的蔓延和损害。根据建筑结构、使用特点和火灾风险评估等因素，与消防专业人员合作，确定最佳的探测器类型和布置方案。

### （二）火灾探测器的布置原则

火灾探测器的布置原则是关乎生命财产安全的重要问题。以下将详细阐述火灾探测器布置的原则，确保灵敏准确地探测到火灾风险，最大限度地保护人员和财产的安全。

1.区域划分和火灾风险评估

根据建筑物的功能、形态和使用情况，将区域划分为不同的火灾风险等级。这涉及考虑不同区域的火灾危险性、易燃物质的类型和数量、人员密度等因素。通过进行火灾风险评估，确定每个区域所需的火灾探测器类型和数量。

2.探测器布置位置

在每个区域内，探测器的布置位置应该接近潜在的火源、易燃区域、通道口、电气设备间等。布置探测器的目的是尽早探测到火灾迹象，从而及时采取措施。例如，在住宅场所，烟雾探测器通常布置在每个关键房间（如卧室、起居室、厨房）和走廊上。在商业建筑或工业场所，应根据具体情况划分区域并有针对性地布置探测器。

3.控制盲区

在探测器的布置过程中，需要避免形成盲区，即确保整个区域都能被探测器有效覆盖到。应将探测器安装在天花板和墙壁交接处，避免过近于通风口、空调设备和大型电气设备等可能影响探测器正常工作的地方。同时，针对探测器的探测范围和角度进行合理的安排，以确保全方位的探测覆盖。

4.数量和密度

探测器的数量和密度要根据探测器类型和规范要求来确定。一般来说，每个房间或区域最佳的探测器数量具体取决于区域的大小和火灾风险等级。探测器之间的间距应根据探测器类型和厂家建议而定，通常为探测器所覆盖范围的一半。根据现行规范要求和标准，确保探测器能够灵敏地检测到火灾迹象。

5.定期检测和维护

一旦探测器安装完毕，定期的检测和维护是至关重要的。应按照厂家提供的检测和维护指南，进行定期的探测器功能测试和电池更换。这将确保探测器正常工作和可靠性，及时修复或更换发现的故障设备。维护记录和故障情况的记录可以帮助监测和追踪探测器的性能。

火灾探测器的布置原则涉及区域划分、布置位置、控制盲区、数量与密度以及定期检测和维护等方面。通过遵循这些原则，可以在建筑物内合理布置火灾探测器，提高火灾检测的准确性和响应速度，最大限度地保护人员和财产的安全。

## 三、报警信号传输装置的设计

火灾报警信号传输装置的设置是指将火灾报警信号通过特定的设备和通信方式传递到接收中心或相关人员的过程。

### （一）火灾报警信号传输装置要点

**1.报警主机**

报警主机是火灾报警系统的核心设备，负责监测火灾探测器的信号，并触发报警过程。在报警主机中，需要设置合适的参数，如报警延时、触发条件等，以确保报警的准确性与可靠性。

**2.通信方式**

火灾报警信号需要被及时传输给接收中心或相关人员。通信方式包括有线和无线两种类型。

有线通信：通过电缆连接，稳定可靠，适用于建筑物内部或相对近距离的传输。常用的有线通信方式有互联网协议（IP）通信、以太网、公共交换电话网（PSTN）等。

无线通信：通过无线信号进行传输，可适用于无法布线的区域或需要远距离传输的情况。常用的无线通信方式包括移动通信网络（如GSM、3G、4G、5G）、无线局域网（Wi-Fi）等。

**3.报警中继设备**

如果火灾报警系统分布在不同区域或建筑物内，中继设备的设置可以将报警信号从报警主机传递到接收中心。中继设备通常是可靠的通信传输设备，它们将报警信号转发给接收中心或相关人员，并提供相应的位置或区域标识。

**4.接收中心及相关人员**

火灾报警信号需要被接收中心或相关人员及时接收和处理。接收中心可以是消防部门的指挥中心、安保公司的监控中心等。相关人员可以是安保人员、消防人员、建筑业主等。设置接收中心和相关人员的联系方式和应急预案，以保证报警信号能够及时得到响应和处理。

**5.报警记录和报告**

火灾报警信号的记录和报告是非常重要的，它们提供了火灾警报发生的时间、地点、类型以及后续的应对措施等信息。报警记录和报告有助于进行火灾事故的调查与分析，以改进火灾预防措施。

在设置火灾报警信号传输装置时，需要根据实际环境和需求进行合理规划与设计。同时，要遵守相关法规和标准，确保火灾报警信号能够高效、准确、及时地传输，以保护人员与财产的安全。

### （二）有线传输装置设计

火灾报警信号有线传输装置设计是确保火灾报警信号能够准确、稳定地通过有线方式传递到接收中心或相关人员的重要步骤。以下是火灾报警信号有线传输装置设计的一般要点：

1.选择合适的有线传输方式

根据实际需求和现场情况，选择适合的有线传输方式。常用的有线传输方式有以下三种。

以太网（ethernet）：可通过网络连接传输火灾报警信号。这种传输方式具有高带宽和稳定性，适用于大型建筑或需要大容量数据传输的场所。

公共交换电话网（PSTN）：常用的传统电话线路，可将火灾报警信号转发到接收中心。它的优点是稳定可靠，成本较低，适用于较小规模的系统。

专用电缆：使用特定的电缆进行信号传输，如双绞线、同轴电缆等。这种传输方式通常可提供稳定的信号传输，适用于中小型建筑或距离较远的场所。

2.布线规划

对于有线传输装置，布线规划是至关重要的。以下是布线规划的要点。

确定传输线路：确定信号传输的起点和终点，并规划出最佳的传输线路。在规划过程中，要避免出现与其他电缆或电气设备干扰的情况。

保护线缆：线缆应使用防火、抗拉、抗干扰等性能良好的材质，并妥善保护线缆免受物理损坏、湿气、腐蚀等因素的影响。

布线方式：根据实际需求，采用合适的布线方式，如明装、暗装、埋地等布线方式，以确保线缆的安全、整洁和易于维护。

3.设置传输设备

传输装置是用于接收和转发火灾报警信号的设备。在设计过程中，需要选择合适的传输设备，并根据系统的规模和需求进行设置，包括以下三种设备。

传输器或转发器：用于将报警主机或探测器的信号转换为适合传输的格式，并将其发送到接收中心。

信号放大器：用于增强或放大信号的强度，确保信号能够稳定传输到接收中心。

信号接收器：用于接收传输装置传送的信号，并将其转发给接收中心或相关人员。

4.设定参数和测试

在设置火灾报警信号有线传输装置时，需要根据实际情况设定合适的参数，如传输速率、通信协议、地址编码等。同时，进行系统的测试和调试，确保传输装置能够正常工作和准确传输报警信号。

在实际设计过程中，建议与专业消防工程师或相关技术人员合作，根据实际需求和现场情况进行具体的火灾报警信号有线传输装置设计。同时，遵守相关的法规和标准，确保设计的合规性和可靠性，以提供高效的火灾报警信号传输。

### （三）无线传输装置设计

火灾报警信号无线传输装置设计是确保火灾报警信号能够准确、稳定地通过无线方式传递到接收中心或相关人员的重要步骤。以下是火灾报警信号无线传输装置设计的一般要点：

1.选择合适的无线传输技术

根据实际需求和现场情况，选择合适的无线传输技术。常用的无线传输技术包括。

移动通信网络：利用GSM、3G、4G、5G等移动通信网络进行信号传输。这种传输方式具有广阔的覆盖范围和良好的可靠性，适用于室外或需要大范围覆盖的场所。

无线局域网（Wi-Fi）：利用无线局域网进行信号传输。这种传输方式适用于室内环境，提供较高的带宽和传输速率。

无线传感网（wireless sensor networks，即WSN）：利用多个分布式传感器节点相互通信，通过无线网络传输信号。这种传输方式适用于需要分布式监测的场所。

2.布置无线传输设备

根据实际需求和现场情况，布置合适的无线传输设备。以下是布置无线传输设备的要点。

确定信号传输范围：根据建筑物的大小和布局，确定无线传输设备的布置位置，以覆盖整个区域。这可以通过信号强度测试和信号穿透能力评估来确定。

提供足够的信号覆盖：确保无线传输设备的数量和位置足够，以提供充足的信号覆盖和传输距离。在特殊情况下，可能需要使用信号中继设备来增强信号覆盖范围。

考虑信号干扰：在布置无线传输设备时，应避免其他无线设备（如无线电设备、无线电视等）频率的干扰。应进行现场的频谱分析，选择合适的频段来避免干扰和冲突。

3.设定参数和加密措施

在设置火灾报警信号无线传输装置时，需要根据实际情况设定合适的参数，如传输速率、频率、通信协议等。同时，为确保信号的安全，可以采取安全加密措施，如使用加密协议、访问控制等，以防止非法访问和信号篡改。

4.抗干扰和信号强化

无线传输装置可能会受到外部干扰的影响，如信号衰减、建筑结构影响、天气条件等。为了确保信号的稳定传输，可以采取一些抗干扰和信号强化措施，如使用信号放大器、天线优化等。

5.定期监测和维护

无线传输装置需要定期监测和维护，以确保其工作正常和稳定的信号传输。要定期进行信号强度测试、设备状态检查和电池更换。同时，应定期检查和更新无线传输装置的软件和固件，以确保其安全性和性能。

最后，在设计火灾报警信号无线传输装置时，应遵守当地消防规定、建筑法规和相关的通信标准。此外，建议进行系统的安全性评估和风险分析，综合考虑火灾报警系统的安全性、稳定性和可行性，以提供最佳的火灾报警信号传输解决方案。

## 四、报警显示与声光报警控制装置的设计

报警显示与声光报警控制装置的设计是为了提供可视化和听觉化的报警提示，以便接收中心或相关人员能够及时、明确地察觉火灾报警信号。

### （一）报警显示与声光报警要点

1.报警显示装置

设计显示屏幕：报警显示装置通常采用液晶显示屏或LED屏幕来显示报警信息。可根据需要，以设计不同大小和分辨率的显示屏，以便清楚、直观地显示火灾报警信息。

显示内容：报警显示装置应能够显示触发火灾报警的具体位置、时间和报警类型等信息。可以设置多个信息显示区域，以同时显示多个报警信息。

背光和亮度控制：为了在各种环境条件下都能清晰可见，报警显示装置的设计应考虑背光和亮度控制功能。

2.声光报警器

声音报警器：声光报警装置通常配备高音量的声音报警器，用于发出持续而有警示性的声音警报。声音报警器应具备足够大的音量和频率，以确保在大范围内能够听到并引起注意。

光线报警器：报警装置还可以配备强光闪烁的光线报警器，用以提供视觉报警提示。光线报警器通常采用高亮度的LED灯或闪光灯，以确保即使在嘈杂或光线不足的环境中也能被察觉。

3.声光控制器

控制功能：声光控制器用来控制报警装置的操作方式和行为。它可以设定声音和光线的工作方式，如持续报警、闪烁等，以适应不同的报警需求。

触发条件设置：声光控制器还可以设定触发条件，如报警延时、报警优先级等。这样可以根据实际情况灵活控制报警装置的响应和行为。

4.报警装置布置

安装位置：报警显示装置和声光报警器应布置在易于被人注意的位置，如大厅、走廊等人流量大的区域，以确保报警提示能够及时被察觉。

覆盖范围：根据建筑物的大小和布局，要合理布置报警装置，以覆盖整个区域并保持适当的密度。根据需要，可能需要安装多个报警装置以确保覆盖全局。

5.可定制和可扩展性

报警装置的设计应具备可订制和可扩展的特性，以适应不同建筑物和应用场景的需求。可以根据具体要求增加或调整报警显示装置和声光报警器的数量、位置和功能。

在设计报警显示与声光报警控制装置时，建议遵守当地消防规定和相关标准。同时，进行必要的系统测试和调试，以确保装置的可靠性和性能稳定。还应定期进行维护和检测，以确保报警装置的正常工作和及时报警的能力。

（二）显示装置的设计

火灾报警联动系统的显示装置设计

火灾报警联动系统的显示装置设计是为了在火灾报警期间提供可视化的信息展示，以便及时、准确地指导人员采取适当的应对措施。以下是火灾报警联动系统显示装置的设计要点：

1.显示设备类型

显示装置的类型包括液晶显示屏、LED屏幕、大屏幕显示等多种设备。选择合适的显示设备应考虑画面清晰度、可视角度、亮度和尺寸等因素。

2.显示内容

显示装置应能够显示与火灾报警联动系统相关的关键信息，包括但不限于以下内容。

火灾报警触发位置：显示火灾报警器所在的具体位置或区域，以便人员确认火灾的发生地点。

报警类型：显示触发的具体报警类型，如烟雾、火焰、温度等。

报警级别：根据火灾的严重程度，显示相应的警报级别，如紧急、严重、一般等。

报警状态：显示报警系统的当前状态，如报警解除、响应中、火势升级等。

3.图形化展示

通过图形化展示，使显示装置能够更直观地呈现火灾报警联动系统的情况。例如，使用平面图、建筑楼层图或示意图，结合实时报警位置和相关信息，使人员能够迅速了解火灾的具体位置和情况。

4.颜色和警示效果

使用醒目的颜色和动态的警示效果可吸引人们的注意，提醒人们火灾报警的紧急性。并可通过闪烁、颜色变化或其他动画效果增加视觉吸引力。

5.多点显示和分区域布局

根据建筑物的结构和使用需求，设计多个显示装置，并根据功能和区域进行布置。例如，在大型建筑物中，可将显示装置设置在各个楼层的重要区域，并以确保人员在任何位置都能看到相关信息。

6.声光联动

显示装置可与声音和光线设备联动。在火灾报警时，除了显示相应信息，还可通过声音报警器和闪光灯等配合，提供更直接和明显的警示。

7.电源备份

考虑到电力中断可能导致显示装置无法正常工作，建议为装置提供电源备份，如UPS（不间断电源）或备用电池。这样可以确保在断电情况下仍能继续显示重要的火灾报警信息。

在设计火灾报警联动系统显示装置时，建议遵守相关的消防法规和标准，确保装置的合规性和可靠性。同时，应定期进行检测和维护，确保显示装置的正常运行和信息显示的准确性。

（三）声光报警控制装置的设计

火灾报警联动系统的声光报警控制装置设计是为了提供声音和光线方面的警报提示，以便人员能够迅速察觉并采取合适的应对措施。以下是火灾报警联动系统声光报警控制装置设计的要点。

1.声音报警器

声音报警器应具备高音量和远距离传播的能力，以确保警报声可以在尽可能大的区域内被清晰听到。应选择适当的声音报警器类型，如扬声器、喇叭或声光报警器，根据需要进行合理布置。

还可考虑使用多个声音报警器，将其分布在整个建筑物各个楼层，以确保声音可以在不同区域内传播，使人们尽早察觉到危险。

## 2.光线报警器

光线报警器可以使用高亮度的LED灯、闪光灯或警示灯等。这些灯光应具备足够的亮度和警示性，以吸引人们的注意并快速传递火灾报警信息。

根据需要，在不同区域内安装光线报警器，以便在建筑物的各个角落和走廊中都能看到警示灯的闪烁和光线变化。

## 3.声光控制器

声光控制器是控制声音报警器和光线报警器工作的关键设备。它可以设定声音和光线的工作模式，如连续报警、间歇报警等，应根据实际需要选择合适的模式。

声光控制器可以配置触发条件和报警延时功能。可设置不同的触发条件，如烟雾探测器或温度探测器的信号触发，以确保在有火灾报警时声音和光线能够及时响应。

## 4.灵活的控制方式

考虑采用多种灵活的控制方式来触发声音和光线报警。可以使用手动按钮、消防控制面板或自动化系统来控制报警装置。确保人员可以方便地触发报警装置，并且系统能够自动响应特定的火灾报警信号。

## 5.电源备份和故障检测

声光报警控制装置设计应考虑电源备份功能，如UPS（不间断电源）或备用电池，以确保即使在断电情况下仍能供应稳定的电力。

同时，装置应具备故障检测机制，能够自动检测声音报警器和光线报警器的工作状态，并在发现故障时进行报警或故障指示。

在设计火灾报警联动系统声光报警控制装置时，应遵守相关的消防法规和标准，确保装置的合规性和安全性。此外，还应定期进行维护和检测，确保声光报警装置的正常运行和及时响应火灾报警的能力。

# 五、联动控制系统设计

火灾报警联动控制系统设计旨在提供全面、高效的火灾报警响应和防护控制，通过设备的联动工作，实现火灾发生时的快速报警、紧急处理和自动化控制。

## （一）火灾报警联动控制系统要点

### 1.报警传感器和控制设备

火灾报警系统应包含多种传感器，如烟雾探测器、热感应器、气体传感器等，用于实时检测火灾相关参数。这些传感器会发出信号，将火灾报警信息传递给控制设备。

控制设备可以是消防控制面板、主机、报警控制中心或自动化控制系统。它们负责接收和处理火灾报警信号，并触发相应的紧急响应和控制操作。

2.联动控制策略

火灾报警联动控制系统应设计合理的联动策略，即根据不同的火灾报警情况，触发相应的联动响应动作。例如，确认火灾报警信号后，触发声光报警器、自动灭火系统、紧急通风等联动操作。

联动控制策略还应考虑防护控制，如关闭电梯、启动防烟排烟系统、控制应急照明等。

3.系统集成与可扩展性

火灾报警联动控制系统设计应考虑多个子系统的集成，如防火门控制、火灾喷淋系统、逃生楼梯导引等。不同子系统之间应能够实现信息共享和联动控制，以提高整体火灾防护水平。

此外，设计应具备可扩展性，以便根据实际需求添加、更新或调整联动设备和控制功能。

4.联动反馈和监控

火灾报警联动控制系统应具备状态反馈和监控功能，以实时了解报警设备和控制设备的工作状态。通过监控，可以确保系统的正常运行，并能及时发现故障和异常情况。

报警联动控制系统还应提供实时的火灾报警信息展示，如通过显示装置、报警音箱和消防控制中心等，以便人员能够迅速察觉火灾报警并采取适当行动。

5.预案管理和演练

火灾报警联动控制系统设计应与火灾应急预案相结合，确保在火灾发生时能够按照预案进行相应的联动控制操作。

定期进行演练和测试，以验证系统的运行情况和即时响应能力以及培训工作人员的熟悉度和应急反应能力。

在火灾报警联动控制系统设计中，还应遵循相关的消防法规、标准和行业要求，确保系统的合规性和安全性。同时，定期进行系统维护和检测，以保证系统的可靠性和稳定性。

（二）控制逻辑设计

火灾报警联动系统的控制逻辑设计是为了确保各个设备之间能够协同工作、相互联动，实现火灾报警时的快速响应和有效控制。以下是火灾报警联动系统控制逻辑设计的一般步骤。

1.火灾检测和报警信号触发

当有火灾发生时，火灾检测器（如烟雾探测器、热感应器）会检测到相应的火灾信号并触发报警信号。

报警信号将发送到报警控制中心或主机，触发系统的联动控制逻辑。

2.报警信号接收和处理

报警控制中心或主机接收到报警信号后，首先会进行信号解析和判断，确认火灾报警的真实性。

如果确认为火灾报警信号，则进入联动控制逻辑的下一步。

3.联动设备激活

联动控制逻辑根据预先设定的策略和条件，触发相应的联动设备激活。

联动设备包括声光报警器、自动灭火系统、紧急通风系统等。根据火灾的严重程度和位置，选择合适的联动设备进行激活。

4.信息通知和人员指引

除了触发联动设备，报警系统还应提供实时的火灾信息展示和通知。

这可以通过显示屏、报警音箱、文字提示等方式实现，以便人员能够迅速察觉火灾报警并采取适当行动。

同时，系统还可以提供人员指引信息，如逃生路线、灭火器使用方法等。

5.控制命令和执行反馈

控制命令将发送给联动设备，触发其相应的操作和控制。

联动设备执行相应的任务后，会反馈执行结果给报警控制中心或主机，以确认任务的完成情况。

6.系统复位和维护

当火灾得到控制和处理后，系统需要进行复位和维护操作。

这包括重置报警设备、联动设备的状态，对系统进行检修和维护，保证系统的可靠性和再次响应能力。

在火灾报警联动系统控制逻辑设计中，需要根据实际需求和建筑物特点，制定合理的联动策略和条件。还应遵守相关的消防法规和标准，确保系统的合规性和安全性。最后，进行系统的测试和调试，以验证控制逻辑的准确性和可靠性。

（三）控制设备的选型与布置

火灾报警联动系统的控制设备选型与布置是确保系统运行正常和灵敏度的重要环节。以下是选型与布置的一般指导原则：

1.选型原则

根据实际需要和场所特点，选择符合国家标准和消防规范的控制设备。品牌和质量可靠性是选型的关键因素。

确定所需功能和性能，如报警控制器、主机、联动控制器等。

考虑设备的兼容性和可扩展性，以适应今后的系统升级和拓展需求。

注意设备的易用性和管理性，应具备简单方便的操作界面、报警信息展示等功能。

2.控制设备布置

根据消防规范和设计需求，合理布置控制设备的位置。通常应布置在易于观察和管理的区域，便于操作和维护。

控制设备宜远离水源、易受潮、高温、高湿等环境，以防止设备损坏或误操作。

对于多层建筑或大型场所，可以采用分区布置控制设备，以便于对各个区域进行独立控制和管理。

对于特殊场所，如高温、有腐蚀性气体等环境，需要选择特殊材质或具有防腐蚀能力的控制设备。

3.设备连接和布线

控制设备之间的连接通常采用标准化接口和通信协议，确保设备之间的信息传输和联动功能正常。

布线应该符合电气安全规范，使用合格的电缆和接线端子，并避免与其他电气设备干扰或相互干扰。

对于大规模系统，可以使用网络布线，利用网络设备实现多设备的集中管理和控制。

4.配套设备和辅助设备

根据需求和设计要求，配备必要的辅助设备，如备用电源、UPS、监控摄像头等，以确保系统的稳定性和完整性。

考虑报警声光设备的分布和声音覆盖范围，提高报警信息的可感知性。

选型和布置控制设备时，应根据实际情况进行合理安排和调整，遵循相关法规和标准，确保系统的正常运行和高效的性能。同时，注重设备的定期检查、维护和更新，以保持系统的可靠性和安全性。

# 第三节　火灾报警联动系统调试与维护

## 一、系统集成与调试

火灾报警联动系统的系统集成与调试指的是将各个子系统和设备进行有序的整

合，以确保系统的功能和性能正常。它是系统建设的最后一步，旨在验证系统的完整性、可靠性和有效性。

## （一）系统集成的主要任务

### 1.确定系统需求和功能

明确系统的设计目标、功能需求、报警策略等，以确保系统的设计符合实际需求。

### 2.子系统集成

将各个子系统按照设计要求进行连接和集成，确保它们之间的信息传递、联动操作和互操作能正常。例如，将火灾检测系统、声光报警系统、自动喷水灭火系统等相互连接并进行测试。

### 3.设备布线和接口调试

根据系统架构和设计图纸进行设备布线，确保电气接线正确连接，并进行接地检测。同时，进行设备接口的调试和功能测试，验证各个设备之间的通信和联动操作。

### 4.控制逻辑验证和调试

验证系统的控制逻辑和策略是否符合设计要求，对联动控制逻辑进行验证和调试。确保系统能够根据实际情况触发报警、联动和控制操作。

### 5.报警展示和操作界面调试

调试报警展示和操作界面，确保报警信息能够准确显示、操作界面易于使用，并进行相应的功能测试。

### 6.整体系统测试

进行整体系统测试，包括火灾模拟测试、联动测试、报警触发测试等，验证系统的性能和可靠性。同时，对系统的容错能力和自动恢复功能进行验证。

### 7.系统性能调优和优化

根据实际需求和测试结果，对系统进行性能调优和优化，改善系统的响应速度、准确性和稳定性。

系统集成与调试是确保火灾报警联动系统正常运行的关键步骤。通过逐步验证和调试，可以确保系统的可靠性、稳定性和实用性，提高火灾报警响应和控制的效果。

## （二）设备连接与接口调试

设备连接与接口调试是在火灾报警联动系统建设过程中的重要环节，能确保各个设备正确连接并进行正常通信。下面是进行设备连接与接口调试的一般步骤：

### 1.设备布线

根据系统设计图纸和设备安装位置要求，进行设备的布线工作。合理规划电缆走向和长度，避免干扰和杂散电流。

**2.设备接口准备**

根据设备之间的连接方式，准备相应的接口线缆和接线端子。确保接口线缆质量可靠，符合规范要求。

**3.设备连接**

将接口线缆连接至相应设备和接口端子，确保设备连接稳固且正确。

使用合适的工具进行连接，如螺丝刀、插头工具等，确保连接紧固。

**4.接地检测**

在设备连接完成后，对系统的接地进行检测。使用接地测试仪器进行接地测试，确保设备正确接地，符合要求。

**5.设备通信调试**

根据系统设计，对设备之间的通信进行调试。确保设备能够正常发送和接收信号，实现数据的传递。

检查设备通信接口的配置和参数设定，确保各个设备之间通信的准确性和稳定性。

**6.功能测试**

对设备进行功能测试，包括设备的报警触发、状态变化、联动操作等。确保设备能够按照预期工作。

使用测试工具和模拟器，模拟火灾信号、故障信号等，触发设备报警功能，验证设备的响应和准确性。

**7.接口调试**

针对设备接口和协议进行调试。确保设备之间的接口协议一致，通信参数设置正确，避免通信异常或错误。

在设备连接与接口调试过程中，需要仔细检查每个设备的连接情况和参数设置，充分利用测试工具和设备模拟器进行测试和验证。要遵循相关设备的操作手册和技术规范，确保设备连接可靠、通信正常，为后续系统集成和调试打下坚实基础。

### （三）功能测试与调试

功能测试与调试是指对火灾报警联动系统的各个功能进行测试和调试，以确保系统能够按照设计要求正常运行。以下是功能测试与调试的步骤：

**1.报警触发测试**

模拟火灾场景或使用火灾模拟器，触发火灾报警设备，包括烟雾探测器、温度传感器等。检查报警设备是否能够按照预期触发报警信号并传输至报警控制器。

2.联动测试

检查联动设备，如声光报警器、自动喷水灭火系统等，是否能够在火灾报警触发后按照预定的联动规则进行操作。验证联动设备的可靠性和准确性。

3.报警信息展示测试

检查报警控制器、主机和监控中心等报警信息显示设备，确保能够准确显示报警源、报警时间、报警类型等相关信息。验证报警信息的准确性和实时性。

4.报警信息传递和通知测试

确保报警信息能够及时传递至相关人员或部门，如消防队、值班人员等。验证报警通知系统的有效性和可靠性，确保人员能够迅速做出相应处理。

5.控制命令执行测试

发送控制命令至相应的联动设备，如启动自动喷水灭火系统、关闭空调系统等。确保控制命令能够准确执行并完成相应的操作。

6.故障检测和容错测试

进行故障模拟测试，触发系统故障或设备失效，检查系统是否能够检测到故障、发出警报并采取相应的容错措施。

7.系统响应时间测试

测试系统的响应时间，包括报警信号传递时间、联动设备的激活时间等。确保系统能够在最短时间内响应报警并采取相应行动。

8.验证系统的可靠性

进行长时间连续运行测试，在一定时间范围内测试系统的稳定性和可靠性，检测是否会出现误报、漏报等问题。

在功能测试与调试过程中，需要记录测试的结果和出现的问题，并及时对问题进行排查和修复。通过反复测试和调试，确保系统的功能符合设计要求，性能良好，提高系统的可靠性和实用性。在测试过程中应遵循相关的安全操作规范，并留有足够的时间和精力统计和解决问题。

## 二、系统运维与维护

火灾报警联动系统的系统运维与维护是指在系统建设、安装调试完成后，对系统的正常运行进行监控、维护和管理的工作。它是确保系统长期稳定、可靠运行的重要环节。

（一）火灾报警联动系统运维与维护

1.系统监控与巡检

定期监控火灾报警联动系统的运行状态，包括报警控制器、传感器、联动设备等各个部分的运行状况。

进行定期巡检，检查系统连接、电源供应、设备运行指示灯等，确保系统正常工作。

2.报警信号验警与测试

定期进行报警信号验警，检查火灾报警设备是否正常工作，避免误报和漏报的情况发生。

进行系统的定期测试，模拟火灾场景，验证联动设备的可靠性和准确性。

3.数据备份与恢复

定期对系统配置和数据库进行备份，确保系统配置和报警记录的安全性和可恢复性。

在系统发生故障或意外情况时，能够及时恢复系统配置和数据。

4.系统更新与升级

定期关注厂商提供的系统更新和升级，确保系统始终拥有最新的功能和安全补丁。

在升级过程中，需进行测试和验证，确保升级过程不会对系统的可用性和稳定性产生负面影响。

5.故障排除与维修

对于系统故障或设备损坏，需要及时进行排查和维修。可以依据设备的维修手册进行操作，或由专业团队处理。

6.培训和人员管理

提供系统使用和维护的培训，确保操作人员掌握系统始终的正确使用方法和紧急处理流程。

管理和维护人员需要持续学习和更新相关知识，以适应技术和法规的变化。

7.日常记录与管理

记录系统运行、维护、故障和变更等重要信息，建立完整的系统档案和记录。

管理系统文件和相关资料，确保其安全性和可用性。

通过系统运维与维护，可以保证火灾报警联动系统的长期稳定运行，及时发现和排除潜在问题，提高系统的可靠性和响应能力。同时，合规化的运维与维护工作也能满足相关法律和安全规定的要求，提供更安全的工作和生活环境。

（二）运行监测与故障排除

运行监测与故障排除是火灾报警联动系统运维的重要任务，它旨在有随时监测系统运行状态、发现潜在问题并进行故障排除。以下是运行监测与故障排除的一般步骤：

1.系统运行状态监测

定期监测火灾报警联动系统的运行状态，包括报警控制器、传感器、联动设备等各个部分的运行状况。

检查系统运行指示灯、设备的工作状态和报警记录，确保系统正常工作。

2.报警信号监测

定期进行报警信号监测，检查火灾报警设备的报警触发情况，确保报警设备准确灵敏地响应火灾信号。

检查报警控制器的报警接收情况，确保报警信号能够被准确接收和处理。

3.故障诊断与排除

当系统出现故障时，使用故障诊断工具和方法，进行故障排查。

根据故障现象、报警日志等信息，逐步排查可能的故障原因，如设备故障、接线问题、电源问题等。

对故障及时进行修复或更换故障设备，确保系统能够恢复正常运行。

4.环境监测

监测系统所处环境的温度、湿度等因素，确保环境因素不影响系统正常运行。

定期清洁灰尘、污染物，保持设备的良好状况。

5.日志记录与分析

定期记录系统的日志信息，包括报警日志、故障日志、操作日志等。

分析日志信息，发现和识别系统运行中的异常和潜在问题，并采取相应的措施解决。

6.定期维护

进行定期维护工作，包括设备清洁、连接检查、电池更换等。

检查系统的固件或软件更新，确保系统始终具有最新的功能和安全补丁。

7.响应故障和紧急情况

当系统发生重大故障或火灾时，应立即采取相应的紧急措施和应急预案，确保人员安全并及时控制火灾。

通过定期的运行监测与故障排除，能够及时发现和解决系统故障、隐患，确保火灾报警联动系统始终处于正常运行状态。同时，对系统的维护和保养则能够延长系统的寿命，提高系统的可靠性和稳定性。

（三）维护与检修

维护与检修是火灾报警联动系统运维过程中的重要环节，它涉及对系统设备进行定期的保养、检查和维修，以确保系统的可靠运行。以下是维护与检修的一般步骤：

1.定期保养

根据系统设备的使用说明和维护手册，制订定期保养计划。

对系统设备进行清洁、除尘、防水等保养工作，确保设备处于良好的工作状态。

2.设备检查

对系统设备定期进行检查，包括传感器、控制器、联动设备等部分。

检查设备的连接线路、电源供应、传感器的灵敏度等，发现问题并及时处理。

3.电源检测

定期检查电源设备，如电池、电源供应器等，确保电源的正常工作和电池的有效寿命。

测试电池的电压和电流，更换老化或失效的电池，防止电源故障影响系统运行。

4.故障排查与维修

定期进行系统的故障排查，分析故障原因，修复或更换故障设备。

检查设备的运行日志、报警记录等信息，发现故障并及时处理。

5.软件和固件维护

定期检查系统的软件和固件版本，了解厂商提供的更新和修补补丁。

定期更新软件、固件，以修复漏洞、提升性能和功能，确保系统的安全和稳定。

6.文件和记录管理

管理和保存系统的文件、配置、维护记录和操作日志等，建立完整的系统档案。

对系统文件进行备份，以防丢失或损坏。

7.培训和信息更新

不断学习新的技术和知识，了解最新的法规要求和标准，更新系统操作流程和维护方法。

提供培训和信息更新，确保系统维护人员具备良好的专业知识和技能。

通过定期的维护与检修，可以保持火灾报警联动系统的正常运行，及时发现和排除潜在问题，提高系统的可靠性和稳定性。同时，合规化的维护和检修能够满足相关法律和安全规定的要求，提供更安全的工作和生活环境。

## 三、系统安全考虑与风险管理

火灾报警联动系统的安全考虑与风险管理是指在设计、安装、运行过程中，对系统进行全面的安全评估和风险管理，以预防潜在的风险和保障系统的安全运行。

### （一）火灾报警联动系统安全考虑与风险管理

1.安全需求分析

在系统设计阶段，对系统的安全需求进行全面分析和评估。考虑各种可能存在的安全风险和威胁，并制定相应的安全措施。

2.风险评估与管理

对火灾报警联动系统进行全面的风险评估，确定潜在的风险来源和可能发生的风险。

采取措施管理和降低各种风险，包括物理环境安全、系统设备安全、防火安全、数据安全等方面的风险管理。

3.安全设计与防护

在系统设计中，考虑安全性能和防护措施的合理布局，确保系统的可靠性和难以被破坏性。

采用物理隔离、密码保护、访问控制等安全机制，防止未授权人员操作系统和设备。

4.系统监控与报警

安装监控系统对火灾报警联动系统进行实时监测，检测异常情况并发出报警信号。

配备备用电源系统和紧急停电处理机制，确保在电源故障或突发情况下系统能继续可靠运行。

5.数据安全与备份

对系统中的数据进行合理的加密和备份，防止数据泄露、丢失或损坏。

定期进行数据备份，保留多个备份副本，以防止单点故障或意外情况。

6.应急预案与培训

制定火灾报警联动系统的应急预案，并进行定期演练和培训，确保人员了解应急响应流程和措施。

根据实际情况修订和完善应急预案，以适应不同的风险场景。

7.定期维护与检修

定期对系统设备进行维护和检修，确保系统能够长期稳定运行。

检查设备的安全性能和可靠性，维护和更新系统的软件和硬件，修复潜在的安全漏洞和故障。

通过全面的安全考虑与风险管理，可以提高火灾报警联动系统的安全性和可靠性，减少潜在的安全风险和损失。同时，及时识别和应对安全威胁，能有效防止火灾事故的发生和扩大。

（二）威胁分析与评估

在火灾报警联动系统的安全考虑与风险管理中，威胁分析与评估是一个重要的步骤，用于确定可能存在的安全威胁和风险事件。以下是威胁分析与评估的一般流程：

1.确定系统范围

确定火灾报警联动系统的边界和范围，包括涉及的设备、网络和其他相关部分。

2.识别潜在威胁

对系统进行全面的威胁识别，考虑各种可能的威胁来源，如物理、技术和人为因素。

可以参考历史数据、相关文献和专家意见，并结合实际情况进行识别。

3.分析威胁的潜在影响

分析每个潜在威胁可能对系统运行和安全性造成的影响，包括财产损失、人员伤亡、系统瘫痪等。

4.评估威胁的概率

评估每个潜在威胁发生的概率，并对其进行定量或定性的评估，以确定其相对风险级别。

5.确定风险等级

根据威胁的潜在影响和发生概率，确定各个威胁的风险等级，以便后续有针对性的管理和控制。

6.优先排序和制定控制措施

根据风险等级，对威胁进行优先排序，并制定相应的控制措施。

控制措施可以包括技术防护、物理防护、组织管理、培训等方面的措施。

7.定期评估和更新

随着系统运行和环境的变化，定期进行威胁分析与评估的更新，确保风险管理策略的时效性和有效性。

通过威胁分析与评估，可以提前识别系统面临的潜在威胁和风险，为制定有效的安全控制措施提供依据。这有助于减少系统遭受安全威胁的可能性，提高系统的安全性和可靠性。同时，定期的评估和更新也能够确保风险管理策略与实际情况保持一致。

（三）安全措施与防护手段

为了确保火灾报警联动系统的安全性和可靠性，需要采取一系列安全措施和防护手段来预防潜在的安全威胁和风险事件。以下是常见的安全措施与防护手段：

1.物理安全

控制系统设备的物理访问，建议安装在隐蔽的位置，以防止非授权人员接触和破坏。

配备安全锁、摄像监控等物理安全设施，加强对系统设备的保护。

**2.访问控制与身份认证**

使用密码、密钥或生物特征等访问控制手段，限制对系统的访问权限，确保只有授权人员可以进入系统。

建立用户身份认证机制，确保只有具备合法身份的用户才可以进行操作。

**3.网络安全**

配置防火墙、入侵检测系统等网络安全设备，保护系统免遭未经授权的网络攻击。

对网络通信加密，确保数据传输的机密性和完整性，防止信息泄露和数据被篡改。

**4.系统和软件安全**

定期更新系统和软件的安全补丁和升级，修复已知的漏洞和安全问题。

采用强密码策略，定期更换密码，防止密码被破解或盗用。

禁用或限制不必要的服务和功能，减少系统的攻击面。

**5.安全培训和意识**

对系统管理员和操作人员进行安全培训，让他们了解安全风险和威胁，并遵守系统的安全操作规程。

提高员工的安全意识，强调信息安全的重要性，减少人为因素导致的安全漏洞。

**6.监控与报警**

安装监控系统，实时监测系统的运行状态、事件和异常情况，及时发出报警信号。

设置异常检测机制，对系统的异常操作、攻击行为或安全事件进行监控和报警。

**7.灾难恢复与备份**

建立灾难恢复计划，备份系统和数据，确保在系统崩溃或灾难事件发生时，能够快速恢复系统的功能。

定期进行备份和测试恢复过程，以确保备份的可靠性和可恢复性。

通过综合运用以上安全措施与防护手段，可以最大限度地保护火灾报警联动系统的安全性和可靠性，减少潜在的安全威胁和风险事件，建立一个更安全的工作和生活环境。

# 习题

1.什么是火灾报警系统?

2.火灾报警系统的主要优点是什么?

3.火灾报警系统的主要缺点是什么？

4.在设计火灾报警系统时需要考虑哪些因素？

5.火灾报警系统的结构类型有哪些？

6.火灾报警系统中使用的设备有哪些？

7.火灾报警系统的安全措施有哪些？

8.火灾报警系统的操作流程是什么？

# 第七章

# 建筑物智能安防系统

# 第一节　建筑物智能安防系统基础

## 一、建筑物智能安防概述

建筑物智能安防系统设计是基于智能技术和安全概念，为了确保建筑物的安全性而设计的一种综合系统。这个系统可以通过集成视频监控、入侵报警、门禁控制、火灾报警等各种安防设备，提供全面的安全防护和监控功能。它不仅可以警示和应对潜在的危险和安全威胁，也能够提供实时的监控、报警、记录和分析，以实现及时干预和事后回溯。本章将详细介绍建筑物智能安防系统设计的重要性、设计原则和核心要素。

建筑物智能安防系统设计的重要性。随着城市化的快速发展和人们对安全的需求日益增长，建筑物的安全性成为了一个重要的关注点。传统的安防手段已经无法满足当前复杂多变的安全需求，而智能技术的广泛应用则为建筑物安防提供了全新的解决方案。通过智能安防系统的设计和实施，可以及时发现和解决尚未被发现的安全隐患，预防和应对各种可能发生的风险和事件，提高建筑物和人员的安全保护水平。

建筑物智能安防系统设计需要遵循一些设计原则。首先，系统设计应基于建筑物的具体情况和安全需求，充分考虑建筑物的用途、规模、结构、人员流动等因素，确保系统的有效性和实用性。其次，设计应注重系统的集成和协作，不同的安防设备应能够互相联动和共享信息，形成一个整体的安全保护网络。再次，设计应注重系统的稳定性和可靠性，保证系统在长时间运行中的稳定性和故障容忍性。最后，设计要考虑成本效益，合理选择设备和技术，确保在给定的预算范围内实现系统的设计目标。

建筑物智能安防系统设计中的核心要素包括视频监控、入侵报警、门禁控制和火灾报警等。视频监控系统是建筑物安防的重要组成部分，可以实时监控建筑物内外的场景，通过视频录像和存储功能提供实时监控和安全回溯。入侵报警系统可以通过感知装置和报警设备实时监测建筑物内外的情况，一旦发现可疑行为，立即发出警报并触发相应的应对措施。门禁控制系统可以通过合理的门禁设备和身份认证机制，限制和管理建筑物内人员的出入，确保只有授权人员才能进入特定场所。火灾报警系统可以通过火灾传感器监测建筑物内的烟雾和火焰，及时发现火灾危险，并触发警报、灭火设备和疏散指引等应急措施。

在建筑物智能安防系统设计过程中，还需要关注系统的集成与联动。不同安防子系统之间的集成和协作能够提高系统的整体性能和效果。例如，当视频监控系统检测到可疑人员时，可以立即触发入侵报警系统并通过门禁控制系统锁定该区域，及时阻断不安全因素的扩散。此外，智能分析技术的应用也可以提升系统的智能化水平，通过对视频图像的智能分析，实现对异常事件的自动报警和预警功能。

在系统设计完成后，系统管理与维护也是至关重要的。定期的巡检和维护可以及早发现并解决问题，确保系统的正常运行和长期可靠性。在系统投入运行后，安防人员还应接受相应的培训，了解系统的功能和操作规程，提高其应对突发事件和故障处理的能力。

建筑物智能安防系统设计是为了提供有效的安全保护和监控而进行的一项重要工作。通过合理的安防需求分析、综合的系统设计和有效的系统集成，可以实现建筑物内部和周边的安全防护。同时，系统的稳定性和可靠性、智能化水平的提升，以及系统管理与维护的重视也是确保系统有效运行和具有长期可靠性的关键要素。建筑物智能安防系统的设计和实施将为人们的生活和工作环境提供更加安全可靠的保障。

安全通常定义为没有危险、不受威胁、不发生事故的一种状态。通过防范达到安全的目的，就是安全防范工作的全部内容。安全是目的，防范是手段。我国将公共安全事件分为四类：自然灾害、事故灾难、公共卫生事件和社会安全事件。广义的安全防范可定义为：做好准备和防护，以应对攻击或避免受害，从而使被保护对象处于没有危险、不受侵害、不出事故的安全状态。防范不可能是无限防范，再多的防范措施和手段也是有限防范，因此，安全也是相对的，没有绝对的、百分之百的安全，"万无一失"只是人们期望的一种理想状态。安全防范系统（security system）是以安全为目的，综合运用实体防护、电子防护等技术构成的防范系统。

安全防范工程的建设应遵循下列原则：人防、物防、技防相结合，探测、延迟、反应相协调；保护对象的防护级别与风险等级相适应；系统和设备的安全等级与防范对象及其攻击手段相适应；满足防护的纵深性、均衡性、抗易损性要求；满足系统的安全性、可靠性要求；满足系统的电磁兼容性、环境适应性要求；满足系统的实时性和原始完整性要求；满足系统的兼容性、可扩展性、可维护性要求；满足系统的经济性、适用性要求。

建筑物智能安防系统是基于智能化技术与安防技术的结合，旨在提供高效、智能、全面的安全保护与管理方案。该系统将传统的安防设备与信息技术相结合，利用传感器、网络、数据处理和分析等技术，实现对建筑物内外的安全监控、安全管理和应急响应的智能化和自动化。

建筑物智能安防系统的一般包含以下六个子系统：

（一）视频监控系统

视频监控系统是建筑物安全防范的重要组成部分。通过分布在建筑物各个关键区域的摄像头，实时监测、记录和存储建筑物内外的视频图像。现代的智能视频监控系统还具备人脸识别、行为分析和智能报警等功能，以提高安全性和警报准确性。

（二）门禁管理系统

门禁管理系统是通过身份验证和权限控制，确保建筑物内只有经过授权的人员才可以进入特定区域。这个系统通常包括门禁设备、身份验证方式（如卡片、指纹、面部识别等）和门禁控制器，同时配备实时监测和记录功能。

（三）入侵报警系统

入侵报警系统是通过使用各种传感器，如红外探测器、门磁、玻璃破碎探测器等，实时监测和报警异常活动或潜在入侵事件。当系统检测到异常情况时，会发出声响警报、发送信息给相关人员，并记录事件过程以供后续调查和分析。

（四）消防报警系统

消防报警系统是保障建筑物火灾安全的重要系统。它包括烟雾探测器、温度探测器、火焰探测器等设备，能够实时监测建筑物内外的火灾和烟雾情况，并及时发出警报、启动喷淋系统或疏散系统，以确保人员和财产安全。

（五）安全管理平台系统

安全管理平台是建筑物智能安防系统的核心，通过集成和整合各个子系统的数据和信息，提供综合的安全管理与控制。通过该平台，用户可以对各个子系统进行集中监控、控制、配置和事件响应。

（六）建筑物智能安防系统

建筑物智能安防系统会采集、存储和分析大量的安全数据，通过数据分析和人工智能技术，实现异常检测、行为分析、事件预测和智能决策支持等功能。这有助于提高安全性、响应效率和资源利用率。

建筑物智能安防系统通过集成和应用先进的传感技术、物联网技术、数据分析和人工智能技术，能够提供全面、智能的安全防范和管理能力，提高建筑物的安全性和安全运营效率。

建筑物智能安防系统设计的目的是提供全面的安全保护和监控，确保建筑物及其内外环境的安全。通过综合运用智能技术和安防设备，有效预防和应对潜在的安全威胁和突发事件，保护建筑物的财产、人员和环境安全。

建筑物的安全性对于人们的工作、生活和财产都至关重要。传统的安防手段已经无法满足日益增长的安全需求，而智能技术的快速发展为建筑物安防提供了全新的解决方案。智能安防系统的设计应用于各类建筑物，包括住宅、商业办公楼、工厂、学校、医院等，并为它们提供全面的安全保障。

## 二、设计原则、准则和标准

### （一）设计原则

**1.基于需求**

系统设计应根据建筑物的用途、规模、结构和人员流动情况，综合考虑安全需求，确保设计方案的实用性和有效性。

**2.集成与协作**

设计应考虑不同安防设备之间的集成和协作，实现信息共享和联动控制，提高系统的整体性能和效果。

**3.稳定可靠**

设计应确保系统的稳定性和可靠性，通过合理的设备选择、布线和维护，提高系统的故障容忍能力和持续运行性。

**4.智能化应用**

利用智能技术，如人脸识别、智能分析等，提升系统的智能化水平，实现更精准和高效的安防功能。

### （二）设计准则

**1.法律合规**

设计应遵守相关法律法规和标准要求，确保系统的合法性和合规性。

**2.隐私保护**

设计应重视个人隐私保护，合理设置监控范围和权限管理，防止滥用和泄露个人信息。

**3.用户友好**

设计应注重用户的使用体验，简化操作界面、提供明确的指导和反馈，使用户能够轻松操作系统，并及时获取所需信息。

4.可扩展性

设计应具备一定的可扩展性，考虑到建筑物的未来发展需要，方便后续对系统的升级和扩展。

### （三）设计标准

智能安防系统的设计在中国涉及的国家标准主要由国家标准化管理委员会（SAC）和公安部等机构发布和管理。以下列举了一些在中国常用的与智能安防系统设计相关的国家标准。

GB/T 28181—2016：IP安防视频监控联网系统技术要求和测试方法。

GB/T 22239—2019：联网视频监控与报警系统运营与维护规范。

GB/T 28182—2011：视频监控系统工程性能验收规范。

GB/T 16772—2010：无线业务自动化系统安全性能要求和试验方法。

GB/T 16808—2011：安全技术防范系统门禁系统性能要求和试验方法。

GB/T 17626.2—2016：电磁兼容性试验和测量技术 第2部分：环境条件和试验。

GA/T 228—2005：安全监控报警器探测器技术要求。

安全技术防范系统设计，除应符合以上标准外，还应符合现行国家标准《安全防范工程技术规范》GB 50348—2004和《智能建筑设计标准》GB 50314—2015等有关规定。

需要注意的是，笔者在此处仅是列举了部分与智能安防系统设计相关的国家标准，实际设计和实施过程中还需根据具体情况参考最新版的相应标准。因此，在设计智能安防系统时，建议与经验丰富的专业设计机构合作，并咨询相关的行业专家和权威机构，以确保系统符合国家标准和规范的要求。

## 三、 设计范围和限制

### （一）设计范围

建筑物智能安防系统的设计范围包括但不限于以下方面。

1.视频监控系统

包括摄像头的设置和布局、视频信号的传输和存储、视频图像的分析和处理等。

2.入侵报警系统

包括入侵感知装置的选择和布置、报警信号的处理和响应等。

3.门禁控制系统

包括门禁设备的选择和布置、身份认证和权限管理等。

**4.火灾报警系统**

包括火灾传感器的设置和布置、火灾报警信号的处理和应急措施等。

（二）限制

在设计建筑物智能安防系统时，可能会面临一些限制和挑战，包括但不限于以下方面。

**1.成本预算**

设计应在合理的成本预算范围内进行，确保系统设计的经济可行性。

**2.物理限制**

应考虑建筑物本身的结构、布局和材料等因素，可能对系统设备的安装和布线带来的物理限制。

**3.技术限制**

部分安防技术尚未达到理想状态，可能存在技术局限性和不足，设计时需选择合适的技术方案。

**4.隐私和法律要求**

一些特殊场所或地区有严格的隐私保护和法律法规要求，设计应遵守这些规定。

**5.环境因素**

建筑物周围的环境因素，如天气、光线等，可能对部分安防设备的性能产生影响，设计时需充分考虑。

**6.人员因素**

安防系统设计应考虑与人员的协作和配合，确保系统的可操作性和有效性。

# 第二节　建筑物智能安防系统需求分析

建筑物智能安防系统是一种集成了智能化技术的安全系统，旨在提供更高效的安全保护和监控功能。在对智能安防系统的安全需求分析时，需要综合考虑系统的功能、环境、威胁和风险等因素。

# 一、安全需求确认和分析

安全需求确认和分析是智能安防系统开发过程中的关键步骤，它旨在明确系统的安全需求并分析系统面临的安全风险。

## （一）项目概述

在进行安全需求确认和分析之前，首先提供智能安防系统的项目概述。描述系统的目标、核心功能和预期的使用场景。说明系统的范围和边界，以及所涉及的关键组件和用户。

## （二）安全目标确认

在安全需求确认阶段，明确系统的安全目标是至关重要的。安全目标是指为了保护系统免受潜在威胁的影响而应实现的功能。安全目标可能包括但不限于以下方面：保护物理安全、确保数据的机密性和完整性、防范网络攻击、防止未经授权的访问等。

## （三）风险分析

进行风险分析是安全需求分析的重要环节。通过综合考虑系统的特征、威胁来源、攻击方法以及潜在的影响，确定系统所面临的主要安全风险。在进行风险分析时，可以采用不同的方法，如威胁建模、风险评估矩阵、攻击树分析等。

## （四）安全需求识别

在安全需求确认和分析过程中，需要识别和明确系统的安全需求。根据安全目标和风险分析的结果来确定系统所需的安全功能和控制要求。这些需求可能包括访问控制、身份验证、数据保护、事件记录和审计等。

## （五）合规性要求

在某些行业和特定领域，系统可能需要满足特定的合规性要求。例如，个人数据保护、物理安全、网络安全等法规和标准的要求。在安全需求确认和分析过程中要全面考虑这些合规性要求，并确保系统的安全措施符合相关的法规和标准。

## （六）安全目标与系统功能的关联

将安全目标与系统的各项功能进行关联，确保系统在功能设计和实现过程中充分考虑了安全需求。这包括确保系统在设计中实现了相应的安全措施，并能够有效地响应潜在威胁和攻击。

通过安全需求确认和分析的详细描述，能够确保智能安防系统的安全需求得到充分的考虑。这将为系统的安全设计和实现提供有力的指导，并帮助系统在面临潜在威胁时能够做出适当的应对措施。需要注意的是，安全需求确认和分析是一个持续的过程，在系统开发的各个阶段都要进行更新和验证。

## 二、安全风险评估和等级划分

安防系统的安全风险评估是为了识别和评估系统可能面临的各种潜在风险和威胁，以制定有效的安全措施和应对策略。下面将详细介绍安防系统的安全风险评估过程。

（一）确定评估目标和范围

在进行安防系统的安全风险评估之前，首先需要明确评估的目标和范围。评估目标可以包括对系统的整体安全性进行评估，也可以针对某个特定组件或功能进行评估。同时，评估的范围应该明确包括哪些系统组成部分、硬件设备、软件功能等。

（二）资产识别和价值评估

确定系统中的核心资产，包括硬件设备、软件系统和数据等。对这些资产进行评估，确定其价值和重要性，以便在风险分析中给予适当的权重。

（三）威胁识别和分类

识别潜在的威胁源，包括物理和技术威胁。物理威胁可以包括入侵、破坏、盗窃等，技术威胁可以包括网络攻击、恶意软件、数据泄露等。将这些威胁进行分类，便于后续的分析和评估。

（四）威胁和漏洞分析

对每个威胁源进行分析，确定其可能造成的危害和潜在的漏洞。分析威胁的手段和方法，以及可能的攻击路径和影响。同时，还需要评估系统中存在的漏洞，如软件漏洞、配置错误等。

（五）风险概率评估

对每个威胁和漏洞，评估其发生的概率。这需要结合系统的特点、威胁源的能力和条件等因素来进行评估。可以利用历史数据、统计分析、专家判断等方法来估算概率。

### （六）风险影响评估

对每个威胁和漏洞，评估其可能造成的影响。这包括对资产和系统功能的损失、业务中断、声誉影响、法律责任等方面的评估。风险影响评估可以定量或定性进行，根据具体情况选择适当的评估方法。

### （七）风险等级划分

根据风险概率和影响进行风险等级划分。可以采用颜色、级别或数值等方式进行标识，例如低、中、高级别或1~5级风险等。划分等级时要综合考虑概率和影响，以便制定相应的控制策略。

### （八）控制措施建议

根据风险等级划分的结果，提出相应的控制措施建议。这些措施可以包括物理安全措施（如安装监控摄像头、闸机、安全门等）、技术安全措施（如访问控制、加密、漏洞修复等）和组织管理安全措施（如安全培训、策略制定、应急响应等）。

### （九）风险处理和追踪计划

对于高风险和中风险，制定相应的风险处理计划。明确责任人、实施时间和控制措施，建立风险追踪机制，确保风险得到及时处理和追踪。

### （十）定期评估和更新

安防系统的风险评估应该是一个定期进行的过程，以跟踪系统变化和威胁演化。定期评估时间间隔可以根据实际情况来确定，以确保系统的安全性得到持续的监测和改进。

通过以上策略的实施，可以全面识别和评估安防系统的潜在风险和威胁，并制定相应的控制策略和应对措施。系统安全风险评估是一个全面而复杂的过程，需要综合运用各种方法和工具，并依靠专业知识和经验，确保评估结果的准确性和可靠性。

## 三、安全目标和控制要求

建筑物智能安防系统的安全目标和控制要求旨在确保系统能够有效地识别、预防和应对各类安全威胁，保护建筑物和人员、财产等免受损害。以下列举了一些常见的安全目标和控制要求：

### （一）接入控制安全目标和控制要求

确保只有被授权的人员才能进入特定区域或场所。实施严格的身份验证措施，如使用密码、刷卡、生物识别等技术手段。确保门禁设备的正常运行，防止非法进入。建立访客管理制度，对访客进行有效的身份验证和临时授权。

### （二）视频监控安全目标和控制要求

提供全面而准确的视频监控覆盖，确保关键区域和通道的实时监控。高清晰度的视频采集和存储，能有效识别和调查事件。保护视频数据的安全性和完整性，防止未经授权的访问、篡改或删除。实施视频内容分析和报警功能，及时发现可疑活动和异常事件。

### （三）入侵报警安全目标和控制要求

部署入侵探测器和传感器，确保区域内的未授权入侵能够被及时检测和报警。设置灵敏度和抗干扰控制，减少误报和漏报的可能性。建立报警事件响应机制，如触发警铃、发送警报信息等。联动其他安全设备，如视频监控系统，以提供全面的安全防护。

### （四）火灾报警和防护安全目标及控制要求

配备可靠的火灾探测器和报警装置，在火灾发生时及早发出警报。设置合理的探测器布局，确保覆盖全面而高效。配备自动灭火装置和疏散指示系统，确保火灾发生时人员能安全疏散。确保报警系统的及时性和可靠性，以便火灾发生时能够及时采取措施。

### （五）应急疏散和响应安全目标及控制要求

设置紧急广播系统，确保能及时向人员发布疏散指令和应急信息。配备应急照明系统，确保在紧急情况下能够提供足够的照明。制订疏散和逃生计划，并进行定期演练和培训，确保人员疏散的效率和安全。联动警报和监控系统，及时获取相关应急情况的信息。

上述的安全目标和控制要求只是一些常见的范例，具体的安全目标和控制要求会根据建筑物的特点、应用场景和风险评估结果而有所不同。在设计建筑物智能安防系统时，建议综合考虑各方面的需求，并参考相关的法律法规、行业标准和最佳实践，以确保系统的正常运行和安全目标的有效实现。

# 第三节 建筑物智能安防系统设计

## 一、系统整体设计

建筑物智能安全防范系统架构规划的基本要素应按照安全可控、开放共享的原则，确定安全防范系统的子系统组成、集成/联网方式、传输网络、系统管理、存储模式、系统供电、接口协议等要素。安全防范系统通常由实体防护系统、电子防护系统构成。根据需要，安全防范系统还可对这些系统配置进行集成的安全防范管理平台。

应根据现场自然条件、物理空间等情况，合理利用天然屏障，综合设计和选择配置人工屏障、防护器具（设备）等实体防护系统。电子防护系统可由一个或多个子系统构成。电子防护系统的子系统通常包括入侵和紧急报警系统、视频监控系统、出入口控制系统、停车库（场）安全管理系统、安全检查系统、电子巡查系统和楼宇对讲系统等。各子系统的基本配置包括前端、传输、信息处理/控制/管理、显示/记录等单元。不同的子系统，其各单元的具体设备构成有所不同。

（一）系统结构和功能定义

建筑物智能安防系统的系统结构和功能定义包括以下几个方面：

1.系统结构

（1）前端设备。

①视频监控摄像机：分布在建筑物各个关键区域，负责实时监控和录像。

②入侵报警传感器：安装在门窗、墙面、周界等区域，提供入侵检测和报警功能。

③门禁读卡器：用于验证人员身份和权限控制。

（2）中控设备。

①视频监控服务器：接收、存储和管理摄像机传输的视频数据。

②入侵报警控制器：接收入侵报警传感器发出的信号，并触发报警操作。

③门禁控制器：验证门禁读卡器的卡片信息和权限，并控制门禁设备的开闭状态。

（3）后台管理系统。

①系统配置管理：对系统参数、设备信息、用户权限等进行配置和管理。

②实时监控与管理：对摄像机、报警器等设备进行实时状态监控和管理。

③日志记录与分析：记录系统运行日志、报警日志等，进行事件分析和追踪。

④数据存储与备份：存储和备份视频数据、报警事件以及其他系统关键数据。

（4）用户界面。

①监视器/显示屏：提供实时视频监控画面。

②移动设备：通过手机、平板等移动设备远程监控和操作系统。

2.功能定义

（1）视频监控功能。

①视频采集与传输：实时获取摄像机的视频数据，并传输到中控设备。

②视频存储与回放：将视频数据存储在服务器中，并支持查询和回放功能。

③视频分析与识别：通过图像处理和分析算法，实现对象检测、行为识别等功能。

（2）入侵报警功能。

①异常检测与报警：当入侵报警传感器检测到异常情况时，触发报警操作。

②报警通知与联动：向相关人员发送警报信息，在需要的情况下联动其他安防措施。

（3）门禁控制功能。

①人员认证与权限控制：验证身份信息，根据权限判断是否允许进入。

②门禁状态管理：控制建筑物门禁设备的开闭状态，如自动开启或关闭。

（4）火灾报警功能。

①火灾探测与监测：部署烟雾探测器、温度传感器等设备探测监测火灾情况。

②火灾报警与联动：发出声光报警信号，并触发其他安全设备的联动措施。

（5）应急疏散功能。

①紧急广播系统：通过扬声器或广播设备发布疏散指令和应急信息。

②应急照明系统：在紧急情况下提供足够的照明，帮助人员安全疏散。

（6）安全事件联动功能。视频监控与报警联动：当入侵报警触发时，与相应摄像机联动进行视频监控。

（7）报警信息管理功能。报警事件记录与存储：将报警事件信息进行记录和存储，以便后续查看和分析。

上述是一些常见的功能和定义，实际建筑物智能安防系统的功能需根据具体要求和场景进行调整和扩展。同时，对于大型建筑物和复杂应用场景，可能需要额外的功能模块和设备来满足特定需求，如人脸识别、车辆管理等。系统结构和功能定义应根据综合考虑安全需求、场景特点和技术可行性，确保系统能够实现全面的安全防范和保护。

（二）系统集成与协作

建筑物智能安防系统的系统集成与协作包括以下几个方面：

1.子系统集成

（1）视频监控子系统集成。

①与入侵报警子系统集成：通过入侵报警器触发视频监控录像和警报显示。

②与门禁子系统集成：通过门禁读卡器验证身份并联动视频监控系统进行实时监控。

（2）入侵报警子系统集成。

①与视频监控子系统集成：报警触发后自动切换到相关监控画面，提供实时视频监控。

②与门禁子系统集成：报警触发后控制门禁设备，禁止入侵者进入。

（3）门禁子系统集成。

①与视频监控子系统集成：通过门禁控制器发送信号触发视频监控关联摄像机。

②与安全巡检子系统集成：在特定区域检测到未授权人员入侵时触发报警并记录。

（4）火灾报警子系统集成。

①与照明控制子系统集成：火灾报警触发时通过照明控制系统提供适当的照明。

②与建筑物管理系统集成：将火灾报警信息自动传送给相关的管理人员和消防部门。

2.外部系统集成

（1）消防系统集成。

①与建筑物智能安防系统集成：火灾报警同时触发建筑物安防系统相应措施，如疏散指示灯、门禁控制等。

②与建筑物管理系统集成：将消防系统的报警信息自动传送给建筑物管理中心和消防部门。

（2）视频分析系统集成。

①与视频监控子系统集成：通过视频分析系统的智能算法提供更准确的安全事件检测和识别，触发报警和联动操作。

②与门禁子系统集成：结合人脸识别技术，实现安全门禁的自动识别和控制。

（3）社交媒体监控集成。

①与建筑物智能安防系统集成：实时监测并分析社交媒体上的相关信息，及时发现潜在威胁和安全漏洞。

②与应急响应系统集成：根据社交媒体上的信息，与应急响应系统协同工作，加强危机管理和信息传递。

3.协作与互动

（1）联动联控。

①视频监控与报警子系统联动：入侵报警触发后自动联动相关摄像系统进行视频实时监控和录像。

②门禁子系统与消防系统联动：火灾报警触发后，门禁系统自动打开适当的门禁设备以便人员疏散。

（2）数据共享与交换。

①视频监控子系统与入侵报警子系统数据共享：入侵报警触发时，视频监控系统自动获取相关录像片段用于事件回溯和警报处理。

②门禁子系统与建筑物管理系统数据交换：门禁记录与员工管理系统数据交换，实现综合身份验证和权限管理。

（3）统一管理平台。

①建筑物智能安防系统集中管理平台：提供集成和协作的统一入口，方便操作者对系统进行集中管理、监控和配置。

②跨系统管理平台：实现不同子系统和外部系统的统一管理和操作，减少接口和操作的复杂性。

通过以上的系统集成与协作，建筑物智能安防系统能够实现各个子系统之间的联动与协同工作，提升安全监控和响应能力。同时，高效的数据共享和集中管理平台有助于提高系统的管理效率和操作便捷性，使系统的配置、维护和故障排除更加容易和高效。

### （三）系统性能和容错设计

细化建筑物智能安防系统的系统性能和容错设计，可以分为以下几个方面：

1.高效性能设计

（1）数据处理能力。

①带宽优化：通过压缩和优化视频数据传输，降低网络带宽要求。

②存储管理：采用高效的视频编码算法和存储管理策略，最大限度地减少存储空间的占用。

③实时性保证：使用高性能的硬件设备和专业的视频编解码器，确保视频监控的实时性和流畅性。

（2）响应速度。

①响应优化：系统应具备实时报警响应机制，并采用快速的报警传输通道，确保报警信息及时送达并触发相应的联动操作。

②界面交互优化：系统的用户界面应简洁明了、操作友好，提供快速访问和操作功能，减少人为操作导致的延迟。

（3）可扩展性。

①模块化设计：系统应采用模块化的结构，允许灵活配置和扩展不同功能模块，以满足不同规模建筑物的需求。

②标准接口：系统应支持标准化的接口和通信协议，方便和其他系统进行集成，实现跨系统的功能扩展和协同工作。

2.容错设计

（1）设备冗余：关键设备如视频服务器、中控设备等采用冗余配置，如果主设备故障，备用设备能够无缝接管工作。

（2）网络冗余：使用冗余网络链路或网络设备，确保系统的网络连接可靠性和冗余性。

（3）自动故障检测和恢复：系统应具备自动故障检测机制，并能够快速切换到备用设备，确保系统在故障发生时能够及时恢复。

（4）自动网络恢复：系统应具备自动网络重连机制，当网络连接中断后能够自动重新连接，确保系统的稳定运行。

（5）错误检测与纠正：系统对数据传输过程中的错误进行检测和纠正，确保数据传输的准确性和完整性。

（6）异常处理与报警：系统应具备异常处理机制，当检测到设备故障或出现异常时，能够及时报警并通知相关人员进行处理。

3.数据安全性设计

（1）数据加密。

①视频数据加密：对传输和存储的视频数据进行加密处理，确保数据的机密性和安全性。

②用户身份验证加密：对用户身份验证过程中的信息进行加密传输，防止信息泄露和伪造。

（2）访问权限控制。

①用户权限管理：建立用户身份认证和权限控制机制，限制各级用户对系统的访问和操作权限。

②设备接入控制：通过设备级别的接入控制列表，限制未授权设备的接入，以确保系统的安全性。

（3）数据备份与恢复。

①定期备份：系统应支持定期的数据备份策略，将重要数据定期备份到安全的存储设备中，以防数据丢失。

②快速恢复：系统应提供快速的数据恢复功能，以便在数据意外丢失或损坏时能够让系统尽快恢复正常。

（4）审计日志。

①操作日志和事件日志：系统应记录用户操作日志和事件日志，包括设备状态变

化、报警事件等，以进行异常分析和审计追踪。

②通过以上的系统性能和容错设计，建筑物智能安防系统能够在高效性能、容错能力和数据安全性方面得到充分地考虑和保障。这有助于确保系统的稳定性、可用性和数据的安全可靠性，提升建筑物的安全保护能力和管理效率。

## 二、视频监控系统设计

智能安防系统的视频监控系统设计是指为建筑物或场所开展安防监控提供高效、可靠且智能化的视频监控解决方案的设计过程。智能安防系统的视频监控系统设计要点包括以下几个方面：

1.建设需求与目标

确定建筑物或场所的安全问题和监控需求，例如监控覆盖范围、监控目标、监控目的等。建立明确的设计目标，如提高监控覆盖率、加强防范措施、提升犯罪预防效果等。

2.摄像头布局与选型

根据建筑物或场所的平面布局、入口通道、重要区域等因素，合理确定摄像头的布置位置，以实现全面监控覆盖。根据监控需求和目标确定摄像头的类型和技术参数，如固定摄像头、云台摄像头、高清摄像头、热成像摄像头等。

3.视频传输与存储

选择合适的视频传输方式，如有线网络、无线网络或混合网络，以确保视频数据的稳定传输和实时性。设计视频存储策略，包括对视频数据的容量估算、存储设备选择和数据管理方式，以满足存储需求和数据安全性要求。

4.视频分析与智能功能

利用视频分析技术实现智能化，如人脸识别、行为分析、物体检测、异常事件检测等，以提高监控运维效率和安全防范能力。根据需求，选用适当的视频分析算法和软件平台，进行智能化的配置和部署。

5.报警与联动

设计监控报警系统，包括触发报警的条件和方式，以及与其他安防子系统（如入侵报警、门禁等）的联动操作。设计报警信息的实时传递与处理流程，确保报警信息及时送达，并触发相应的处理措施。

6.远程监控与管理

配置远程监控与管理平台，使用户可以随时随地通过网络访问和管理监控系统，实现远程实时监控、视频回放、设备状态管理等功能。设计合理的用户权限管理和操作流程，确保只有授权的人员才可以访问和操作监控系统。

7.系统集成与接口

设计与其他智能安防子系统的集成接口，实现视频监控系统与入侵报警、门禁、消防等子系统的联动与协同工作。遵循行业标准和协议，确保不同设备和系统的互操作性和兼容性。智能安防系统的视频监控系统设计要综合考虑建筑物或场所的实际情况和安全需求，合理规划和配置系统的摄像头布局、视频传输与存储、智能分析与报警联动等方面，以实现高效、可靠和智能化的安防监控效果。

（一）摄像头布置和安装要求

根据对视频图像信号处理/控制方式的不同，视频安防监控系统结构一般分为以下三种模式：

1.简单对应模式

监视器和摄像机简单对应（图7-1）。

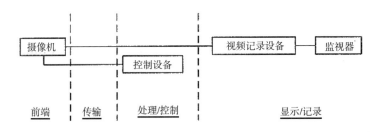

图7-1 简单对应模式

2.时序切换模式

视频输出中至少有一路可进行视频图像的时序切换（图7-2）。

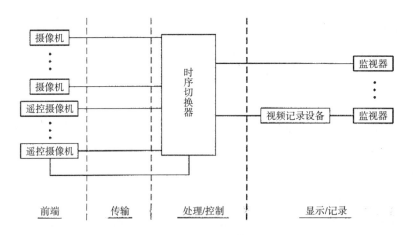

图7-2 时序切换模式

### 3.矩阵切换模式

可以通过任一控制键盘，将任意一路前端视频输入信号切换到任意一路输出的监视器上，并可编制各种时序切换程序（图7-3）。

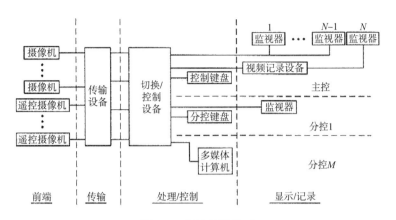

**图7-3 矩阵切换模式**

智能安防系统的视频监控系统设计要综合考虑建筑物或场所的实际情况和安全需求，合理规划和配置系统的摄像头布局、视频传输与存储、智能分析与报警联动等方面，以实现高效、可靠和智能化的安防监控效果。

### （二）摄像头布置和安装要求

摄像头的布置和安装是视频监控系统设计中至关重要的环节，它直接影响监控覆盖范围、画面质量和监控效果。以下是摄像头布置和安装的一些建议和要求：

#### 1.确定监控目标

确定需要监控的目标范围，例如建筑物入口、重要区域、停车场等。根据监控需求，确定摄像头的数量和位置。

#### 2.考虑监控范围

摄像头的位置应选择在能够覆盖监控目标的区域，并保证视野不受遮挡。根据需要，可以选择固定摄像头、云台摄像头或鱼眼摄像头等不同类型的摄像头。

#### 3.视角和焦距设置

根据监控目标和监控范围确定摄像头的视角和焦距。较宽的视角可以在一个画面内监控更大的区域，而较长的焦距可以提供更详细的图像。

#### 4.安装高度和角度

摄像头的安装高度和角度要求根据实际情况而定，一般建议将摄像头安装在距地面2~3米的高度，以确保视野清晰且不容易被干扰。

5.避免背光和光线干扰

在摄像头的布置过程中，要避免背光和光线干扰的问题。如果可能，建议将摄像头安装在有利于取得最佳画面质量的位置。

6.考虑环境因素

根据监控场所的具体环境，选择适应环境的摄像头类型，如室内或室外、防水等级等，并确保摄像头的耐用性和抗干扰能力。

7.固定和保护摄像头

安装时要确保摄像头固定稳固，避免因风吹、震动或人为因素导致其移位或摇晃。此外，还应考虑使用防护罩或其他保护措施，以防止被破坏、防水和防尘。

8.考虑隐私问题

在摄像头布置和安装时，还应确保遵守隐私法律和法规，尊重他人的隐私权。

具体的布置和安装方案应根据实际情况和监控需求进行定制。在整个过程中，建议与专业的安防系统供应商或工程师合作，以确保最佳的监控效果和系统性能。

（三）视频信号传输和存储设计

建筑物智能安防系统视频信号传输和存储设计的方案，可以分为以下几个方面：

1.视频信号传输

有线传输：选用高质量的双绞线或光纤作为视频信号的有线传输介质，保证信号传输的稳定性和质量。

网络拓扑设计：根据建筑物的布局和网络设备分布，设计合理的网络拓扑结构，包括设备位置、交换机配置、链路冗余等，以确保视频信号的快速传输和流畅播放。

传输协议选择：选择适合的传输协议，如RTSP、RTP等，以保证视频数据的可靠传输和实时播放。同时，优先使用UDP协议，以降低延迟和增加传输效率。

2.视频信号编码压缩

视频编码算法选择：根据实际情况选择合适的视频编码算法，如H.264、H.265等，以实现视频信号的高效压缩和保证图像质量。

编码参数设置：根据网络带宽和画质要求，合理设置视频编码参数，包括帧率、码率、分辨率等，以平衡画质和带宽消耗。

实时性保障：为确保视频编码的实时性，应选择低延迟的编码器和合适的视频压缩参数，以减少传输延迟并提高视频监控的实时性。

3.视频存储

存储介质选择：根据存储需求和可用空间选择合适的存储介质，如硬盘、固态硬盘（SSD）、网络存储设备等。对于大规模存储需求，可以考虑使用分布式存储系统提高存储容量和数据冗余性。

存储容量估算：根据监控系统的摄像头数量、分辨率、帧率和存储时长等因素，合理估算存储容量需求，并配置足够的存储空间来存储视频数据。

数据管理策略：采用合适的数据管理策略，如循环覆盖录制、定时归档、事件触发存储等，以确保存储空间的有效利用和视频数据的可追溯性。

数据备份和冗余：定期对存储的视频数据进行备份，确保数据的安全性和可靠性。同时，采用数据冗余技术（如RAID）来保护数据，并确保存储系统的高可用性。

4.数据加密与安全

视频数据加密：对视频数据进行加密，保护数据的机密性和安全性。采用先进的加密算法和安全密钥管理机制，以防止数据泄露和未授权访问。

网络安全防护：采取网络安全措施，如防火墙、入侵检测系统等，保护视频数据在传输过程中的安全性，防止网络攻击和数据篡改。通过以上的视频信号传输和存储设计方案，建筑物智能安防系统可以实现优质的视频信号传输和可靠的存储，提供高清视频监控和可靠的报警凭证。同时，通过加密和网络安全措施，保障视频数据的安全性和隐私性。

### （四）视频监控中心和控制室设计

建筑物智能安防系统的视频监控中心和控制室设计是确保视频监控系统高效运行和监控人员工作便捷的重要环节。视频监控中心和控制室设计的详细要点包括以下几个方面：

1.空间规划与布局

根据监控系统规模和监控人员数量，确定视频监控中心和控制室的空间需求，包括面积、高度和布局方案。将视频监控中心和控制室与其他区域（如技术室、网络中心等）合理划分，确保人员之间的协作和操作的连贯性。根据需要，考虑设立机房、服务器机架等设备的存放区域，并确保足够的散热和冷却设施。

2.设备与工作站布置

配置适量的监视显示屏：根据监控摄像头数量和布局，配备足够数量的监视显示屏。根据人员操作需求，选择适当的尺寸和分辨率，以确保画面质量和操作效率。

布置监控工作站：为监控人员配置舒适的工作站，包括舒适的座椅、人体工程学键盘和鼠标等，为其提供长时间操作的舒适性和便捷性。

放置监控设备：将监控设备（如监视器、网络设备、服务器等）放置在易于操作和维护的位置，以便监控人员快速访问和管理。

3.环境设置与人工光线控制

提供合适的照明：确保控制室具有充足的照明，并采用非炫光的照明设施，以保证视频监控操作人员的视觉舒适并减轻视疲劳。

控制室隔声和隔音：采取合适的隔音和隔声措施，以减少外部噪声和干扰，创造一个安静的工作环境，提高监控人员的工作效率。

控制室温度控制：确保控制室的温度和湿度在适宜范围内，为其提供一个舒适的工作环境，并避免热量和湿气对设备的影响。

4.电力与设备管理

供电备份：为视频监控中心和控制室提供可靠的电力供应，考虑使用UPS（不间断电源系统）或发电机组等备份电源，以确保系统持续运行。

电缆管理：对视频监控设备和其他电缆进行优化管理，如布设合理的电缆通道、标签和分类组织等，以便维护和调试。

5.人机界面与智能控制

用户友好的人机界面设计：选择易于操作和学习的视频监控管理软件，提供直观和简洁的图形界面，以便监控人员快速掌握和操作。

智能控制与自动化：考虑采用智能控制系统，使监控人员能够通过预设的场景和规则实现一键操作和自动化控制。

6.安全与防护

准入控制：设置适当的准入控制措施，包括门禁、身份认证等，严格控制进入视频监控中心和控制室的人员。

视频监控中心和控制室的物理安全：采取合适的安全措施，如安装监控摄像头、报警系统等，确保视频监控中心和控制室的安全性。

通过以上设计方案，可以为建筑物智能安防系统的视频监控中心和控制室工作人员提供舒适、高效的工作环境，保证监控人员的工作效率和监控系统的稳定运行。此外，安全防护和智能控制措施也能提供全面的安全保障和操作便捷性。

# 三、入侵报警系统设计

入侵报警系统是一种基于先进技术和智能算法的安防系统，旨在保护建筑物和财产免受潜在的入侵和威胁。它通过使用各种感应器和监控设备，实时监测建筑物内外的情况，并在检测到异常行为时及时发出报警。入侵报警系统在当今社会中广泛应用，不仅用于商业和工业场所，也用在住宅、办公室和公共设施等各种场合。

入侵报警系统的主要目标是防止未经授权的人员进入特定区域，以及检测和报警潜在的破坏行为和窃取行为。它由多个核心组件组成，包括感应器、报警设备、监控中心和报警管理软件等。感应器是入侵报警系统的核心部件之一，包括红外感应器、微波感应器、震动感应器等。这些感应器通过不同的技术原理和算法，能够准确地检测到不同类型的入侵活动。例如，红外感应器能够通过监测人体的红外辐射变化来识别人体的存在，微波感应器则通过监测微波信号的反射和变化来感知目标的移动。感应器广泛布置于建筑物的关键区域，如入口、出口、窗户和通道等位置。

当感应器检测到可疑活动时，它们会发送信号到报警设备，激活报警装置。报警装置包括声音警报器、光闪警示灯、短信通知等。这些报警装置起到警示和威慑作用，通过发出强烈的声音和闪光信号来吸引周围人们的注意，以便及时采取行动。与此同时，报警设备会将报警信号发送到监控中心，以便安保人员能够迅速做出反应。

监控中心是入侵报警系统的中枢控制中心，负责接收和处理报警信号。监控中心配备了专业的监控设备和报警管理软件，能够接收来自各个报警装置的信号，并将其实时显示在监控中心的屏幕上。同时，监控中心还能够针对不同的报警事件进行分类和优先处理，以确保反应时间的准确性和高效性。监控中心还可以与其他安防设备，如视频监控、门禁系统等集成，实现联动报警和综合安防管理。

报警管理软件是入侵报警系统的重要组成部分，它提供了对报警事件的管理和追踪功能。报警管理软件能够记录和存储所有报警事件的详细信息，包括触发时间、触发位置、触发类型等。这些信息对于后续的审查和分析非常重要，有助于确定入侵的模式和趋势，以便采取更有效的防范措施。此外，报警管理软件还可以与监控中心和其他安防设备进行数据共享，实现更高效的操作和管理。

入侵报警系统的优势在于它能够在早期阶段及时发现入侵活动，并及时采取措施，有效减少了财产损失和人员伤害的风险。此外，入侵报警系统还具有一定的防范和威慑作用，能够阻止潜在的入侵者在实施犯罪行为之前有所忌惮。

随着技术的不断发展，入侵报警系统也在不断创新和完善。例如，一些先进的系统还利用人工智能和机器学习算法进行入侵行为的分析和预测，能够更准确地识别入侵行为，并提供智能化的报警和响应。此外，无线入侵报警系统的出现，使得安装和管理更加方便和灵活，同时提供了更大的覆盖范围和连接能力。

总之，入侵报警系统在保护建筑物和财产的安全方面发挥着重要作用。它通过感应器、报警设备、监控中心和报警管理软件等组件的配合，能够提供全面的安防解决方案。随着技术的进步和创新，入侵报警系统将继续发展，为我们提供更安全和安心的环境。

（一）报警感知装置选型和布置

报警感知装置选型和布置的相关要点包括以下几个方面：

**1.入侵探测装置**

红外感应器：用于检测人体红外辐射，广泛应用于门窗、通道等位置，可设置不同灵敏度和探测范围。

微波感应器：基于微波的动态变化进行检测，适用于大型区域和室外环境，具有较高的抗干扰性。

门窗磁感应器：用于监测门窗的打开和关闭状态，常用于建筑入口、出口和窗户位置。

**2.火灾和烟雾探测器**

光电式烟雾传感器：利用光电散射原理检测烟雾颗粒，可以及早发现烟雾并触发报警。

热式火灾传感器：根据温度上升情况进行火灾检测，适用于易燃物储存区、电气设备等场所。

气体传感器：包括空气质量传感器、温湿度传感器等，用于监测可燃气体、有毒气体等，如甲烷、一氧化碳等。

**3.视频监控**

摄像头选择：根据监控的区域和需求，选择合适的摄像头类型，如固定摄像头、球型摄像头、全景摄像头等。

摄像头布置：根据监控范围和监测需求，在关键区域合理布置摄像头，确保覆盖有效监控区域，并注意避免死角。

监控软件：选择适用于大规模监控的软件，具备实时监视、录像存储、远程访问等功能。

**4.环境监测装置**

水浸传感器：检测水位变化，用于监测防洪区域、机房等易受水浸影响的地方。

气体泄露传感器：监测可燃、有毒气体泄漏，如天然气、液化石油气等。

震动感应器：用于监测振动和震动，可用于监控某些关键设备或建筑结构。

**5.布置原则**

路径安全：重要的安防感知装置应布置在可能入侵的通道或活动路线上，如建筑的入口、通道、楼梯口等位置。

覆盖区域：确保感知装置的检测范围能够覆盖关键区域，例如安全出口、资产库房、车辆停放区等。

高处安装：对于摄像头等装置，避免易受到恶意破坏或遮挡，应选择高处位置安装。

考虑环境：根据不同的环境条件和威胁特点，选择适合的感知装置类型，注意避免虚警和误报。

6.综合考虑

地理布局：根据建筑物的结构和布局，合理规划感知装置的分布，确保整个建筑物的安全覆盖。

系统集成：确保各感知装置与监控中心、报警中心等相关设备的良好集成，实现联动报警和信息共享。

最终的报警感知装置选型和布置方案应根据具体情况进行定制，建议寻求专业的安防系统供应商或工程师的帮助，以确保系统的稳定性和高效性。同时，定期对装置进行维护、校准和测试，确保其正常运行和准确感知异常情况。

## （二）报警事件处理和响应策略

智能安防系统的报警事件处理和响应策略是确保系统安全有效运行的重要因素。当报警事件发生时，正确的处理和迅速的响应是保护财产和人员安全的关键。

下面将介绍一些关于安防系统报警事件处理和响应策略的重要内容：

1.确立报警事件的优先级

根据不同类型的报警事件和安全风险的程度，对报警事件进行分类和优先级划分。这有助于确保在处理报警事件时能够合理分配资源和采取适当措施。

2.定义清晰的处理流程

制定针对不同类型报警事件的处理流程和操作规范，确保每个报警事件都有明确的应对步骤。处理流程应包括联络、确认、评估、响应和后续跟进等环节，确保每个报警事件都能得到妥善处理。

3.实时监测和报警通知

安防系统应具备实时监测功能，能够在报警事件发生时快速识别，并通过不同的通知方式及时发送报警信息。报警通知可以通过声音警报、视觉警示、手机短信、邮件通知等方式进行。

4.联动报警和联动处置

安防系统可以与其他安防设备（如视频监控、门禁系统等）进行联动，形成综合的防范和处置体系。当报警事件发生时，可自动触发相关设备，如打开监控摄像头、锁定门禁等，配合事件现场处置应对和后续调查。

5.紧急联系与通信

在处理报警事件时，与安防人员和相关部门保持紧密的联系和通信，确保相互间的有效沟通和快速反应。这包括建立专门的通信系统或利用现有的通信工具，如对讲机、手机等。

6.组织应急演练和培训

定期组织安全团队进行应急演练和培训，确保相关人员具备处理报警事件的知识和技能。演练可以模拟真实的报警情境，提高相关人员的应急反应能力和协同合作能力。

7.事后调查和报告

对每个报警事件进行详细的调查和记录，包括报警事件的触发原因、处理过程、处理结果等。这有助于发现潜在的问题时及时改进，并生成相关报告供管理层分析和参考。

8.远程监控和管理

现代的智能安防系统通常具备远程监控和管理功能。通过远程访问安防系统，安全管理人员可以实时查看和监控报警事件，及时做出决策和响应。

9.不断优化和改进

根据实际运行情况和持续反馈，及时进行系统的优化和改进。这可以包括更新和升级软硬件设备、改进处理流程和应急预案，从而提高整体的安全性和应急响应能力。

10.随时保持警惕

安防系统的报警事件处理和响应策略需要保持一个持续警惕的态势。不仅要维护和管理系统，还需要培养安全意识和行为，提高员工对报警事件的重视和应对能力。

总之，智能安防系统的报警事件处理和响应策略是确保系统有效运行和保障安全的关键要素。通过明确报警事件的优先级、建立清晰的处理流程、实施综合联动和培训演练等措施，将使报警事件的处理更加快速、准确和高效。持续优化和改进安防系统，保持警惕，才能更好地应对报警事件，并提高整体的安全性和紧急响应能力。

（三）报警联动和集成设计

报警联动和集成是现代安防系统中的重要概念，它们能够将不同的安防设备和系统整合起来，实现相互协同和联动操作，从而提供更全面、高效的安全保护。下面笔者将介绍报警联动和集成的基本概念和优势。

报警联动是指通过安防系统中的不同设备和模块之间的通信和协调，实现根据特定的事件触发一系列预定动作的过程。当某个报警事件发生时，系统能够自动触发相应的联动措施，如开启摄像监控、关闭门禁、触发警报、发送电子邮件或短信等。

报警联动有助于提高响应速度和减少人为干预的依赖性，确保在紧急情况下相关人员能迅速采取行动。通过定义和配置联动规则，将不同的安防设备连接并协同工作，系统能够以高度自动化的方式处理和响应报警事件，从而实现更高效和可靠的安防管理。

（四）报警联动的优势

1.快速、准确地响应

报警联动能够在报警事件发生时快速、准确地触发相应的措施，实现实时响应和处置。通过联动设备和模块，系统能够自动执行预定的动作，提高响应速度和减少人为干预所带来的延迟和误操作。

2.综合安全管理

通过报警联动，可以将不同的安防设备和系统整合在一起，形成综合安全管理体系。系统能够集中管理和监控各种设备，如入侵报警系统、视频监控系统、门禁系统、消防系统等，实现统一的指挥和操作。

3.增强安全感知和识别能力

报警联动使得设备之间能够相互通信和共享信息，从而增强整体的安全感知和识别能力。例如，在报警事件发生时，可以将与该事件相关的监控视频实时传输到监控中心或移动终端，实现对事件的迅速确认和评估。

4.联动报警减少误报率

通过联动各种安防设备，可以更准确地判断和确认报警事件。例如，当入侵报警系统触发报警时，联动视频监控系统可以实时展示现场图像，以确认是否为真实的入侵事件，从而减少误报率和虚警情况。

5.提高工作效率和降低人力成本

报警联动的自动化特性可提高工作效率，减少手动操作所需的时间和人力资源。通过自动触发联动措施，系统能够快速处理报警事件，减轻操作人员的工作负担，降低人力成本。

（五）安防系统集成的基本概念

安防系统集成是指将各种安防设备和系统进行整合，使它们能够相互配合和协同工作，实现信息共享和联动控制的过程。通过集成，不同的安防设备和系统可以共享数据和资源，实现功能的互补和优化。

安防系统集成的范围非常广泛，包括但不限于以下方面。

1.视频监控系统

将摄像监控设备与其他系统（如入侵报警、门禁、消防等）集成，实现视频监控与报警、访客管理、火灾检测等功能的协同工作。

2.门禁系统

将门禁设备与其他系统集成，实现门禁和访客管理的一体化操作，如与视频监控系统集成，实现卡片识别、门禁事件实时显示等功能。

3.入侵报警系统

将入侵报警设备与其他系统集成，实现入侵报警和视频监控、门禁等设备的联动工作，提高对入侵事件的感知和处置能力。

4.消防系统

将消防报警设备与其他系统集成，实现消防报警和紧急通道的联动控制、与防火系统的协同工作，提高火灾预警和处置能力。

5.监控中心平台

通过集成不同的安防和管理系统，如视频管理平台、报警管理软件、人员定位系统等，实现综合监控和管理，提供综合的安全管理和运营控制。

（六）安防系统集成的优势

1.实现信息共享和集中管理

通过集成安防设备和系统，能够实现信息的共享和集中管理，提高资源利用效率和安全管理水平。例如，通过将视频监控系统、门禁系统和消防系统集成，可以在监控中心实时查看和管理相关设备的状态和报警信息。

2.提高事件响应能力

通过集成不同的安防设备，能够实现事件的跨设备联动和协同处理。例如，在报警发生时，联动视频监控系统和入侵报警系统，可以实时获取现场图像并采取相应的响应措施，提高事件处理的效率和准确性。

3.减少复杂操作和人工干预

通过集成不同的安防设备和系统，能够减少复杂的操作和人工干预，提高工作效率和减少误操作的可能性。通过使用统一的操作界面和集中的管理平台，可以简化操作流程和提供统一的管理方式。

4.节约成本和资源

通过集成不同的安防设备和系统，可以减少重复投入和资源浪费。例如，通过集成视频监控和门禁系统，可以共用监控摄像头，减少设备数量和成本。

5.拓展功能和扩展性

通过集成安防设备系统，能够实现功能的拓展和扩展。通过添加新的设备或模块，可以轻松扩展现有的安防系统，满足不同场景和需求的变化，并保护投资的可持续性。

通过实现安防设备之间的协同工作和信息共享，提高了安全管理的效率和准确性。使报警联动能够快速、准确地响应报警事件，提高安全感知和处置能力。安防系统集成能够实现不同设备和系统之间的协同工作，提高综合安全管理和资源利用效率。这些优势使得报警联动和集成成为现代安防系统设计和实施的重要考虑因素，为用户提供安全、便捷和可靠的保护。

## 四、门禁控制系统设计

门禁控制系统是一种用于管理和控制出入口的安全系统。它利用先进的技术和设备，对人员进出特定区域进行监控和管理。门禁控制系统广泛应用于各种场所，如企业办公楼、公共设施、学校、医院和住宅等，能提供安全、便捷的出入管理。

门禁控制系统的核心组成部分包括门禁读卡器、门禁控制器、门禁管理软件和相关配套设备。门禁读卡器是门禁系统的关键设备之一。它通过读取验证用户身份的卡片或生物识别技术，如门禁卡、密码、指纹、面部识别等，来决定是否允许用户进入特定区域。门禁读卡器的类型多种多样，包括感应式读卡器、密码输入器、指纹识别器、人脸识别器等。门禁控制器是门禁系统的核心设备。它负责接收门禁读卡器发送的读卡信息，并根据预设规则进行身份验证和门禁控制。门禁控制器可以管理多个门禁读卡器，同时处理多个用户的身份验证请求，并控制相应的门禁设备，如电磁锁、闸机、电动门等。门禁管理软件是门禁系统的重要组成部分。它提供对门禁系统的集中管理和监控功能。通过门禁管理软件，管理员可以进行用户权限设置、卡片管理、区域划分和门禁设备控制等操作。此外，门禁管理软件还能够生成报表和记录日志，方便对门禁系统的运行进行监督和分析。门禁控制系统还可能包括其他配套设备，如电磁锁、感应开关、门磁、出入口闪光灯和报警器等。这些设备与门禁系统的其他组件协同工作，以实现更全面、安全的出入管理。

门禁控制系统的工作原理如下。

用户身份验证：当用户希望进入特定区域时，将进行读取门禁卡、输入密码、进行指纹或面部识别等操作。门禁读卡器将用户的身份信息发送到门禁控制器进行验证。

身份验证和权限判断：门禁控制器接收到用户的验证请求后，将用户的身份信息与预先设置的权限进行比对。如果验证通过并且用户有权限进入，门禁控制器将发出开门指令。

开门控制：门禁控制器接收到开门指令后，通过控制门禁设备打开门禁通道，允许用户进入。

监控和记录：门禁控制器将每个用户的进出记录和其他相关事件信息保存在门禁管理软件的数据库中，以备后续查询和分析。

门禁控制系统具有以下优势和功能。

安全性：门禁控制系统通过限制非授权人员进入特定区域，提供高度安全的出入管理。只有经过验证的用户才能获得进入权限，有效防止未经授权的人员进入。

便捷性：门禁控制系统可以根据用户的身份验证快速准确地控制门禁通道的开闭，提供便捷的出入体验。

灵活性：门禁控制系统可以根据不同的区域和用户需求进行灵活设置，如设置不同的用户权限和时间段的访问规则，允许特殊权限用户临时添加或撤销等。

数据化管理：门禁控制系统通过门禁管理软件记录和存储用户的出入时间、地点和事件等信息，为安全管理和监督提供可靠的数据依据。同时，管理员可以随时通过门禁管理软件查询和分析相关数据。

报表和日志记录：门禁控制系统能够生成各类报表和记录日志，如出入记录、违规记录等，为安全管理、事件调查和决策提供重要参考。

门禁控制系统是一种强大的安全管理系统。它通过门禁读卡器、门禁控制器、门禁管理软件和相关配套设备的协同工作，提供安全、便捷的出入管理。它不仅保障了特定区域的安全性，还提供了全面的监控、管理和记录功能，满足不同场所和需求的出入控制要求。

### （一）门禁设备和读卡器选型和布置

门禁系统的选型和布置是确保系统能够有效运行和满足实际需求的重要环节。关于门禁设备和读卡器选型和布置的策略包括以下几个方面：

1.了解实际需求

在选型和布置门禁设备和读卡器之前，首先要了解实际需求。包括需要管理的人员规模、出入口数量和类型、安全级别要求等因素。这将有助于确定所需的门禁设备性能和数量。

2.选择可靠的门禁设备品牌和型号

门禁设备的品牌和型号选择应考虑到质量可靠性、安全性和兼容性等因素。选择知名品牌和经过验证的型号，以确保设备的性能稳定和可靠。

3.确定读卡器类型

根据需求，选择适合的读卡器类型。常见的读卡器类型包括感应式读卡器、密码输入器、指纹识别器和人脸识别器。根据安全级别和便捷性要求，选择适合的读卡器类型。

4.考虑读卡器的安装位置

读卡器的安装位置应根据实际需求和出入口的布局来确定。通常情况下，读卡器应放置在便于用户接触和操作的位置，同时保证安全和防护。需要注意的是，不同类型的读卡器有不同的安装方式和要求，如指纹识别器和人脸识别器需要合适的高度和角度。

5.考虑布线和电源需求

在布置门禁设备和读卡器时，需要考虑到布线和电源的需求。这包括读卡器与门禁控制器之间的数据连接和电源供应。要合理规划布线路径和电源位置，确保布线安全和有效。

6.考虑防水和防震要求

若门禁设备和读卡器需要应用于户外或特殊环境场所，需要考虑其防水和防震能力。应选择具备防水和防震功能的设备，以确保其稳定可靠的工作。

7.考虑扩展和升级需求

门禁系统的需求会随着时间和设备的变化而变化。在选型和布置门禁设备和读卡器时，需要考虑系统是否具备灵活的扩展和升级能力。选择支持模块化和可拓展的设备，以便在未来的扩展和升级时无须更换整个系统。

8.考虑系统的兼容性和集成性

如果门禁系统需要与其他安防设备或管理系统进行集成，需确保所选的门禁设备和读卡器与其他设备具有良好的兼容性。选择支持开放式或标准化接口的设备，以便实现系统的顺利集成。

门禁设备和读卡器的选型和布置需要根据实际需求和要求来进行。通过选择可靠的设备品牌和型号、确定合适的读卡器类型和安装位置、考虑电源和布线要求，以及保证防水和防震能力等因素，可以确保门禁系统的稳定运行并满足安全管理的需要。此外，还需要考虑系统的扩展和升级能力以及与其他系统的兼容性和集成性等因素，以满足未来的需求变化和系统整合。

### （二）门禁权限管理和身份认证策略

在门禁系统中，权限管理和身份认证是确保系统安全和合规性的重要策略。通过合理的权限管理和身份认证策略，可以保护特定区域的安全，防止未经授权的人员进入，同时方便合法人员的出入。

1.门禁权限管理

门禁权限管理是指对用户在特定区域的进出权限进行管理和控制。以下是常见的门禁权限管理策略。

（1）区域划分与权限分级：根据特定区域的安全级别和对不同人员的授权要求，将区域进行划分，并对每个区域设置相应的权限等级。例如，高安全级别区域只允许特定人员进入，而低安全级别区域可能对更多人员开放。

（2）用户权限设置：对每个用户进行权限设置，确定他在特定区域的进入权限。这通常基于用户的职位、岗位和需要访问的区域等因素进行判断。权限设置可以包括时间段限制、进出次数限制以及特殊权限的分配等。

（3）特殊访问控制：对于特定人员或特殊需求，可以设置特殊的权限控制。例如，对访客设置临时权限或特定时间段内的访问限制，对维修人员设置临时特殊权限等。这些特殊访问控制可以在门禁管理软件中进行配置。

**2.身份认证策略**

身份认证策略是指确认用户身份并确保其合法性的一系列策略和措施。以下是常见的身份认证策略。

（1）门禁卡认证：门禁系统常用的身份认证方式之一是通过门禁卡进行认证。用户需要将门禁卡放置在读卡器上进行读取验证。可以采用不同类型的门禁卡技术，如RFID卡、磁条卡或IC卡等。

（2）密码认证：密码认证是常见且简单的身份认证方式。用户需要在密码输入器上输入正确的密码才能正常进出。密码应具备一定的复杂度和安全性，并定期更换以确保安全性。

（3）生物特征认证：生物特征认证是利用指纹、面部识别、虹膜识别等个体独特的生物特征进行身份认证。这些技术具有更高的安全性和便捷性，能够减少身份伪装的可能性。

（4）多重认证：为进一步提高安全性，可以采用多重认证策略，即结合多种身份认证方式进行验证。例如，读卡器在读取门禁卡的同时要输入密码，或者结合面部识别和指纹识别等技术进行认证。

门禁权限管理和身份认证策略在门禁系统中起着至关重要的作用。通过合理的权限管理和区域划分、用户权限设置以及特殊访问控制，可以确保特定区域的安全。而通过门禁卡认证、密码认证、生物特征认证或多重认证等策略，可以有效验证用户身份并防止未经授权的人员进入。这些策略的应用将提高门禁系统的安全性和合规性，实现安全、便捷的出入管理。

**（三）门禁与其他系统的集成设计**

以下是几个门禁系统与其他系统的集成设计示例。

**1.门禁系统与安全监控系统的集成**

通过将门禁系统与安全监控系统集成，可以实现特定区域的门禁事件触发时的实时视频监控。当门禁系统检测到非法闯入或报警事件时，会自动触发安全监控系统的摄像头进行录像监控，并立即通知安全人员进行处理。

**2.门禁系统与人力资源系统的集成**

门禁系统可以与人力资源系统集成，以实现员工进出记录和权限管理的自动化。

当员工进入或离开公司时，人力资源系统会将相关信息传输到门禁系统中，从而自动创建或取消员工的门禁卡，管理其进出权限，并记录员工的进出记录。

3.门禁系统与访客管理系统的集成

通过门禁系统与访客管理系统的集成，可以提高访客管理的效率和安全性。当有访客到访时，访客管理系统会生成临时的访客门禁卡，该卡可以在特定时间段内生效，并记录访客的进出记录。一旦访客离开，门禁系统会自动失效该门禁卡。

4.门禁系统与楼宇管理系统的集成

门禁系统可以与楼宇管理系统集成，实现对整个楼宇的统一管理。通过集成，可以实现楼宇内不同区域的门禁权限管理、楼层间的门禁联动，以及与其他楼宇设备（如电梯、车库门等）的协同控制，提高整体的安全性和管理效率。

5.门禁系统与出勤管理系统的集成

通过将门禁系统与出勤管理系统集成，可以实现自动化的员工考勤管理。当员工刷卡进入或离开公司时，门禁系统会自动记录员工的考勤记录，并与出勤管理系统进行数据同步，从而实现考勤数据的自动统计和记录。

实际门禁系统的集成设计会因组织需求而有所不同。在设计门禁系统与其他系统的集成时，关键是明确集成的目的和需求，选择合适的接口和协议，并进行充分的测试和验证。这样可以确保集成系统的稳定运行和功能互通，提高整体安防管理的效果。

## 五、电力供应与备份系统

### （一）系统组成

建筑物智能安防系统的电力供应与备份方案是一个不容忽视的部分，具体来说它主要由以下几个部分组成：

1.主电源

主电源为整个安防系统提供稳定、持续的电力供应。这通常由建筑自身的电网或者专门设置的独立电路来完成。

2.不间断电源（UPS）

对于关键设备，如服务器、存储设备、一些重要的监控点的摄像头等，需要接入UPS中。UPS在市电供电正常时对其进行充电，在发生停电事件时瞬间切换为内置电池供电，使得安防系统在短时间内可以有序地关闭，避免因突然停电造成数据丢失和设备损坏。

3.紧急备用发电机

对某些要求高的场所，除了因电流不足或故障导致的暂时性停电外，可能还需要考虑长期停电的情况。在这种情况下，紧急备用发电机就显得至关重要。一旦检测到停电状态超过预定的延迟时间（如UPS支持的时间），将启动备用发电机，恢复电力供应，以便支持更长的意外停电状态。

**4.具备反向传输功能的能量管理系统**

即把消耗和生成的各类能量信息通过网络实时上传给能源管理中心，使异常情况可被及时处理，从而确保安防设备工作正常。

**5.智能电源调度**

根据设备运行需求和电力资源情况，对非必要的设备停电，优先保证关键设备的运行。

设计一个合理的电力供应与备份系统是保障智能安防系统连续平稳运行的重要环节。

### （二）主电源与备用电源设计

建筑物智能安防系统的电力供应与备份系统设计非常关键。在设计主电源和备用电源时需要考虑多个因素，包括可靠性、稳定性和持续性等。

对于主电源的选择，一般会优先选择市电作为主要供电来源。市电供电比较稳定且成本相对较低。但是为了增加系统的可靠性，可以考虑将主电源接入不间断电源（uninterruptible power supply, ups）系统中。这样，在市电断电时，UPS可以立即切换为备用电源供电，以保证设备正常运行而不发生中断。

备用电源选项通常包括不间断电源（UPS）和紧急备用发电机两种。UPS提供短时间（几分钟至几小时）内的电力供应，足够支撑系统顺利地完成自动切换操作。UPS是不间断电源的缩写，它是一种用于提供稳定电力供应的设备。在建筑物智能安防系统中使用UPS作为备用电源是很常见的做法。UPS通过将电池组与交流电源连接，并使用逆变器将直流电转换为交流电来提供备用电源。当主电源出现故障或中断时，UPS可以立即接管电力供应，以保证系统正常运行。

选择UPS时需要考虑以下因素。

**1.容量**

根据安防系统的功耗和预计负载，选择合适的UPS容量以确保其能够持续供电。

**2.切换时间**

UPS切换至备用电源的时间应尽可能短暂，以免对安防系统造成影响。

**3.维护和监测**

选购可远程监控和管理的UPS设备，以便及时发现并解决潜在问题。

此外，还需注意UPS系统与其他备用电源之间的自动切换机制。例如，在主电源中断后，UPS可以自动将安防系统从主电源切换到备用电源上，避免系统中断。这些切换机制需要进行适当的配置和测试，以确保可靠性和高效性。而紧急备用发电机则提供更长时间的备用电力供应，可以应对长时间的市电断电情况。

在选择备用电源时，需要综合考虑负载需求、预算限制以及系统的目标恢复时间。如果设备负载较重且需要长时间供电，那么同时使用UPS和紧急备用发电机可能是更好的选择。而如果负载较轻或预算有限，单独使用UPS也能满足基本需求。

此外，还需要注意自动切换机制的设计。确保在市电故障时，主电源能够自动切换到备用电源供电，并且切换过程无感知地进行，以免影响设备的连续工作。

设计电力供应和备份系统时，还应根据设备工作需求和相关安全规范，对设备区分优先级，合理布局各设备及电源位置，以确保系统的可用性和安全性。

### （三）电力系统监测与故障处理策略

在建筑物智能安防系统的电力供应与备份系统设计中，电力系统监测和故障处理是非常重要的环节。以下是一些相关的策略和建议。

#### 1.安装监测设备

在关键部位安装合适的监测设备，如功率仪表、电流传感器、温度传感器等，可以实时监测电力系统的运行状态。

#### 2.自动切换机制

借助自动切换开关或ATS（automatic transfer switch），当主电源出现故障或停电时，可自动切换到备用电源（UPS或柴油发电机组）以保证关键设备的持续供电。

#### 3.设备优先级区分

为了确保关键设备得到足够的电力支持，将不同设备划分为不同的优先级，并按照其重要性确定优先供电顺序。

#### 4.故障预警系统

配备故障预警系统，如电流过高/过低、电压波动超出范围等，以便及时发出报警信号并通知相关人员进行检修或处理。

#### 5.合理布局

在电力设备的布置上需要考虑降低故障风险和提高容错能力，避免设备之间相互干扰，同时便于维护和管理。

通过采取以上策略，可以有效地监测电力系统的运行状态，及早发现潜在问题，并快速响应和处理任何可能导致停电或其他故障的情况。这样可以最大限度地提高电力供应稳定性和可靠性，确保建筑物智能安防系统的正常运行。

# 第四节　建筑物智能安防系统管理与维护

系统管理与维护是保障信息系统安全和正常运行的重要环节。在进行系统管理与维护时，安全人员的分工与培训、系统的日常运维和管理策略以及系统维护和故障处理手册等都是至关重要的。

## 一、安全人员分工与培训

安全人员分工与培训是系统管理与维护的重要组成部分，它们对于确保信息系统的安全和可靠运行起着关键作用。在这一部分，我们将详细探讨安全人员的分工和培训的重要性。

（一）安全人员分工

安全人员分工是指根据安全团队成员的技能和特长来合理分配工作职责，以实现高效的安全管理。合理的分工可以确保安全工作的专业性和高效性，提高问题的识别和解决速度。以下是一些常见的安全人员分工领域。

1.安全规划和策略制定

负责制定和更新组织的安全策略，并确保其与业务目标相一致。

2.漏洞扫描和修复

负责对系统进行定期漏洞扫描和修复，确保系统免受已知漏洞的攻击。

3.安全事件响应

负责监测和应对安全事件，包括入侵检测、取证分析和系统恢复工作等。

4.安全意识培训

负责向员工提供安全意识培训，提高他们对安全风险的认知和处理能力。

5.安全审核和合规性

负责进行安全审核和合规性评估，确保系统符合相关的法规和标准要求。

6.网络和应用安全

负责保护网络和应用系统的安全性，包括防火墙配置、入侵防御、访问控制等。

以上只是一些常见的安全人员分工领域，具体的分工可以根据组织的需求和规模进行调整。重要的是确保每个安全团队成员的职责明确，工作流程顺畅，并且他们要具备处理各自领域的专业技能。

（二）安全人员培训

安全人员培训是提升安全团队整体素质和能力的关键环节。通过培训，安全人员将了解最新的威胁情报、攻击技术和安全防护方法，从而能够更好地保护信息系统免受攻击。以下是一些常见的安全人员培训领域。

1.网络安全

包括网络基础知识、网络攻击与防御、网络设备配置和安全监控等。

2.渗透测试

培训人员要掌握渗透测试方法和工具，以发现系统中的安全漏洞。

3.安全编码

教授开发人员安全编码的最佳实践，以减少应用程序中的漏洞。

4.安全管理和合规性

使培训人员了解安全管理和合规性框架，以确保组织符合相关法规和标准。

5.社会工程学

提高安全人员对社会工程学攻击的认识，以预防社交工程等非技术性攻击。

除了培训，安全人员还可以通过参加安全会议、加入专业组织和持续学习来保持对新技术和威胁的关注。这些措施将有助于保持安全团队的敏锐性和专业性。

安全人员分工与培训是系统管理与维护中重要的环节。通过合理的分工和专业的培训，安全人员能够更好地管理和保护信息系统的安全性。组织应根据自身的需求和实际情况，合理安排安全人员的分工，并为其提供持续的培训和学习机会，以确保信息系统的安全和稳定运行。

## 二、系统运营与维护

（一）系统日常运维和管理策略

建筑物智能安防系统的日常运维和管理策略对于确保系统的稳定运行和安全性至关重要。下面是一些常见的系统日常运维和管理策略，可供参考。

1.定期巡检和维护

进行定期的系统巡检，包括设备的状态、连接、供电等，确保一切正常运行。

定期检查传感器、摄像头、报警装置等设备的工作状态，确保其正常工作。

对系统中的软件进行定期更新，包括安全补丁和系统升级，确保系统的安全和性能。

2.实时监控和警报

配备物联网技术，建立实时监控和警报机制，及时监测和响应任何异常事件。

设置合理的警报阈值和触发条件，确保及时准确地发出警报通知，并采取相应的应对措施。

3.数据备份和恢复

定期备份系统数据和配置文件以及服务器上的相关记录和日志文件。

建立恢复机制，确保在系统故障或数据丢失时，能够快速恢复系统并将其重新启用。

4.安全管理和权限控制

对系统进行安全管理，设置合理的权限控制，确保只有授权人员能够对系统进行操作和配置。

对设备和系统进行访问控制和认证，防止未经授权的人员进入系统或更改系统设置。

5.日志记录和审计

开启系统的日志记录功能，并定期对日志进行审计和分析，以及时发现潜在的安全问题和异常行为。

对日志记录进行适当的保护和存储，以确保日志的完整性和可追溯性。

6.人员培训和意识教育

对管理和运维人员进行安全培训，提高其对安全风险和威胁的认识和应对能力。

加强员工的安全意识教育，包括如何正确使用系统、处理异常情况和报警事件等。

7.变更管理和版本控制

建立合理的变更管理机制，确保对系统配置和升级的变更进行审批、测试和记录。

使用版本控制工具管理和跟踪对系统和设备的变更，方便追溯变更记录和回滚操作。

总之，建筑物智能安防系统的日常运维和管理策略应包括定期巡检和维护、实时监控和警报、数据备份和恢复、安全管理和权限控制、日志记录和审计、人员培训和意识教育以及变更管理和版本控制等重要方面。通过合理的运维和管理策略，可以确保建筑物智能安防系统的安全性、稳定性和可靠性。

## （二）系统维护和故障处理手册

系统维护和故障处理手册是建筑物智能安防系统管理与维护的重要工具，它们为运维人员提供了必要的指导和参考，以便快速、准确地进行系统维护和故障处理。以下是关于系统维护和故障处理手册的主要内容和作用。

1.系统维护手册的重要性

包含系统的详细信息和配置，如设备清单、网络拓扑、接口和连接信息等。维护手册使运维人员能够准确了解系统的整体结构和组成。概述系统的维护工作标准和流程，包括定期维护任务、例行检查和测试、备份策略等。这能确保系统的维护工作按照规范进行，保持稳定和高效。

提供常见问题的解决方案以及故障排除的方法和步骤。这使运维人员能够迅速定位和解决问题，减少系统故障对正常运行的影响。为新员工提供快速上手指南，帮助他们熟悉系统的操作和管理方式。

2.故障处理手册的编写和使用

包含常见故障的诊断和解决方法，以及相应的应急预案。针对不同的故障，手册应提供逐步的排查和修复步骤，以确保故障处理的规范和高效。根据系统的实际情况，手册应定期更新，以反映系统升级、更新和拓扑结构的变化。除了故障排除，手册还可以提供预防措施和最佳实践，以减少故障发生的可能性。手册应以清晰、简洁的语言编写，并结合图表、示意图和示例，提供更直观和易于理解的指导。

系统维护和故障处理手册并不仅是一份文档，更是运维人员的工具和参考书。因此，它们需要得到定期更新和维护，以确保其与实际系统状态一致。同时，要培训和指导运维人员使用手册，使其熟悉手册内容，并能够灵活运用，提高故障处理的效率和准确性。系统维护和故障处理手册在建筑物智能安防系统的管理与维护中扮演着重要的角色。它们通过提供系统配置和维护标准、故障解决方案等信息，帮助运维人员快速诊断和处理问题，确保系统的高效稳定运行。

# 习题

1.什么是安防系统？

2.安防系统的主要优点是什么？

3.安防系统的主要缺点是什么？

4.在设计安防系统时需要考虑哪些因素？

5.安防系统的结构类型有哪些？

6.安防系统中使用的设备有哪些？

7.安防系统的操作流程是什么？

# 第八章

# 建筑物环境检测系统

# 第一节　建筑物环境检测技术基础

## 一、建筑物环境检测系统的设计概述

在现今大数据智能控制的时期，各行各业都着眼于对智能控制系统的应用。若使用智能环境监测系统，不仅可以节约人力资源，而且可以在火灾发生前或者储存物品发生变质等诸多难以预测的意外情况发生时，帮助人们防患于未然，安全系数也会得到更高的保证。

纵观如今社会整体的发展，万物互联已成为不可阻挡的趋势，智能型的监测设备是这个时代必然的产物，仅仅需要开发者的一串代码或者一个命令指令就能完成一些简单或者复杂的事，当然还可以通过运用手机，显示报警器等设备来准确地发现危险隐患的具体位置，可以大大增加各类建筑物环境的安全系数。

如今，信息技术在持续高速发展，各种各样的互联网技术与应用持续推进着人类社会的进步，环境监测与报警系统将单片机和各种不同传感器相结合，且增加无线通信模块来共同实现对应功能，能够对火灾以及其他有可能存在的意外情况及时做出警报，因此该系统对于安全的保障具有很高的价值。

1.环境参数采集的要求

出于对建筑物环境的安全考虑，至少也应该包括对温度，湿度，烟雾，气压等参数的测量采集，它的根本目的之一是为了预防火灾的发生，尽可能地在火灾出现或者扩大之前进行阻止。对于系统来说，监测到火灾产生伴随的环境因素变化时，就已经能判断出火灾的当前趋势，如失火之后大量的一氧化碳和各类有毒气体的产生。而火灾发生时的另一个监测点便是温度，这两个环境参数变量都可以在传感器的帮助下实现测量与显示。而想要保证安全，高浓度的粉尘易爆炸也是必须考虑在内的因素。

2.显示层面的要求

面对各个硬件采集到的实时数据，很有必要通过监控系统将实时数据展示出来，因此要安装显示器，这能将粉尘浓度，温度湿度以及烟雾的状态都简明扼要地表现在显示器上。除此之外，考虑到不同的气候和一些特殊原因，应随机应变地考虑各类数据的阈值，系统允许使用者去调整这些环境因素检测的临界值设置，并可以将这几个报警设定值和温湿度等数据一并显示在LCD屏幕上。

3.通信层面的要求

为了应对人力资源的不足和库管人员休息等必要情况，系统将会通过增加Wi-Fi模块的方式来实现远距离的交互，相对于蓝牙这种只能近距离地传输数据的情况，Wi-Fi模块不但有着和蓝牙一样快速的传输速度，更能在全国各地获取到来自下位机发送过来的数据，并做出应对处理。

4.报警机制的建设

因为无线功能的原因并不需要用户在现场，依旧能得到来自设备的警示。考虑到会存在没有携带手机、计算机等终端的情况，报警器的安装还是非常有必要的。选择和调试蜂鸣器的时候应该保证其工作时发出的声音能达到一定的影响范围，以保证深夜也能警示管理员。监测系统会在数据超过了临界阈值的时候，将预定的警示信息发送提示到用户的设备终端上，也会立刻启动蜂鸣器来警示现场的使用者。

## 二、建筑物环境检测系统的常用硬件

（一）显示模块

显示模块的作用是采集有用的信息并且显示在屏幕上，这包含着用户自主设置的各类数据信息，如烟雾，温度和湿度等临界报警值设定，采集信息也会一同显示在屏幕上。对显示的内容类型和各类显示硬件的价格等条件进行分析后，才能对比出最恰当的显示屏幕。

本设计选用OLED显示器，事实上现在很多的监控设备都会选择使用OLED显示装置，OLED显示器不但显示功能强大，而且目前它的售价非常透明，价格便宜。经过调查发现，使用OLED的多个监控系统通过显示屏确实可以显示出全部的测量信息。而且OLED显示屏也不需要大量的接口，如图8-1所示。而如果使用点阵式数码管如图8-2所示，不但需要很多接口，而且对于编程的要求极高，同时若想修改监控内容则更为不易，因此，使用OLED显示器应该是一个比较合适的选择。事实证明它确实是一款比较优秀的显示器。它不但价格更加合理，而且对画面的显示也很清晰，同时并不占用过多的编程时间，值得各类监测系统应用。

数码管容易出现焊接错误，而且编程麻烦。点阵在一部分功能上达不到设计的要求，且价格较高。LCD屏幕在市场上很容易买到，而且价格不高，这类屏幕功能强大，能准确展示酒精浓度，符合需要。LCD1602屏幕的许多参数也是比较高的，能清楚地展示出32字符，而且分辨率很高。对于初学者，LCD操作方便，价钱较低，是初学者的必备神器。

图 8-1　OLED显示屏幕图

图8-2　点阵式数码管图

LCD1602的PB8-PB15接口是用来和STM32传导数据的，而PB5-PB7接口则是给STM32传导指令的，主要用来检测酒精浓度，并展示数值，而电阻的作用则是调剂屏幕背阴。图8-3为LCD1602的电路图。

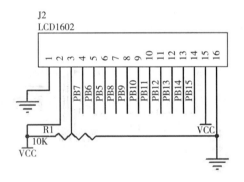

图8-3　LCD1602电路图

（二）蜂鸣器电路

蜂鸣器是起警示作用的装置。一般都是直接供电。在我们现实中很容易见到，就像洗衣机、计算器、空调等，已经覆盖了人们生活中的各个角落。PB3是STM32的一个引脚，把它接一个上拉电阻的主要目的是加大这个引脚的电流，只有这样才能使PB3有足够的电流，使其正常工作。我们把R1连在S3C9014的基极和STM32的PA8引脚上，这样电阻可以分担一些电压，主要的目的就是防止电压过大而烧坏STM32。

电路中S3C9014是主要控制报警的装置。在它基极产生较大电压时，会导通并驱动蜂鸣器发声。反之基极电压较小时不足以导通，蜂鸣器不发声。蜂鸣器电路图如图8-4所示。

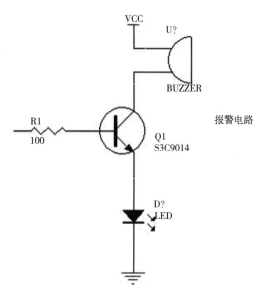

图8-4　蜂鸣器电路图

（三）传感器电路

MQ3里主要成份是$SnO_2$。如果传感器的周围有酒精时，MQ3的电导率也会不断增加。将电导率转化为可以识别的电信号，这样我们就可以对其检测。MQ3最大的特点也是最实用的一点就是能随时随地精准地检测出空气中酒精的浓度，还可以在LCD中显示具体数值。

MQ3的第1个引脚直接接地，第2个直接与STM32的PA6进行连接，第3个直接接VCC。图8-5为MQ3酒精传感器电路图。

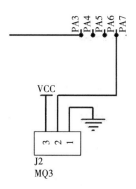

图8-5　MQ3酒精传感器电路图

（四）按键电路

按键是在电路中最常见的元器件。也是最让人头疼的地方，因为它有10ms的延时，这通常会出现按键不稳定的情况。我们解决这种问题的方法是在写入程序时，加上一段10ms的延时，通过这种方法我们才能使按键稳定，才能确保按键按下。

一般采用四个按键，第一个按键主要是"+"浓度值的设定，第二个按键主要是"–"浓度值的设定，第三个按键是保存并退出，第四个按键是复位电路，主要目的是当系统崩溃时，我们可以按下这个按键，这样系统复位，就可以继续工作了。四个按键分别接STM32的PA0–PA3口。图8-6为按键电路图。

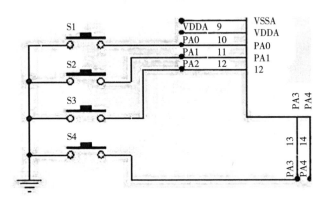

图8-6　按键电路图

（五）烟雾传感器

对于烟雾的测量，调查显示使用较多的就是MQ-2型号，如图8-7所示。它是一种常用的接触式传感器，表面拥有智能识别的探头，探头特制的表面可以做到反射、吸收等功效。因此即使在家庭内同时安装多个烟雾传感器，烟雾传感器彼此之间并不会产生冲突，而使用接触式传感器也可以避免产生信号冲突的情况。因为在其工作中并不要求必须接触到需要测量的物品，这也就避免了摩擦的发生，是可用的较为合适的传感器。

图 8-7　烟雾传感器MQ-2图

（六）温湿度传感器

对于温湿度的测量常选用DHT11传感器（图8-8）它应用专门的数字模块，作为一款低价、入门级别的温湿度传感器，可用于单片机设计实例中。它运用专门的数字模块采集技术和温湿度传感元件，拥有很高的可靠性与稳定性，在此传感器中包含了一个电阻感湿元件和一个测温元件，另外它还内置了一个小单片机，在传感器获得数据后，会将模拟量信号传入单片机内部，而后经过单片机内部处理，将数字类型的信号传出，汇入总单片机芯片中去完成后续的工作。

每一个此类型的传感器在校验时都会要求一些比较苛刻的环境条件，校准程序会以程序的形式存入它所指定的内存中。它有着品质高、响应很快、抗干扰能力强、体积小、功耗低等特点，性价比也较高。

图8-8　DHT11温湿度传感器图

（七）大气压强传感器的选型

对于大气压强的测量选用BMP180传感器（图8-9），它是作为一个单独独立的芯片工作的，可以显示测量气压的信息。在传感器之中包含着电阻式压力传感器、AD转换器和控制单元。这样的构造使得传感器在读取数据时可以传输出补偿后的压力值，可以保证传感器的精密度。

图8-9　BMP180大气压强传感器图

# 第二节　环境检测系统控制技术基础

## 一、嵌入式计算机系统概述

嵌入式的体系主要是以嵌入式微处理器为中心，ARM是以做微处理器闻名的一家世界企业，设计了许多低价、高性能、功耗低的RISC处理器、相关技术及软件。

在不同领域的市场，ARM的份额也不同，但在移动设备规模占比超过90%，且还在不停增加中，2012年末ARM出货量为87亿颗，到2017年预估授权出货量可达410亿颗，智能手机出货量为17亿颗，每个设备中有3~5颗ARM芯片，仅智能手机处理器所用ARM芯片就高达68亿颗，年复合增长率为20%。

ARM11为ARM公司最为经典的处理器，在这之后的产品都以Cortex命名，并区分为A、R和M三类，旨在为不同领域的市场提供服务。"A"系列面向行业顶尖的基于虚拟内存的操作系统和用户使用；"R"系列主要针对嵌入式实时处理器核；"M"系列专注于微控制器处理器核。

Cortex-A系列处理器提供了一个可扩展各类市场应用的解决方案，包括手机、高端消费电子产品的企业，因为处理器要满足以下要求：降低功耗，提高效率和性能，提升峰值性能，适应各类要求最为严苛的应用。

Cortex-R性能较高，具有实时处理能力，因为有浮点运算协处理器，所以可以完成高度复杂的数字算法。

Cortex-M系列处理器包括Cortex-M3、Cortex-M4和Cortex-M0。分别适用各类不同的通用应用场合。

Cortex-M3是具有较高性价比的定点处理器，可以单周期完成32位乘法，并且具有除法指令，适用于有一定性能要求，同时对价格比较敏感的产品。而Cortex-M0的价格则直指8位单片机，成本极具竞争力，同时保持32bit单片机的一些特点，如32位单周期乘法器。Cortex-M0取得较大成功后，ARM公司又推出了Cortex-M0+系列单片机。

Cortex-M0+只有56条指令，传感指令效率和编译效率均较高，能充分发挥C语言的特点，非常适合低成本同时对性能有一定要求的场合。Cortex-M0+单片机的价格较低，是低端产品的首选。

Cortex不同系列芯片功能对照表如表8-1所示。

表8-1　Cortex系列芯片功能对照表

| 功能 | A系列 | R系列 | M系列 | | |
| --- | --- | --- | --- | --- | --- |
| | | | M4 | M3 | M0 |
| 难易程度 | 难易程度较高 | 难易程度较高 | 较低 | 较低 | 较低 |
| 成本 | 较高 | 较高 | 较高 | 适中 | 较高 |
| 应用性 | 面向应用的基于虚拟存储器的实时系统操作系统和用户应用 | 针对嵌入式实时系统 | 内核性能针对的是DSP电动机控制、汽车、电源管理 | 智能控制、以太网触控界面、自动控制流水灯汉字显示、蜂鸣器可供初学者和开发者使用 | 医疗器械、电子测量、照明、智能控制、游戏装置 |

由此可见Cortex-M3难易程度较低、成本低、可供初学者学习。

嵌入式开发相当于一个项目工程，需要硬件开发工具和软件包进行技术支持，才能迅速融入嵌入式开发的工作环境中去。

开发板用于嵌入式系统开发板，包括CPU、 memory、 input devices、output devices数据通路/总线和外部资源接口等一系列硬件组件。

STM32多功能开发板具有通用性，元件模块多，所以给学习者提供的例子也多，应用广泛，还可根据学习开发者要求定制学习系统的软件和硬件。同时开发板成本低、易学习，也可作为评估者、研发者初期使用的产品，因为开发板有良好的开发环境，可以软件和硬件相结合完成项目，所以具有一定的理论意义和实用价值。

对下一代微处理器，我们可以进行大胆的预测：此集成度越来越高、CPU主频越来越大、机器显示字长相对较大、数据总线处理宽度增大、与此同时相对处理的指令条数也越多。

嵌入式发展方向包括以下几个方面：嵌入式处理器内部需要嵌有网络接口，软件内核支持网络模块。为了满足网络互连的要求，嵌入式设备未来需要提供多种网络通信接口；开源依然是主流；开发环境也应做重点推广；网络化、信息化的要求。

嵌入式开发技术逐步向移动网络技术开发、开发板源代码开源haunted等方向发展。

## 二、STM32硬件系统

### （一）STM32最小系统

Cortex-M3作为最早推出的Cortex-M系列单片机，因为价格适中，性能优异获得了广大电子设计人员的认可。因此，各大电子芯片公司均有类似的Cortex-M3芯片产品。例如，ATMEL公司的ATSAM3系列处理器，CYPRESS公司的MB9AF10X系列处理器，

NXP公司的LPC17XX、LPC18XX系列处理器，TI公司的LM3S系列处理器，等等。

其中最早在国内推出Cortex-M3芯片的意法公司，依靠丰富的产品线，低廉的售价、较好的器件支持，占据了国内Cortex-M3芯片最大的市场份额。

意法公司的STM32F1xx系列单片机，事实上已经成为各个高校电子专业学生学习嵌入式单片机的首选。

因此，采用STM32F103作为嵌入式开发板的处理器，具有广泛的用户群体，适合作为核心处理器。

1.STM32核心单元电路设计（图8-10）

复位电路、时钟晶振电路和BOOT引导选择电路三个电路是最小系统的电路体系。

核心单元中，STM32单片机的各个引脚按照功能被分为：SPI、DAC、USB、Motorcontrol、I2S、JTAG、CAN总线、I2C、USART、ADC、FSMC等不同的区域，分别通过Port端口连接至其他单元模块电路中。下面将分别按照功能介绍其电路结构。

2.时钟及晶振电路

时钟及晶振电路包括系统时钟和实时时钟两个部分。时钟电路如图8-11所示。

系统主时钟采用8 MHz外部晶振，通过单片机内部锁相环电路，将系统时钟频率锁定在72 MHz。通过锁相环生成时钟信号，一方面因为外部时钟振荡器频率较低，可以降低时钟电路的整体功耗；另一方面可以通过内部参数设置，灵活地产生不同的系统时钟、总线时钟和外设时钟。

除了8 MHz外部晶振外，还保留了一个32.768 kHz的低频时钟源，用于产生秒信号。当系统掉电时，最小系统采用备份电源供电，32.768 kHz时钟功耗极低，并且可以通过分频得到1秒信号，对睡眠的单片机定时唤醒，保持实时时钟的运行。32.768 kHz时钟非常适合制作电子万年历。

3.复位及Boot选择电路

复位及Boot选择电路的电路图如图8-12所示。

电路中R1C电阻和C1C电容可以保持单片机在运行中复位端口的电压稳定。S1C开关用于系统手动复位。

SW1C和SW2C用于选择STM32F103引导模式。当SW1C和SW2C处于00位置时，单片机从用户闪存自举。用户闪存程序可以通过JLink等仿真工具，通过JTAG端口预先烧写。

当SW1C和SW2C处于01位置时，单片机从系统存储器自举。这时，必须通过某种途径事先将运行程序下载至系统存储器中。

当SW1C和SW2C处于01位置时，从内部SRAM引导程序。这种工作模式特别适合程序调试。因为程序设计阶段需要对程序进行反复的修改并下载，程序每次都需要烧写至用户存储器中，频繁烧写会导致内部Flash程序存储器损坏，或者缩短使用寿命。因

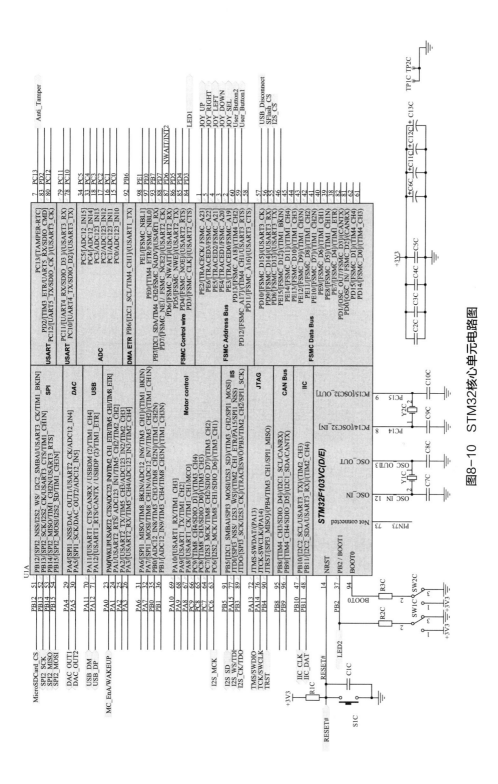

图8-10　STM32核心单元电路图

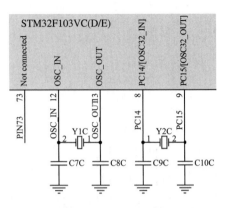

图8-11　时钟电路图

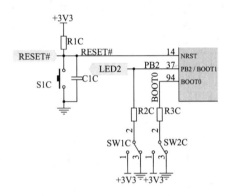

图8-12　复位及Boot选择电路图

此采用这一引导模式，可以将程序下载至SRAM中，并从SRAM引导，既可以提高程序下载的速度，同时不会影响单片机的使用寿命。

（二）大容量存储器扩展电路设计

1.SD/TF卡接口

SD卡作为一种常用的存储器扩展方式，在数码相机中应用广泛，因此在单位存储容量下，其成本比较低。

SD卡与单片机可以通过专用的SD卡接口连接，这样在一个传输时钟周期中，同时传输4bit数据，传输速度比较快。传感如果采用标准SD接口，则无法采用卡套读取TF卡。所以，使用SPI口连接SD卡能提高其兼容性。SD/TF卡电路原理图如图8-13所示。

SD卡有4个端口，SPI2-MISO为主输入从输出，SPI2-MOSI为主输出从输入，Micro SD Card-CS是片选接口。

2.M25P64VP串行FLASH 接口设计

虽然本系统有SD/TF卡扩展，传感因为SD/TF卡的存储器必须通过文件系统进行

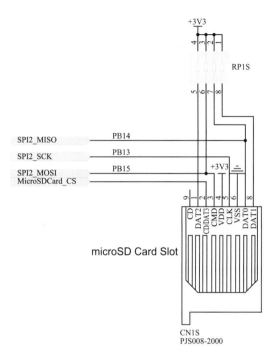

**图8-13　SD/TF卡电路原理图**

管理，但不能保证所有数据存储区块的好坏，因此必须通过格式化将坏区块剔除。这会严重影响数据存储系统的速度和稳定性。因此系统中还需要一个线性存储单元，并保证其每个数据存储单元运行良好，这样就可以将一些嵌入式系统关键性数据存储其中，如字库文件和系统引导文件。一般采用M25P64作为线性存储单元。

M25P64是一个 SPI总线访问的8M字节串行Flash存储器。与STM32F103通信时可以达到单片机SPI端口的最大传输速度20 Mbps。因为是线性编址存储单元，其访问无须通过文件系统，可以采用绝对地址访问方式，程序设计较为简单。

M25P64采用SO16封装。其部分主要引脚功能描述如下。引脚Q：输出串行数据。引脚D：输入串行数据。引脚C：串行时钟信号输入。引脚S：片选，该引脚低电平有效。若为高电平，串行数据输出（Q）为高阻抗状态。引脚HOLD：控制端，暂停串行通信。在HOLD状态下，串行数据输出（Q）为高阻抗，时钟输入（C）和数据输入（D）无效。引脚W：写保护端，限制写指令和擦除指令的操作区域，低电平有效。

STM32与M25P64VP串行FLASH 接口原理图如图8-14所示。M25P64通过SPI总线与单片机相连接，其端口包括四个：SFLASH-CS片选、SPI2-SCK时钟、SPI2-MISO为主输入从输出、SPI2-MOSI为主输出从输入，片选与单片机的PB12相连，时钟与单片机的PB13相连，SPI2-MISO与单片机的PB14相连，SPI2-MOSI与单片机的PB15相连。

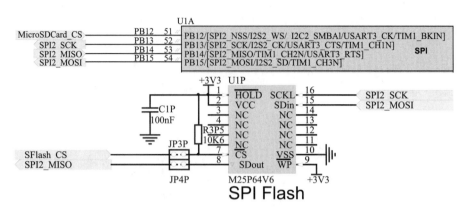

图8-14  STM32与M25P64VP串行Flash接口原理图

（三）I2S音频接口电路设计

I2S是一种常用的音频解码器接口形式，由飞利浦公司定制。与其他串行总线通信方式相比，I2S串行音频接口可以同时传输两路音频数据流，传输速度高，CPU占用小。同时因为I2S总线的两路音频采用时钟同步，因此左右通道数据传输时差小，声像定位准确，音频抖动小，特别适合立体声音频的编码/解码。

I2S接口有四个端口，I2S-MCK主时钟、I2S-SD串行数据、I2S-WS/TDI数据输入、I2S-CK/TDO片选数据输出。

音频解码芯片采用WM8974音频编解码。与其他设备常用的TLV320AIC10编解码器相比，该芯片的最高编解码速率达到48 kHz，而TLV320AIC10编解码器只有22 kHz，因此音频保真率更高。

WM8974音频编解码接口电路如图8-15所示。

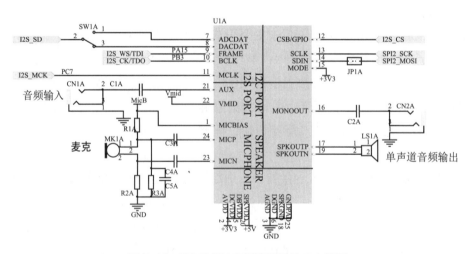

图8-15  WM8974音频编解码接口电路图

　　WM8974音频编解码接口电路分别通过I2S总线和SPI总线和单片机相连。SPI总线主要负责电路初始化时，单片机对WM8974音频编解码接口电路进行内部寄存器初始化。虽然WM8974音频编解码器也可以通过I2S接口直接进行初始化操作，但考虑到很多初学者使用开发板时并不熟悉I2S接口的特性，因此使用常用的SPI接口进行初始化的可靠性较高，比较容易掌握。

　　WM8974音频编解码接口电路可以分别工作在编码和解码两种状态下。

　　当电路工作在编码状态下时，模拟音频信号可以通过单声道音频插座CN1A连接到编码器的AUX端，编码器完成对模拟信号的采集和编码工作。编码器也可以直接通过麦克MK1A直接采集声音，通过差分端口MICP和MICN进行模拟量采集。采用差分端口可以增加系统抗扰能力。麦克MK1A的偏置电压取自编码器的MICBIAS端，该端口可以提供一个稳定的直流偏置电压，使麦克始终能工作在最佳的线性工作区，防止音频数据饱和。

　　当电路工作在解码输出状态时，音频数据流通过I2S接口输入解码器，内部解码后，模拟信号输出到差分输出端SPKOUTP和SPKOUTN端口。采用差分输出端口可以在较低的工作电压下，提高输出音频功率。对此单声道输出信号也可以通过MONOOUT端口经过隔直电容C2A输出到外接插座。

## （四）电源系统设计

　　电源电路分为主供电电路、A/D供电电路和备用电源电路三部分组成。主电源采用开关电源供电（图8-16），开关电源芯片采用LT1376，该芯片为Buck型降压开关电源，输出电压固定为5 V。该芯片工作频率较高，因此可以采用较小的Buck电感。上电时，LT1375通过二极管D1自举，并进入软启动状态。如果LT1376的SHDN端口为高电

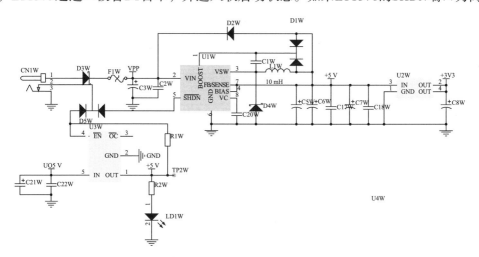

**图8-16　主电源模块电路原理图**

平时，电路开始输出电压。输出电压通过FB/SENSE端口反馈到内部PWM控制电路，当输出电压升高时，PWM占空比降低，输出电压降低时，PWM占空比升高，维持电压稳定。采用这种开关电源供电方式，可以降低系统功耗，因此可以使用较宽范围的外部供电电源。

LT1376输出电压为5 V，而单片机需要3.3 V供电，因此在LT1376后级串入了3.3 V线性LDO稳压电源，为单片机供电。采用这种串联方式供电的优点是，后级的线性三端稳压器具有较高的纹波抑制比，可以防止开关电源级的开关噪声串入到电路中，影响单片机及模拟器件的工作。三端稳压器采用SPX3819，价格较低，并具有较好的性能。

当系统采用USB供电时，USB开关电路U3W将USB端口引入的5V电压输出到内部电路中。

电源电路具有自动切换功能。当外部电源插入时，外部插座的2~3脚分离，LT1376的5脚失能，开关电源输出5 V电压。同时USB开关的4脚失能，USB电源被USB开关断开。如果外部电源拔出，外部插座的2~3脚短路到地线，LT1375关断，开关电源处于关闭状态。而USB开关的4脚失能，USB电源被开关连接到电源电路，提供5 V供电。

辅助供电电源由一个三端稳压器LDO为A/D电路提供电源（图8-17）。这种供电方式可以将单片机的数字电源和模拟电源隔离供电，防止数字噪声串入A/D采集电路中。

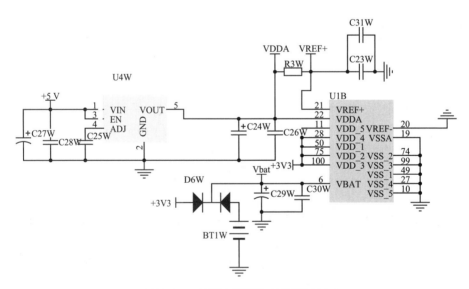

图8-17 辅助电源模块电路原理图

单片机的实时时钟供电，则由一个共阴极肖特基二极管负责电源切换。当外部3.3V电源供电正常时，共阴极肖特基二极管的左侧臂二极管导通，系统由主电源供电。右侧臂截止，防止备份电池漏电。如果外部电源掉电，这时共阴极肖特基二极管的左侧臂二极管截止，右侧臂导通，系统由备份电池供电。这种切换会自动完成，因此可以防止意外掉电时，实时时钟丢失数据。

### （五）其他外围设备

**1.E2PROM存储电路**

采用基于IIC接口的AT24C04、E2PROM存储电路作为IIC接口测试电路。最高通信频率可以达到400 kb/s，存储容量4 kbit。与串口Flash相比，AT24C04的擦写次数可达10万次以上，而Flash只有1000次。同样，AT24C04的存储时间可达100年，传感Flash的数据则最多只能保存10年。AT24C04接口电路如图8-18所示。

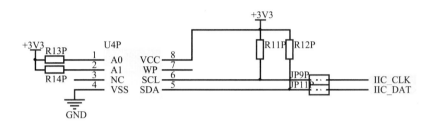

**图8-18　AT24C04接口电路图**

**2.D/A测试电路**

单片机采用12bit D/A作为数模转换测试电路，并设计了双路运算放大器作为输出缓冲电路。具体接口电路如图8-19所示。

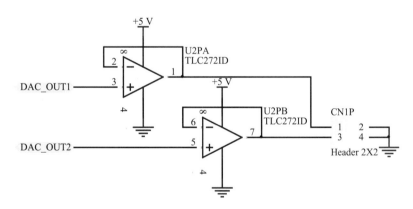

**图8-19　数模转换测试电路图**

输出缓冲电路采用同相电压跟随电路，放大倍数1倍，通过CN1P接口将缓冲后的信号输出。D/A电路软、硬件结构均较简单，可以用于声音质量要求不高的简单音频输出，例如语音时钟播报。

**3.摇杆及按钮电路**

摇杆电路包括上、下、左、右四个方向和一个中央按下键。摇杆按键比普通按键更适合液晶屏的操作，用于配合液晶屏使用。摇杆也可用于简单的游戏操纵或通过无线模块控制遥控小车等其他扩展功能（图8-20）。

除了摇杆电路外，还设置了4个按键，其中有2个特殊功能按键和2个普通用户按键。

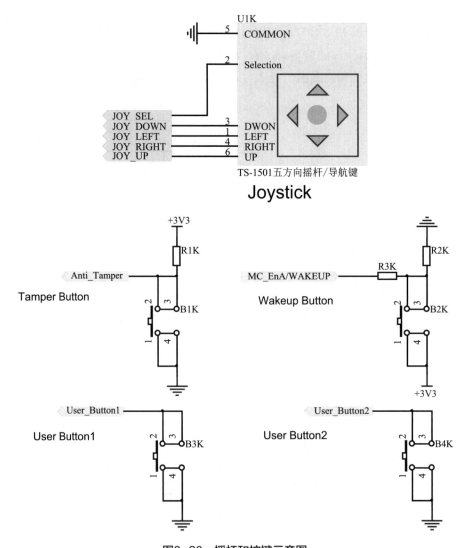

图8-20 摇杆和按键示意图

特殊功能按键中，"Tamper Button"按键用于防止程序被意外改写。当程序上电的时候JTAG接口会被转变为其他功能，因此用户将无法改写程序。因此在软件初始化过程中，增设一段检测"Tamper Button"按键程序。当"Tamper Button"按键按下时，JTAG端口将不改变功能，可以允许编程，但如果未检测到按键按下，则JTAG功能被取消，用户无法改写程序。

"Wakeup Button"则用于程序唤醒。当程序进入睡眠状态时，系统由systick发出1 s

中断，在中断时进行"Wakeup Button"按键检测。如果未检测到按键按下，系统会恢复到睡眠状态，减低功耗；如果检测到按键按下，则系统唤醒，进入正常工作状态。

正常工作状态下"Tamper Button"和"Wakeup Button"可以被定义为其他用途，与用户按键一样。

4.JATG仿真及调试电路

采用了ARM通用20pin接口JTAG仿真调试端口（图8-21）。作为开发板，为了提高系统的通用性，增加了JP1J-JP4J跳线开关，可以将JTAG断开，端口用作其他用途。

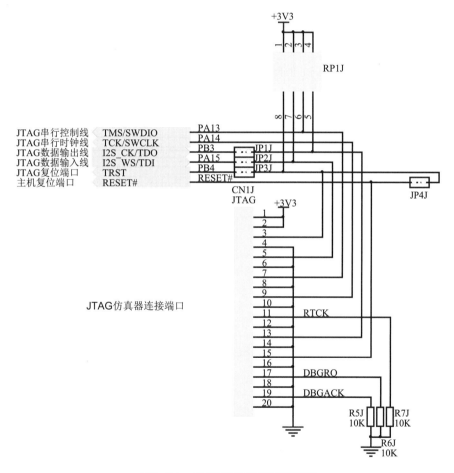

图8-21　JATG仿真及调试电路图

5.PCB硬件设计

硬件设计采用了Altium公司的Altium Designer 9.3软件进行原理图和PCB绘制。

## 三、软件系统

### （一）板级驱动包实现

意法公司提供了CubeMx软件，可以对设备的BSP板级驱动包进行初始化。使用该软件，既可以减少大量的系统初始化代码撰写工作，同时采用统一工具包进行软件编写，可以减少初始化代码的错误。

创建BSP板级驱动包初始化工程步骤如下：

打开CubeMx后，先创建新工程。在创建新工程的界面中选择Part Number Search，并填写STM32F103，然后在MCUs List中选择STM32F103VETx。工程初始化及芯片选择如图8-22所示。

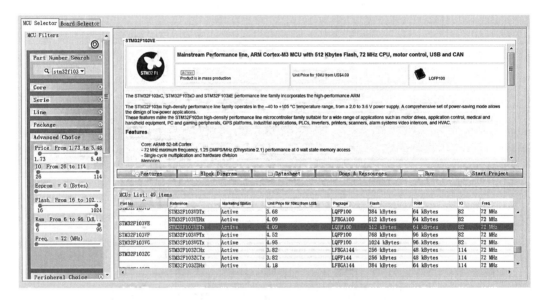

图8-22 工程初始化及芯片选择

选择好芯片后，在右侧点击"Start Project"按钮，启动工程。

工程建立后，会显示当前选中MCU的引脚列表图及其所有功能。

该工程主要使用了芯片中的ADC、DAC、I2C、RTC、SPI、TIM、USART、USB等功能，需要通过下面图中的初始向导对这些设备进行初始化操作。部分外设应使用中间件Middle Wares进行初始化，如SD/TF卡模块需要用FATFS文件系统驱动，而USB则需要用USB_DEVICE中间件驱动。

其他设备则只需要在Peripherals中驱动即可。初始化设备列表及引脚配置图如图8-23所示。

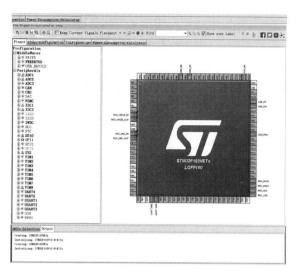

**图8-23 初始化设备及引脚配置参考图**

初始化后，部分引脚和外设会以"！"或"X"显示，表示该设备与其他设备端口复用，因此无法使用或功能受限。

时钟链配置。STM32内部时钟较为复杂，同时需要为RTC、IWDG、System Clock Mux、USB以及外设供电。因此需要通过Clock Configuration配置页面对其进行配置（图8-24）。

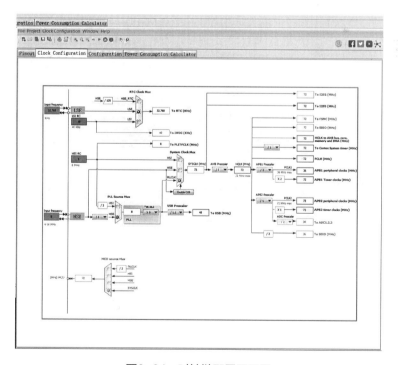

**图8-24 时钟链配置页面图**

因为在前面的Pinout配置项中，RCC使用了外部低速和高速晶振，所以高速晶振使用的是外部8M晶振，并使用内部锁相环进行时钟分配。

进入SYSCLK时钟使用外部晶振，并经过PLL锁相环9倍频后，得到72 MHz主时钟，AHB预分频系数为1，所以HCLK时钟保持最高速度72 MHz，并提供给AHB总线、Core、内存Memory和DMA使用。外设总线APB1提供给GPIO的时钟经过2分频，得到36 MHz时钟信号。而定时器模块时钟Timer clocks以及APB2总线设备保持最高速度72 MHz，以维持较高的设备性能。

I2S总线直接使用系统时钟，不经过预分频，始终保持72MHz的高速时钟信号。USB从锁相环取出信号后，经过1.5分频，得到48 MHz信号，作为主时钟。实时时钟信号没有使用系统内部的40 kHz RC振荡器，而是使用了外部的32.768 kHz晶振信号，这样可以保持实时时钟的准确性。实时时钟经过215分频后直接得到1 s信号。

（二）外设和中间件初始化

在Configuration配置界面中，可以对所有外设的驱动和中间件进行初始化（图8-25）。

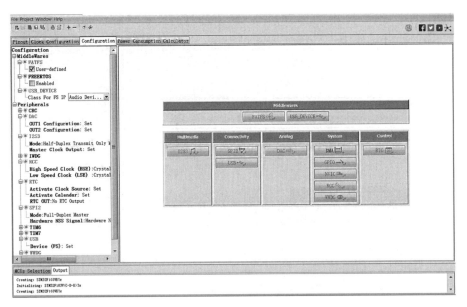

图8-25　Configuration外设和中间件初始化界面

1.I2S驱动初始化

HAL层：

Usb_FS：使用默认参数。

I2C：100 k速率，7位地址宽度，使用默认参数。

I2S：主发模式，标准16位宽，默认音频为48 k，如图8-26所示。

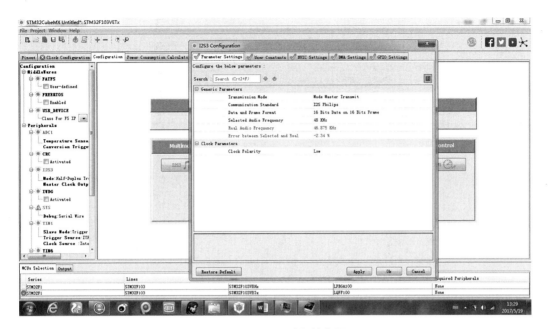

图8-26　I2S驱动初始化图

并为I2S发送添加DMA，半字位宽，如图8-27所示。

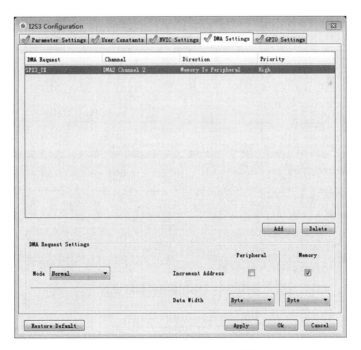

图8-27　I2S添加DMA示意图

2.USB中间件Middle Wares初始化

USB选择Audiodevice class，其配置参数如图8-28所示。

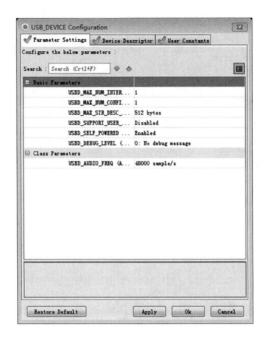

**图8-28 Audiodevice class配置参数**

USB设备描述中VID设置为1155，LANGID_SIRING设置为英语，MANUFACTURER_STRING设置为：某某学院（图8-29）。

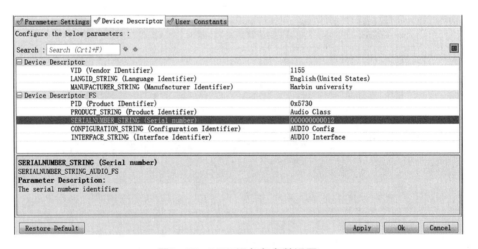

**图8-29 USB设备各参数设置**

usb audio class中PID为0x5730（否则系统会报错）。

3.其他设备初始化

其他设备包括SPI2、DAC、DMA、GPIO、NVIC、RCC、RTC、WWDG都需要采用类似方法进行初始化，因为涉及内容较多，限于篇幅，不一一列举其初始化过程。仅以SPI2为例说明基本初始化过程（图8-30）。

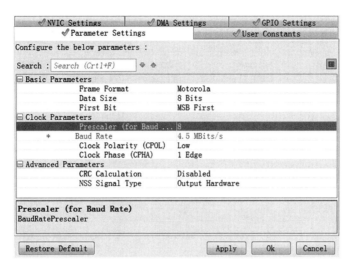

图8-30 SPI2初始化过程图

4.SPI2参数设置

参数设置项中，数据帧格式采用摩托罗拉格式，即高字节在前的大端模式。数据字长为8 bit，时钟预分频采用8分频，波特率为4.5 MBits/s，时钟相位和极性按照音频解码器的格式要求设置，不采用CRC校验，NSS信号类型设置为硬件输出控制。

5.SPI2引脚GPIO设置

SPI2使用全双工方式工作，使用引脚PB12、PB13、PB14、PB15作为NSS、SCK、MISO和MOSI功能使用。SPI2引脚GPIO设置如图8-31所示

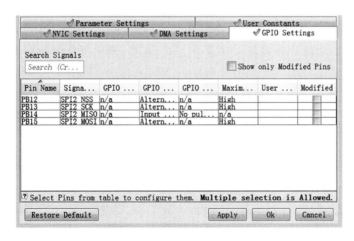

图8-31 SPI2引脚GPIO设置

6.SPI2的DMA设置

为了提高数据通信速率，并减少CPU的占用率，SPI2接口采用了DMA进行数据传输，其初始化界面如图8-32所示。

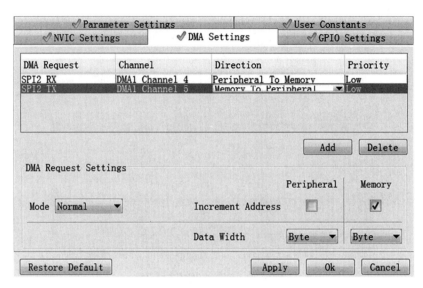

图8-32 DMA初始化界面

7.SPI接口的DMA设置项

SPI接收信号采用DMA通道4，发送采用DMA通道5。当数据完全传输后，在DMA中断时进行文件和数据处理。

（三）应用举例

以一个USB音频接口程序为例，演示如何使用USB接口和I2S接口实现USB音频播放功能。USB接口是通过上位机接收音频数据流，把音频数据流输给I2S，I2S负责在喇叭上进行音频数据流的播放，这两部分组成一个完整的演示程序。图8-33显示了数据从PC端通过USB接口传输到开发板，并通过I2S接口进行解码播放的数据流向。

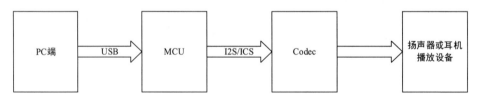

图8-33 USB音频播放及解码数据流向

音频播放演示程序的框架如图8-34所示。

USB音频播放由PC端启动，PC端音频播放软件通过USB接口函数，调用音频数据类，将音频数据流通过USB音频接口发送到开发板。开发板中的USB主函数负责调用音频数据类，将USB音频信号解码，并通过BSP板级驱动包将数据下发到HAL驱动，并驱动I2S接口将数据传输到解码器，最终通过解码器Codec将音频信号通过扬声器播放。

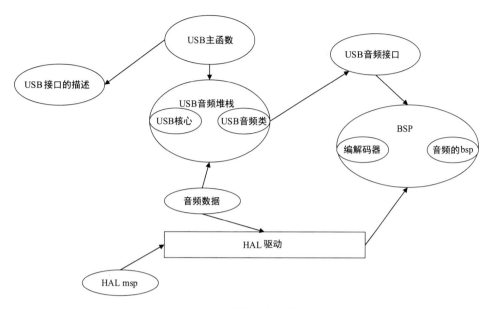

**图8-34 音频播放演示程序框架**

USB主函数完成USB枚举过程，枚举流程如图8-35所示。

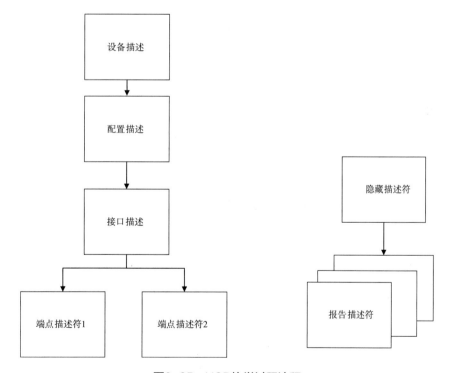

**图8-35 USB枚举过程流程**

1.USB通信DFU状态机

通过DFU状态机的状态转换，我们可以初步了解USB的工作过程（图8-36）。

　　USB应用程序模式有两种工作模式，应用空闲和应用分离，应用空闲状态在分离状态下演变为应用分离，应用分离状态在DFU分离时演变为应用空闲，如图8-36所示。

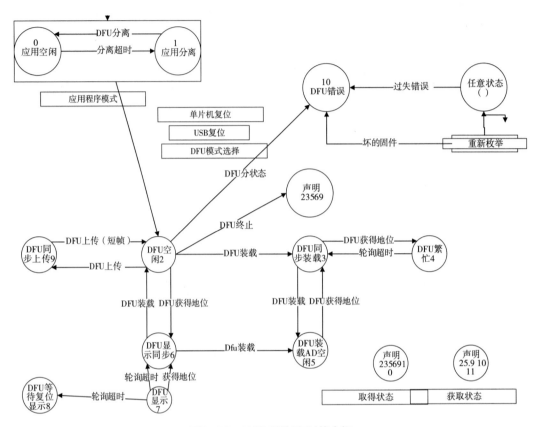

图8-36　USB通信DFU状态机

　　DFU模式有同步上传、空闲、声明、错误、同步装载、繁忙、显示同步、显示、装载空闲等几种状态，它们之间是一种转换的状态。当应用空闲转到应用分离时，进入DFU空闲状态；当DFU终止时，声明一个状态；当DFU分状态时，DFU错误；固件损坏，重新枚举，任意状态下反应过失错误，传达DFU错误；当DFU装载，先到DFU同步装载，DFU获得地位，DFU繁忙，DFU繁忙轮询超时转到DFU同步装载，DFU装载，到DFU装载AD空闲状态，DFU装载空闲状态通过DFU获得地位转换为同步装载，DFU装载空闲状态通过DFU装载转变为DFU显示同步状态；当DFU应用空闲状态通过DFU上传转变为DFU同步上传；当DFU空闲状态通过DFU装载转变为DFU显示同步，DFU显示同步通过DFU获得地位转变为DFU空闲；当DFU显示同步状态通过轮询超时到DFU显示状态，DFU显示状态通过获得地位到DFU显示同步，DFU显示状态通过轮询超时到DFU等待复位显示状态。

**2.音频播放器I2S接口初始化**

音频播放器I2S接口初始化程序完成流程：初始化GPIO和存储器、读取音频文件头、读取音频文件头，设置音频参数、配置I2S和SPI接口以及解码器等工作。流程图如图8-37所示。

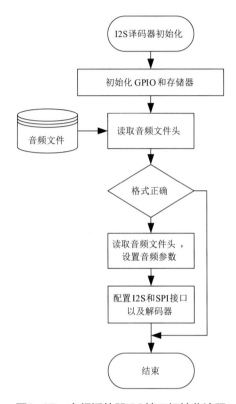

**图8-37　音频播放器I2S接口初始化流程**

音频播放过程中，通过用户按钮可以完成音频的播放、暂停任务。音频播放时，首先初始化读取数据流，然后设置播放状态变量，并通过SPI接口传输设置参数，当传输完成时系统会中断。暂停播放时，音频译码器进入掉电状态，关闭SPI即可使传输完成中断，保存音频索引设置暂停状态标志（图8-38）。

I2S数据传输过程：如果播放状态为暂停状态则暂停解码器，否则会从存储器读取数据，并通过I2S发送至解码器，数据索引加1；如果播放状态保持在播放状态，则继续，否则退出（图8-39）。

终止数据流操作：当一个音频播放完成时，如果音频数据为重复播放状态，则继续播放，否则计算播放数；如果重复播放数大于0，就将重复播放数减1，并继续播放，否则说明播放次数达到上限，退出播放（图8-40）。

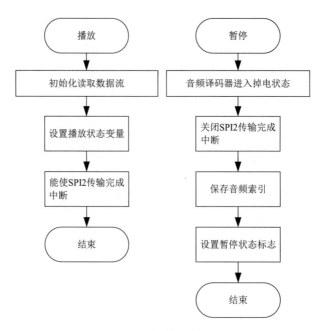

图8-38 播放控制流程

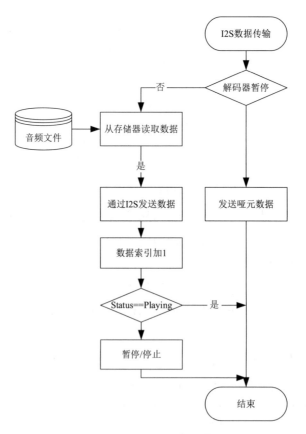

图8-39 I2S数据传输流程

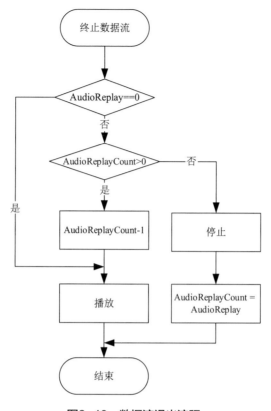

图8-40　数据流退出流程

# 第三节　仓储监测与报警系统设计

## 一、设计要求

（一）环境参数采集的要求

出于对仓储环境的安全考虑，至少应该包含对温度，湿度，烟雾，气压等参数的测量采集，对于仓储监测系统来说它的根本目的之一是为了预防火灾的产生，尽可能地在火灾出现或者扩大之前对其进行阻止。对于系统来说，监测到火灾产生伴随的环境因素变化时，就已经能判断出火灾的变化趋势，如失火之后大量的一氧化碳和各类有毒气体的产生。而火灾发生时另一个监测点便是温度，这两个环境参数变量都可以在传感器的帮助下实现测量与显示。而想要保证安全，高浓度的粉尘易爆炸也是必须防备的因素。

### （二）显示层面的要求

面对各个硬件采集到的实时数据，是很有必要通过监控系统将实时数据展示出来的，因此选择在设计中安装显示器。并能将粉尘浓度，温度湿度，以及烟雾的状态都简明扼要地表现在显示器上。对于这四项数据的显示需要展现一些文字和大量数字，使用LCD屏幕显示此类多项参数是非常合适的。除此之外，考虑到不同的气候和一些特殊原因，应因地制宜地考虑各类数据的阈值，系统允许使用者去调整这些环境因素检测的临界值设置，并可以将这几个报警设定值和温湿度等数据一并显示在LCD屏幕上。

### （三）通信层面的要求

为了应对人力资源的不足和库管人员休息等必要情况，系统将会通过增加Wi-Fi模块的方式来实现远距离的交互，相对于蓝牙这种只能近距离传输数据的情况，Wi-Fi模块不仅有着和蓝牙一样快速的传输速度，更能在全国各地获取到来自下位机发送过来的数据，并及时做出应对处理。

### （四）报警机制的建设

虽然因为无线功能的原因用户并不需要在现场，依旧能得到来自设备的警示。但考虑到也会存在没有携带手机、计算机等终端的情况。报警器的安装还是非常有必要的。选择和调试蜂鸣器的时候应该保证其工作时候的声音能够达到一定的影响范围，以保证深夜也能够警示管理员。监测系统会在数据超过了临界阈值的时候，将预定的警示信息发送提示到用户的设备终端上，也会立刻启动蜂鸣器来警示现场的使用者。

## 二、系统硬件设计

基于单片机的恒温测量和控制。在温度进行测量方面，选用DS18B20温度传感器读取温度。在控制方面选择AT89S51单片机来处理数据。经过数码管的温度显示，蜂鸣器报警，来获取温度的高低值。当温度高于设置的数值时，蜂鸣器报警，中心单片机驱动降温模块进行降温。直到低于设定的数值，蜂鸣器停止工作，继电器停止降温。当温度低于设定的数值时，蜂鸣器进行工作，单片机驱动加热模块进行加热，直到高于设置的温度数值，蜂鸣器停止报警，停止加热。如此周而复始来达到恒温控制的目的。在加热的部分选择电热器进行加热，降温继电器连接电风扇。

### （一）系统总体设计

主控模块选择使用STM32单片机（图8-41），也是在普通课程设计中常用的32单片机。这款单片机在性能上并没有MSP430优秀（图8-42），这不但体现在处理器的位数上，在其他电路处理等方面也都没有前者优秀。尤其对MSP430的编程需要花费很多的时间，而且使用它所需要的资金也会比较多，毕业设计的时间并没有很多，所以要在有限的时间内去更多更好的完成单片机设计的开发和测试等工作。而且这款监控系统日常要监测的数据并不多，虽然使用MSP430确实会更加快速，不过即使利用32单片机也可以做好对这些显示器和传感器等的管理。由于32单片机芯片的技术已经得到了长足的发展，如果选择32单片机，价格上一定会得到更好的体验。

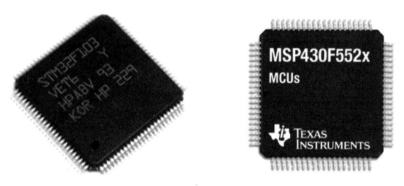

图8-41　STM32F103芯片图　　　　　　图 8-42　MSP430芯片图

完成系统的功能分析和硬件选型之后，需要对系统的实现方案做出设计（图8-43）。系统使用STM32F103为主控芯片，使用温湿度传感器，烟雾传感器，大气压传感器进行对应的环境参数监测并显示，然后将信息发送至单片机并上传至终端系统，若某项被监测的环境参数超出所设定的阈值，则会触发蜂鸣器报警和语音播报，提醒仓库管理人员对仓库进行查验和处理。

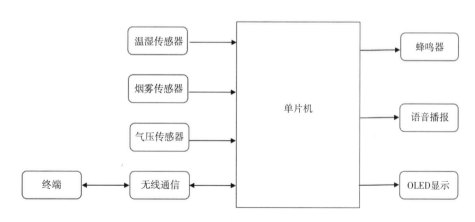

图8-43　总设计方案

图8-44所示为所有硬件对应绘制的电路，包含了STM32单片机和OLED显示屏，还

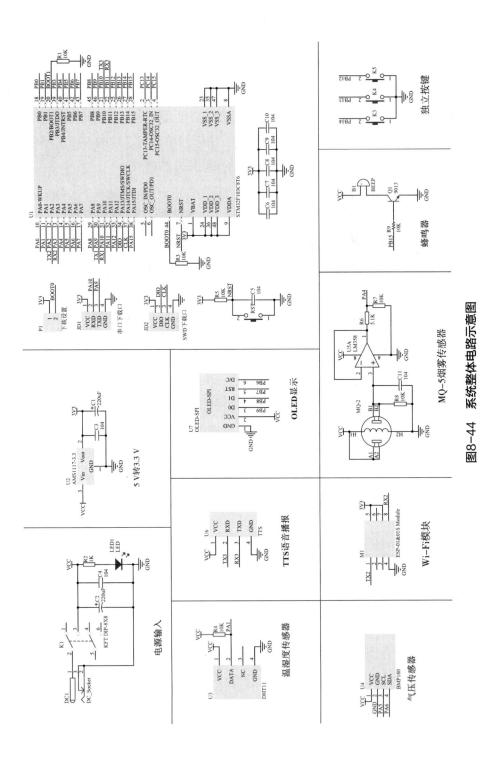

图8-44 系统整体电路示意图

有其他不同的传感器设计。在这一章里会讨论Wi –Fi下终端和单片机之间的关联。

（二）硬件系统设计

1.最小系统

我们所使用的STM32单片机是包含可以复位各个电路状态的回路以及用来计时的晶振，具体的每根引脚将会在图8-45中列出。

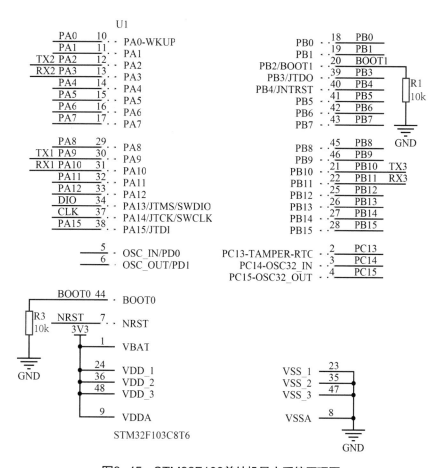

图8-45 STM32F103单片机最小系统原理图

2.电源模块

图8-46所示为整个系统的电源模块电路，在以下都实现电流流通后，系统才会启动，因为电源电压恒定在5 V，所以我们使用USB接入也可以保证安全。

3.传感模块的设计

（1）气压传感器。气压传感器模块在检测时具有很高的精密度，且低功耗，低噪声。图8-47所展示的气压传感器在气压的测量上非常的准确，在其工作时，只要确保

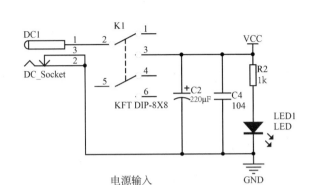

**图8-46 电源模块电路**

其电压和单片机一样稳定在5 V左右即可。

它的内部附带温度传感器，可对气压传感器进行补偿，使用I2C通信方式。在具体的工作原理中，它的气压与温度并不能直接读取，在不同的传感器中，都有自己比较特殊的校准系数，这些会存储在内置的存储器中。当微处理器读取原始的数据时，会根据存储的校准数值进行转换，就可以通过运算得到真正的温度和气压等数据。

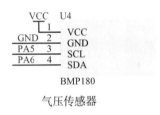

**图8-47 气压传感器示意图**

本模块检测环境气压的数值，设计采用的是MBP180芯片，它具有很高的测量精密度，传感功耗非常低。因为体积很小，所以常用在可移动设备里。而且性能卓越，它采用IIC总线接连接处理器，该芯片主要特点如下：

压力范围在300~1100 hPa内，是海拔500~900 m；

功耗低，在标准模式下耗电5 μA；

测量精密度高，低功耗下分辨率0.06 hPa，大约是0.5 m；

压力的测量范围在300~1100 hPa，是海拔500~900 m。

该模块的电路原理图如图8-48所示。

（2）温湿度传感器。本设计使用的是DH11温、湿度传感器，它是复合型的内部有校准的传感器。该传感器有感湿度元件和NTC测温元件，它有响应速率快、较强的抗干扰能力、单线制的接线模式等特点。湿度测量范围是20%~90%RH，精密度为±5%RH；温度的测量范围是0~50 ℃，精密度为±2 ℃。图8-49为DH11的电路原理图。

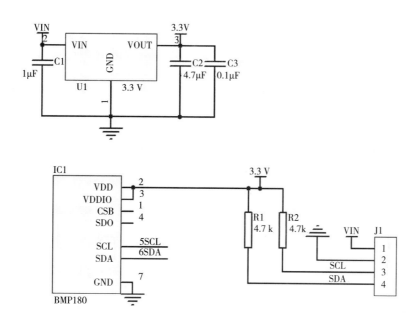

图8-48　BMP180的电路原理图

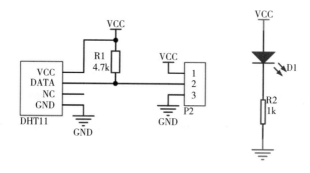

图8-49　DH11电路原理图

（3）光照强度传感器。本设计使用的光照强度传感器是BH1750FVI，它以串行总线为接线方式。该器件有接近人眼视觉灵敏度的光谱灵敏度特性，测量的范围在1~65 535 lx，而且有极高的测量精密度，工作电压在3~5 V。BH1750FVI的电路原理图如图8-50所示。

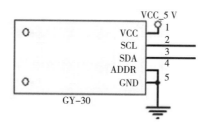

图8-50　BH1750FVI的电路原理图

VCC引脚和GND引脚分别与主控制器的相应管脚相连，SCL和SDA引脚与控制芯片ATmega2560的对应引脚相连，通过SDA引脚将数据发送到主控模块。

（4）报警模块。在现场出现问题的时候，我们所设计的报警装置便会起到关键的作用，在达到设定的阈值之前，报警变量会不断地变化，从而达到了电压的持续变化。

而具体的工作原理如下：当单片机工作时环境参数超出正常标准，在设定的阈值之外，主控芯片就会发出信号，导通三极管，此时VCC处为高电平，而另一端接地，就会导致蜂鸣器处联通，进而引发蜂鸣器报警（图8-51）。

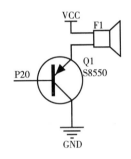

图8-51　报警模块电路图

（5）Wi-Fi模块。Wi-Fi的远程连接可以在很远的距离内实现数据的传播，在信号不好的地方，设备也自带有增加信号功能的大功率机械。

在本设计中和服务器端的通信装置设计中，Wi-Fi模块示意图如图8-52所示。

Wi-Fi模块引脚示意表如表8-2所示。

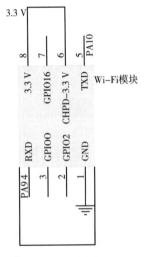

图8-52　Wi-Fi模块示意图

表8-2　Wi-Fi模块引脚示意表

| 参数 | 示数 |
|---|---|
| 供电电压 | 5VDC |
| 工作电流 | <25 mA |
| 最大负载电流 | 100 mA |
| 响应时间 | <2 ms |
| 指向角 | ≤15° |
| 有效范围 | 3~80 cm |
| 工作环境温度 | −25~55 ℃ |
| 检测的对象 | 透明或不透明 |

（6）按键电路设计。在本设计中，为了实现对智能环境数据监测装置测量领域的功能切换，此时需要一个下达命令的媒介，而独立按键就是这样的一个媒介。设计中所使用按键的类型是独立按键，也就是说每一个独立按键都是占据了一个独立的IO，都可以产生独立的IO控制信号。

而具体的工作流程如下：当按键按下时，会联通GND接地端和另外一个接口端，从而导通按键的功能信号，再经过一定的消抖处理来避免按键的硬件抖动产生的不良影响，进而获取到按键信号。

本装置中共包含了如下的几个按键，和单片机的关联如图8-53所示。

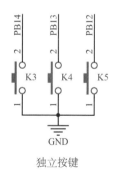

独立按键

图 8-53　键盘原理电路原理图

（7）显示模块的设计。本设计使用的是长宽约2.8寸的OLED显示屏，内部实际上是一种薄厚度的晶体管，因为是OLED的类型，所以几乎杜绝了通信干扰的各类情况，因此在测试时，显示的内容十分清晰。其引脚电路说明如表8-3所示。

表8-3 OLED显示屏引脚电路说明

| 编号 | 符号 | 引脚说明 | 对应IO口 |
|---|---|---|---|
| 1 | CS | TFTLCD片选信号 | PC9 |
| 2 | WR | 向TFTLCD写数据 | PC7 |
| 3 | RD | 从TFTLCD读数据 | PC6 |
| 4 | D[17：1] | 16位双向数据线 | PB[15：0] |
| 5 | BL | 背光控制 | PC10 |
| 6 | RS | 命令/数据标志 | PC8 |

OLED12864电路示意图如图8-54所示。

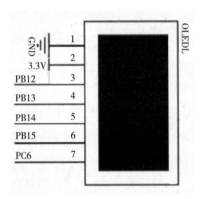

图 8-54　OLED12864电路示意图

## 三、系统软件设计

（一）系统主要功能实现

基于Wi-Fi的远程环境监测装置，主要有温湿度监测模块、按键模块（独立按键）、显示模块、气压监测等常见的功能模块。这些功能模块使用前需要进行初始化，同时进行相关协议的设定，然后就可以完成数据信号的传输了。

系统工作前先连接电源保证单片机正常供电，然后进行系统初始化操作，此时在单片机的控制下，温湿度传感器、烟雾传感器等元器件开始正常运行监测周围环境的对应参数，并将对应数据发送至终端并显示在OLED屏幕上。若某项环境参数超出提前设定的阈值，则会触发蜂鸣器报警和语音播报系统（图8-55）。

1.蜂鸣器报警模块

在本设计中，蜂鸣器报警是相对合理的报警机制。它的作用是向外界传递异常信息，做出报警信号。

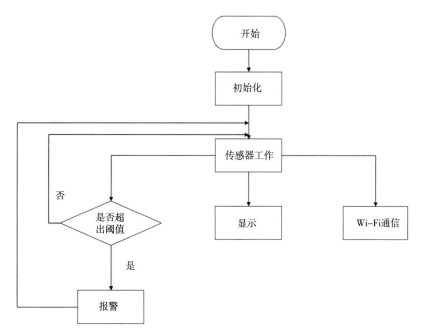

**图8-55　系统运行总流程图**

　　蜂鸣器的基本运行流程为：先进行定时器的初始化，然后判断是否溢出提前设定好的阈值范围，若超出预定范围，则蜂鸣器处取反电平，开始报警，而后打开继电器，调用延时函数。

　　本设计中所使用的蜂鸣器报警逻辑图如图8-56所示。

　　2.按键识别流程图

　　本设计使用机械按钮，它会根据压力信号，产生按键数据。通过本装置，基于预定按键，产生压力，压力对应转换成高电平，然后产生相关的按键信号。

　　按键识别的具体流程为：首先进行键盘按键扫描，扫描按键是否按下，若按下会产生一个高电平信号，同时获取保存的键值，然后进行松手防抖检测，消除抖动可能产生的影响。

　　机械按键控制逻辑流程示意图如图8-57所示。

　　3.液晶显示流程图

　　OLED是一款彩色的显示器，这款显示屏装置，有着多功能的信息展示。在使用的时候，需注意其延时、数据移动等操作，这样才可以将数据显示在合适的位置上，其显示的最终的流程如图8-58和图8-59所示。

　　4.温湿度采集模块

　　在本设计中，这一模块选用传感器的型号是DHT11传感器。在使用本数字传感器之前，需先完成对本数据模块的初始化，然后完成内部的温湿度转换的机制，数模转

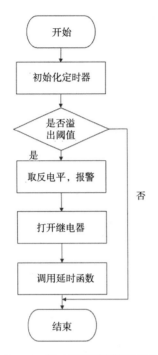

图8-56 蜂鸣器报警逻辑流程图

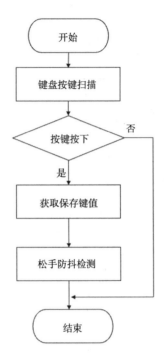

图8-57 机械按键控制逻辑流程示意图

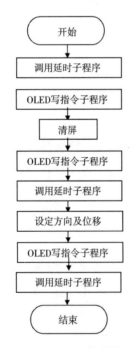

图8-58 OLED写指令流程图

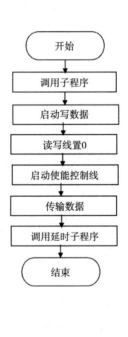

图8-59 OLED写数据流程图

换完成之后，再进行数字信息的显示，最后完成对其是否超过设定阈值的判定，其结果如图8-60所示。

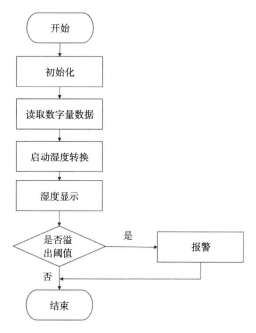

**图8-60 DHT11温湿度传感器流程示意图**

在本设计中，核心代码功能及其控制的逻辑，已经得到了完整的体现。

### （二）气压传感流程设计

检测环境的气压值首先进行引脚的设置，因为气压传感器内部需要设置校准后才能使用，所以在内部校准结束后再检测外部环境气压值，得到的数据会被给予一个地址，将数据信息放到地址里，当调用数据信息时直接调用地址信息即可，气压传感流程如图8-61所示。

### （三）温湿度传感流程设计

温湿度传感器的程序设定，是先定义一个地址，将检测得到的数据直接赋值，然后将数据打印输出，温湿度传感流程如图8-62所示。

### （四）光照强度传感流程设计

光照强度传感器的程序设定同其他模块的设定基本相似，光照强度传感流程图如图8-63所示。

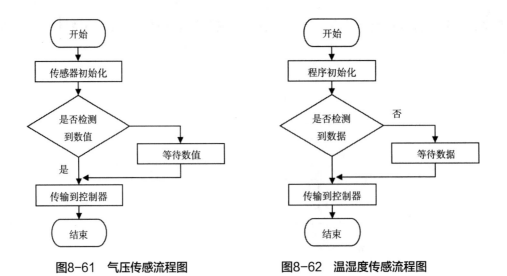

图8-61 气压传感流程图　　　图8-62 温湿度传感流程图

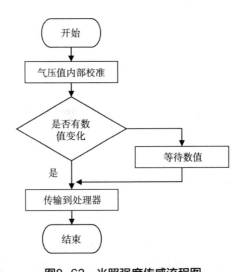

图8-63 光照强度传感流程图

## 四、系统的功能实现

（一）系统调试步骤

本设计的单片机开发工作使用软件为Keil5，下图为功能开发的部分截图，页面上的功能分布清楚，在右边界面中进行代码的编辑，下图为有关各类函数的编程界面，通过新建工程的方式，分别对各个硬件写好头文件。

Keil5系统调试页面示意图如图8-64所示。

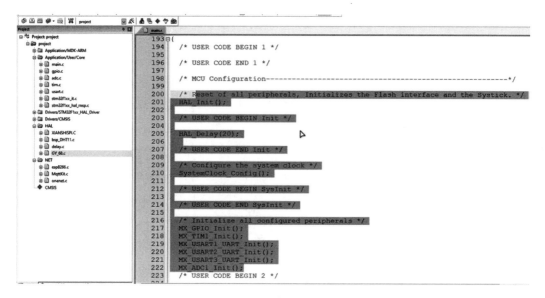

图8-64　keil5系统调试页面示意图

（二）硬件调试

我们在设计好电路图主板之后，为确保电路已经稳定，首先要检查硬件整体是否有破损损坏等异常情况，然后检查使用元器件的表面是否平整光滑，若有臃肿突起或者其他异常就需要更换，另外在元件和板子之间也应当注意，因为是通过焊接将元件固定在上面的，所以每一处连接也都需要触碰检查，最后一个检查点即为引脚。因为偶然也会出现引脚不牢引发的主板工作异常。

本设计所需要用到的通信协议架构如图8-65所示。

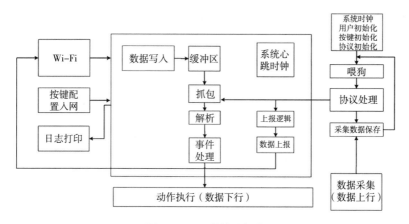

图8-65　通信协议架构

我们首先确认好是否完成了对这些外接设备以及各类通信的初始化，确认都完成之后我们需要开始配置这些Wi-Fi设备，然后再对服务端完成配置操作，这就代表已经完成了对双方的互联（图8-66）。

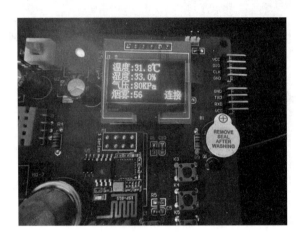

图8-66　网络配置示意图

（三）系统效果实现展示

1.环境参数测量效果展示

通过前述可以了解本设计所需要用到的器件包含：显示模块、独立按键、电源、语音播报、烟雾传感器、气压传感器等内容。

其对温度、湿度、气压的测量效果如图8-67所示。

环境参数显示位置

图8-67　环境参数测量效果示意图

2.烟雾浓度测量

对于烟雾浓度的测量，其主要需要调试的是对烟雾浓度的测量是否准确，烟雾浓度主要是在火灾发生的时候出现的，本设计中基于正常的情况来完成对烟雾浓度的测量。

烟雾浓度测量效果如图8-68所示。

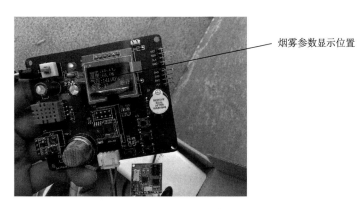

烟雾参数显示位置

**图8-68　烟雾浓度测量效果示意图**

虚拟仪器端的测试效果

如图8-69所示，图示为本设计中在虚拟仪器端的显示的结果。通过相关的测试结果来看，在虚拟仪器端可以有效地将结果显示在页面上，然后完成对历史数据的记录，如图8-70所示。

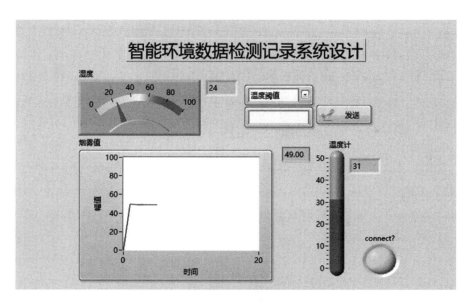

**图8-69　虚拟仪器端功能示意图**

| | | |
| --- | --- | --- |
| 📄 20220127 | 2022/1/27 16:41 | 文本文档 |
| 📄 20220205 | 2022/2/5 17:05 | 文本文档 |
| 📄 20230216 | 2023/2/16 22:59 | 文本文档 |
| 📄 20230420 | 2023/4/20 20:08 | 文本文档 |
| 📄 20230510 | 2023/5/10 19:46 | 文本文档 |
| 📄 20230524 | 2023/5/24 15:55 | 文本文档 |

**图8-70　历史数据记录功能示意图**

## （四）整体测试概述

系统是否能实现对烟雾、温度等因素的采集，LED显示是否正确显示，这些功能都是需要进行多次测试才能判断出系统是否能稳定运行，并不是编码完成，硬件安装完毕就结束的。在这一章节中，我们需要按照功能的分布去边测试边记录，我们需要测试的功能中，一是报警的触发和工作情况，二是用户设置的各项阈值是否触发，三是在无线功能下数据是否能完整传输。

## （五）系统验证结果展示

本设计选取在三个场景下，来完成对数据的测量。分别是在2号楼楼道、操场和宿舍楼道中。

### 1.2号楼楼道测量

图8-71所示，展示了本设计在此场景下的测量数据。

**图8-71　基于嵌入式的无线环境检测系统（2号楼）**

### 2.操场测量

图8-72所示，展示了本设计在此场景下的测量数据。

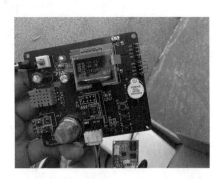

**图8-72　基于嵌入式的无线环境检测系统（操场）**

### 3.宿舍楼道测量

图8-73所示，展示了本设计在此场景下的测量数据。

图8-73 基于嵌入式的无线环境检测系统（宿舍）

# 习题

1.为什么选用OLED显示器？

2.嵌入式的体系是什么？

3.Cortex-M系列处理器包括什么？都适用于什么场合？

4.解码输出的过程？

5.本设计的电源电路自动切换是如何实现的？

6.LT1376输出电压为5 V，而单片机需要3.3 V供电，怎么解决？

7.如何使用USB接口和I2S接口实现USB音频播放功能？

8.I2S数据的传输过程是什么？

9.为什么选用STM32而不用MSP430？

10.本设计为什么选用DH11温、湿度传感器？

11.报警模块的作用以及工作原理是什么？

12.怎么调试硬件才能保证电路稳定？

# 参考文献

[1]邹文虎.基于物联网的环境监测系统设计研究[J].科学技术创新，2022（35）：116-122.

[2]周成状，王琪.基于LoRa技术的室内环境监测及智能调节系统设计[J].传感器与微系统，2021，40（4）：95-98.

[3]张美枝，李建荣.Android环境下的海洋环境监测数据智能处理系统设计[J].舰船科学技术，2016，38（20）136-138.

[4]熊思维，王靖宇，苟益洲，等，运动环境智能监测系统设计[J].电子测试，2021（19）30-32.

[5]董梅.多点无线智能环境检测系统设计与实现[J]，电子测试，2021（10）：33-34.

[6]任鲁涌，王津.基于51单片机的居家环境智能监测系统设计[J].集成电路应用，2021，38（11）：7-9.

[7]莘联星.基于单片机的智能家居环境检测系统设计[J].电子技术与软件工程，2020（1）：59-61.

[8]张宏伟.基于STM32的智能环境监测系统设计与实现[J].大庆师范学院学报，2020，40（6）：96-103.

[9]张文利，郭向，杨垫，等.面向室内环境控制的人员信息检测系统的设计与实现[J].北京工业大学学报，2020，46（5）：456-465.

[10]刘琼琼，游专，张永生，等.基于STM32与GSM的车载儿童安全智能报警系统的设计[J].价值工程，2017，36（33）：76-77.

[11]高宇，田闯，姜明新.基于图像识别的智能车位管理系统的设计[J].图像与信号处理，2022，11（1）：10.

[12]周兴达，韦焱文，刘洁，等.基于单片机的环境检测与自动调节系统设计[J].电子设计工程，2022，30（2）：110-114.

[13]杜永峰，基于PM2.5智能环境检测系统设计与实现[J].电子测试，2020（13）：39-40.

[14]张凯，张志勇.长白山人参栽培环境智能检测软件系统设计与实现[J].信息与电脑

（理论版），2021，33（20）：119–121.

[15]田立锋.基于物联网的大气环境监测系统的研究[J].自动化应用，2023，64（7）：199–201.

[16]王武英，魏霖静.基于数字李生的智慧农业环境监测系统设计与实现[J].智能计算机与应用，2023，13（4）：181–185.

[17]高海超，乔雨，邵婷婷，等.智能家居环境监测系统设计与实现[J].自动化技术与应用，2023，42（3）：20–22，54.

[18]赵一瑾.与物联网相连的环境监测系统研究[J].物联网技术，2023，13（3）：51–53，56.

[19]李庆，黄传翔.智能家居环境监测系统的设计[J].无线互联科技，2023，20（4）：8–12.

[20]刘必广.动态环境监测系统设计[J].现代信息科技，2022，6（21）：152–156.

[21]肖鑫海，王庭有.基于STM32的环境监测系统设计[J].化工自动化及仪表，2023，50（1）：33–36，81.

[22]张阳.基于物联网的农业大棚环境监测系统的研究与应用[J].新农业，2023（1）：75–77.

[23]凌信航，王航蜀，吴俊.基于物联网的人体健康及家庭环境监测系统[J].电子器件，2022，45（5）：1272–1278.

[24]黄晗.教育建筑电气设计分析[J].通信与信息技术，2017（6）：46–50.

[25]艾米，菲施巴赫，于娟.高校建设项目中可持续发展的灯具选择与控制[J].智能建筑电气技术，2017.11（4）90–91.

[26]胡文娟.民用建筑的主要负荷计算[J].科技资讯，2016，14（21）：25–27.

[27]中华人民共和国住房和城乡建设部.教育建筑电气设计规范：JGJ T310—2013[S].北京：中国建筑工业出版社，2014.

[28]中华人民共和国住房和城乡建设部.供配电系统设计规范GB 50052—2009[S].北京：中国计划出版社，2010.

[29]花新齐.学生宿舍建筑电气设计分析[J].现代建筑电气，2021，12（9）：46–50.

[30]中华人民共和国住房和城乡建设部.低压配电设计规范：GB 50057—2011[S].北京：中国计划出版社，2012.

[31]中华人民共和国住房和城乡建设部.建筑物防雷设计规范：GB 50057—2010.[S].北京：中国标准出版社，2011.

[32]韦衍都.防雷接地技术在建筑电气安装中的应用[J].工程技术研究，2018（9）：118–119.

[33]赵诚婧.火灾自动报警系统设计要点[J].消防界（电子版），2021，7（16）：62-63.

[34]中华人民共和国住房和城乡建设部.火灾自动报警设计规范：GB 50116—2013[S].北京：中国计划出版社，2013.

[35]周明珠.无触点开关在控制中的应用[J].现代电子技术，2014，4（1）：62-71.

[36]赵玉安.人体热释电红外传感器介绍[J].中国电子制作，2013，9（1）：35-40.

[37]俞海珍，李宪章，冯浩.热释电红外传感器及其应用[J].电子照明技术，2016（1）：25-28.

[38]曹巧媛.单片机原理及应用[M].北京：北京：电子工业出版社，2016.

[39]谢晓军.红外遥控技术在付费率电度表中应用[J]，电测与仪表，2014，4（1）：24-26.

[40]张友德，等.单片机原理应用与实验[M].上海：复旦大学出版社，2017.

[41]王幸之，王雷，翟成，等.单片机应用系统抗干扰技术[M].北京：北京航空航天大学出版社，2014：69-78.

[42]张义和，王敏男，许宏昌，等.例说51单片机：（语言版）[M].3版.北京：人民邮电出版社，2010.

[43]刘坤，宋戈，赵波，等.51单片机C语言应用技术开发技术大全[M].北京：人民邮电出版社，2009.

[44]白延敏.51单片机典型系统开发实例精讲[M].北京：电子工业出版社，2017.

[45]周丽娜.Protel99SE电路设计技术[M].北京：中国铁道出版社，2016.

[46]王为青，程国钢.单片机Keil Cx51应用开发技术[M].北京：人民邮电出版社，2008.

[47]江志红.51单片机技术与应用系统开发案侧精选[M].北京：清华大学出版社，2008.

[48]亢雪琳.基于STM32的CAN总线通信设计[D].吉林；吉林大学，2013.

[49]闫跃兴.基于STM32的嵌入式温度控制器的设计与开发[D].青岛：中国石油大学（华东），2013.